大豆及其制品标准体系

王凤忠　李淑英　主编

中国质量标准出版传媒有限公司
中国标准出版社
北京

图书在版编目（CIP）数据

大豆及其制品标准体系 / 王凤忠，李淑英主编 .
—北京：中国标准出版社，2021.11
ISBN 978-7-5066-9852-8

Ⅰ．①大…　Ⅱ．①王…　②李…　Ⅲ．①大豆—栽培
技术—标准化—研究 ②豆制品加工—标准化—研究
Ⅳ．① S565.1–65 ② TS214.2–65

中国版本图书馆 CIP 数据核字（2021）第 149401 号

中国质量标准出版传媒有限公司
中 国 标 准 出 版 社 出版发行
北京市朝阳区和平里西街甲 2 号（100029）
北京市西城区三里河北街 16 号（100045）
网址：www.spc.net.cn
总编室：（010）68533533　发行中心：（010）51780238
读者服务部：（010）68523946
北京建宏印刷有限公司印刷
各地新华书店经销

*

开本 787×1092　1/16　印张 14.25　字数 278 千字
2021 年 11 月第一版　　2021 年 11 月第一次印刷

*

定价：75.00 元

编 委 会

序

一

应作者之邀为《大豆及其制品标准体系》作序，欣然命笔。

我国先农早在五千多年前就将野生大豆驯化为栽培大豆。大豆古称"菽"，菽、粟曾是古代的主要食物，归于五谷之中。因而有"圣人治天下，使有菽粟如水火"（《孟子》）和"菽粟不足，末生不禁，民必有饥饿之色"（《管子》）。数千年前"民之所食，大抵豆饭藿羹"，大豆不仅曾是必需食物，而且是役畜的主要饲料，后来成为养殖业的饲料。大豆富含蛋白质，古代民众早就发现了大豆食用、饲用和药用等多方面价值，还发明了各种大豆发酵和加工技术，最突出的是豆腐类产品的发明，豆腐等豆制品成为数千年来中国民众的主要蛋白质来源。大豆食品加工技术不仅包括物理加工，其特色在于微生物加工和化学加工，这在世界上是首屈一指的。在蛋白质加工的基础上我国先民发明了油脂加工，中国菜艺的独树一帜与豆油的发明是不可分割的。此外还有近代大豆功能性营养成分等制品的发明。从古到今大豆是加工产品最为多样化的作物，其他作物无一能比拟。

用高标准加工产品，尤其食品，服务于民众，保障民众的健康和利益，必须实现加工产品的标准化。加工产品标准化是国家民众意识和科技水平的体现，国家通过严格制定标准化体系来科学管控产业。大豆从种到收、到销售、到运输、再到加工，作为一个产业长链，标准化涉及长链上的各个环节，所以产品标准化应该是一个国家加工产品标准化体系建设的命题。基于此，编委会梳理了大豆品种和栽培技术、大豆病虫草害防治、大豆生产机械化、大豆加工制品、转基因大豆及其制品，以及豆制品安全等方面的标准体系，以推动大豆育种、栽培、田间管理、机械化作业、生产加工等环节的规范化、标准化。由此提升国产优质大豆生产、加工的能力与水平，为我国民众提供丰富、多样、健康的大豆加工产品，从而提升我国大豆产品在国内外市场的竞争力。

　　大豆生产过程和加工过程处于不断拓宽和发展之中，我们期望编委会密切关注大豆及其制品标准体系全方位的发展，积累到一定程度，推出更完善的新版本。

中国工程院院士

2021 年 11 月 4 日

序二

大豆富含蛋白质、脂肪和功能性成分，是高营养粮油饲蔬兼用作物，并可通过共生固氮体系和落叶回田改良土壤，对保障国家食品安全和人民营养健康、促进农业可持续发展均具有不可替代的作用。

我国不仅是栽培大豆的起源国，而且是豆腐等大豆加工产品的发祥地。数千年来，大豆作为用养结合的绿色作物，一直是中国传统农业的重要支撑。营养丰富的大豆食品，伴随着中华民族的繁衍生息，成为东方优秀饮食文化的杰出代表。20世纪90年代中期以来，随着人民生活水平的不断提高，我国大豆需求量快速攀升，供求矛盾日趋加剧，我国已从传统的大豆出口国转变为最大的大豆消费国和进口国。2020年，我国大豆进口量达到创纪录的10032.82万吨，进口依赖度超过85%。可见，努力发展国内大豆生产，提高加工利用水平，打造高水平、高价值产业链，对保障蛋白和油脂供给、保证食物安全、推动国民经济健康发展具有十分重要的意义。

为了提高国产大豆自给能力，保障我国粮油安全，2016年，国务院发布《全国农业现代化规划（2016—2020年）》（国发〔2016〕58号），明确推进农业结构调整，恢复和增加大豆面积，发展高蛋白食用大豆，保持东北优势区油用大豆生产能力，扩大粮豆轮作范围；原农业部发布《关于促进大豆生产发展的指导意见》（农农发〔2016〕2号），旨在着力调整优化种植结构，积极发展大豆生产，提升大豆生产质量效益和竞争力；2019年农业农村部又印发《大豆振兴计划实施方案》（农办农〔2019〕16号）通知，提出加快大豆高标准农田建设、加大大豆良种繁育和推广力度、开展大豆绿色高质高效行动，力争实现"扩面、增产、提质、绿色"发展目标与措施。国家大豆产业技术体系积极投身大豆振兴行动，针对我国大豆的区域分布特点，开展核心技术攻关和综合技术集成，提出了针对各地生产实际的标准化综合技术解决方案；通过实施

"个十百千万"高产创建活动，提升技术到位率，创造了可推广可复制的高产典型，带动了全国大豆生产的发展。同时，加大推进后端大豆加工技术研究和标准化建设，提出了针对不同产品的生产技术规程，通过提质增效、以销促产，推动了全产业链联动，提升了大豆产业整体效益和农户的种植积极性，使国产大豆产业面积和产量得到回升。2020年，我国大豆种植面积恢复到1.48亿亩，总产达到1960万吨，创历史新高。实践证明，在产前、产中和产后全过程，通过制定标准和实施标准，推广科学生产操作规范，可促进农业向专业化大生产发展，是农业现代化的必由之路。

纵观全球，发达国家的农业标准化程度已经达到很高水准，他们从产前的种子选择、产中的农业生产资料供应和栽培管理、产后的加工分级、包装、储藏、运输、销售诸环节一直延伸到"餐桌"，都有相应的标准规范，几乎每个环节都实现了标准化，因此发达国家农业现代化程度普遍较高，竞争力较强。振兴我国大豆产业，同样离不开标准体系的规范和引领作用。大豆品种是否优良、种子质量是否达标、栽培技术是否到位、农药是否低毒高效、农机作业是否规范、加工产品的质量是否合格，都需要统一的标准来把关。

由中国农业科学院农产品加工研究所发起，联合中国农业科学院生物技术研究所及国家大豆产业技术体系栽培、植保、农机、加工岗位科学家团队共同编写的《大豆及其制品标准体系》一书，全面分析了我国在大豆产业链各环节标准建设方面取得的成就，介绍了品种选择、栽培技术、病虫草害防控、生产机械化、大豆加工技术及制品等方面的重要标准和技术规程的要点，是大豆产业标准化建设的百科全书。本书的编写者是长期从事相关领域研究的知名专家，熟悉大豆生产实践和标准化建设要求。本书的出版有助于推动我国大豆全产业链标准体系建设，提升标准化生产水平，加快我国大豆产业链全方位转型升级。希望广大大豆科技和产业从业者积极投身到标准体系建设中来，共同提升、完善我国大豆全产业链标准体系，为振兴我国大豆产业做出应有的贡献。

国家大豆产业技术体系首席科学家
农业农村部大豆专家指导组组长　

2021年11月8日

前　言

大豆是粮饲兼用作物，是油脂、食用和饲用蛋白的主要来源。在我国，大豆是种植面积仅次于水稻、玉米和小麦的第四大作物。大豆产业的发展，不仅事关农民增收，更与人民群众的饮食消费和粮食安全休戚相关。大豆产业的健康可持续发展已成为保障国民蛋白质供给安全的关键环节。

中国是全球最大的大豆消费国和进口国。目前中国年消费大豆1亿多吨，80%为进口的转基因大豆，主要用于加工油脂制品和满足饲用蛋白需求，20%为非转基因国产大豆，主要用于加工豆制品。缺乏专用优势资源品种、小规模散户种植、单产水平低、混收、混储、加工产业发展不平衡、小作坊式生产等问题，一直以来都是阻碍我国大豆产业发展的致命问题。近两年的中美贸易摩擦，更是将我国的大豆产业发展推到了风口浪尖。自给自足成了必走之路，也是唯一的出路。从大豆种业、种植、收储、加工、物流、贸易综合发力，对保障我国大豆供给和蛋白供应安全意义重大。

近年来，随着我国大豆产业的快速发展，围绕着种植、病虫害、机械化、加工、质量安全等环节的标准体系也正逐步走向科学化、合理化、严格化和实用化，然而现实存在的一些共性问题也逐渐凸显：如与国际标准对接不够；大豆标准体系基础薄弱，存在不平衡、不完善、不科学、实用性差等问题，需要规范修订、适时调整和升级扩充；标准之间缺乏系统性和配套性；绿色大豆生产标准与认证未受重视；标准普及、宣贯难，效果差，相关配套政策措施不到位，实施力度不够，尚未形成协同推动的工作格局。在大豆产业迅速发展的大环境下，国际竞争日益凸显，现有大豆标准已不能满足种植生产者、加工企业等需求的背景下，不断完善现有标准体系，补充制定全面、统一、针对性强的专用生产标准是大豆产业发展的形势所需。

为加强国家标准、行业标准、地方标准在大豆产业中的普及，便于大豆产业从业者对大豆产业相关标准的掌握，帮助大豆产业相关企业提高大豆及其制品的质量水平，促进大豆产业转型升级，由中国农业科学院农产品加工研究所发起，联合中国农业科学院生物技术研究所、农业农村部南京农业机械化研究所、南京农业大学、吉林省农业科学院大豆研究所、吉林农业大学共同编写了《大豆及其制品标准体系》一书。本书共分为 6 章，分别从大豆品种、栽培技术、病虫草害、生产机械化、加工、转基因、安全控制等方面对当前国内外关键技术、研究现状进行了概述，系统梳理了大豆及其制品相关标准，比较分析了大豆及其制品国内外相关标准现状，并提出了问题与建议。

本书对与大豆产业相关的研究人员、生产者、监管部门、销售商、消费者等，在大豆种质资源优化、原料生产及销售、加工制品生产、安全卫生、质量监管、包装运输等各个环节具有重要的参考价值，对提高大豆全产业链的生产企业的质量控制意识具有积极意义，特别是在国家号召应对中美贸易摩擦，大豆产业亟待转型升级的当前形势下，指导和帮助大豆产业从业人员了解大豆产业相关标准信息，提高大豆产业相关标准的普及率具有积极意义。

由于标准体系的建设是一个动态、持续的过程，需要定期进行修正和完善，加之编者水平有限，书中有些内容还有待进一步深入研究，瑕疵和纰漏在所难免，望请广大读者不吝指正。

编　者

2021 年 9 月 10 日

目 录

第一章　大豆品种及栽培技术相关标准 // 1

第一节　国内外大豆品种和栽培技术概述……………………………… 1

第二节　大豆品种相关标准…………………………………………… 10

第三节　大豆栽培技术相关标准……………………………………… 23

第四节　国内外大豆品种和栽培技术标准现状……………………… 46

第二章　大豆病虫草害相关标准 // 55

第一节　国内外大豆病虫草害发生发展现状………………………… 55

第二节　我国大豆病虫草害相关标准………………………………… 58

第三节　国内外大豆病虫草害相关标准比较………………………… 77

第三章　大豆生产机械化相关标准 // 84

第一节　国内外大豆生产机械化产业现状…………………………… 84

第二节　国内农业机械化通用标准…………………………………… 88

第三节　大豆机械化专用标准………………………………………… 96

第四节　大豆生产机械化相关标准建议……………………………… 100

第四章　大豆加工制品标准体系 // 107

第一节　大豆加工产业现状概述……………………………………… 107

第二节　大豆加工制品相关标准……………………………………… 114

第三节　国内外大豆及其制品相关标准比较………………………… 142

第五章　转基因大豆及其制品相关标准 // 146

第一节　国内外转基因大豆应用现状………………………………… 146

第二节　国内转基因大豆及其制品检测方法相关标准……………… 151

第三节　国外转基因大豆及其制品相关标准………………………… 193

第四节 国内外转基因大豆及其制品重点标准比较…………………………… 196

第五节 建议及展望……………………………………………………………… 198

第六章 豆制品安全控制相关标准 // 201

第一节 豆制品安全相关标准概述……………………………………………… 202

第二节 豆制品安全控制相关标准……………………………………………… 204

第三节 豆制品安全性指标检测方法相关标准………………………………… 210

第一章　大豆品种及栽培技术相关标准

大豆是我国重要的油料和粮饲兼用作物。随着我国经济的快速发展和人民生活水平的提高，大豆的消费量和进口量都大幅增加。2020 年我国大豆进口量达 10032.7 万 t，再创历史最高纪录，而国产大豆产量仅约 1600 万 t。针对我国大豆自给率严重不足，按照中央一号文件部署，农业农村部决定从 2019 年起实施大豆振兴计划，农业农村部结合乡村振兴战略的实施制定了《大豆振兴计划实施方案》，希望推动我国大豆生产实现"扩面、增产、提质、绿色"的目标。大豆振兴的出路主要在于提高单产，提高单产必须品种先行。

第一节　国内外大豆品种和栽培技术概述

一、国内大豆品种和栽培技术概述

（一）国内大豆种业发展现状

大豆作为不可替代的战略性保障物资，可以说，没有发达的大豆产业，就没有现代化的畜牧业和食品工业，而发达的大豆产业更需要发达的现代化种子产业的支撑。良种作为农业生产的源头，不仅是无可替代的基本生产资料，更是国家战略性、基础性核心产业，是保障我国粮食生产安全的根本。2018 年，习近平总书记视察海南省时强调，"十几亿人口要吃饭，这是我国最大的国情，良种在促进粮食生产方面具有十分关键的作用，要下决心把我国种业搞上去，抓紧培育具有自主知识产权的优良品种，从源头上保障国家粮食安全。"

由于大豆是自交作物，种子市场波动较大，经济效益较杂交作物种子相差很大，中国大豆种业发展比较缓慢，存在着自主创新能力不强、没有形成育繁推一体化的种业发展体系、大豆育种科技创新支撑能力不足、种业行业管理没有形成制度体系等诸多问题。高校和科研院所作为大豆品种改良科技和学术的制高点，无论是在人力、物力方面，还是在政策倾向方面，都比大豆种子企业更有优势。因此，形成了研究机构进行种质资源、育种技术方法、种质创新、品种选育，而企业通过买卖品种权，负责种子生产、市场与销售的局面。

品种改良是实现高产、优质、高效的主要途径之一。我国大豆遗传育种研究始于20世纪初，1949年前的工作比较弱，新中国建立后资源征集和育种工作有所发展，开始将大豆新品种选育研究列入国家科技攻关计划，全国育种研究机构采用系统育种、杂交育种、诱变育种、分子育种等育种方法，在产量、品质、抗性方面不断改进，选育了一大批高产、稳产、优质、多抗的新品种。新中国成立后全国共培育出2300余个大豆品种，生产品种上更换了4~5次，使大豆产量大幅提高，促进了大豆产业的发展。优质育种方面，主要以提高大豆脂肪及蛋白质含量为目标，育成了油脂含量达22%及蛋白质含量达45%的商用品种；抗病虫育种方面，育成了一批抗大豆花叶病毒、孢囊线虫、灰斑病及豆秆蝇、食叶性害虫的品系和中间材料。金剑对黑龙江省过去50年推广的大豆品种产量及品质变化的研究表明，品种推广年代与产量之间表现显著的线性回归关系，产量呈逐年增加的趋势，平均每年提高1.27%，产量的提高与单株荚数、每荚粒数、单株粒数及收获指数密切相关。郑伟对黑龙江省1941—2006年间育成的主栽大豆品种遗传改良研究表明，不同年代育成品种产量与育成年代相关性达到极显著水平，单产水平增加了70.09%，每年增幅为1.06%，农艺性状表现为节间缩短、分枝减少、抗倒伏能力增强。郑宇宏对吉林省1923—2015年育成的368个大豆品种进行农艺性状和品质性状的演变分析表明，吉林省75年来在品种改良过程中育成的大豆品种的产量、百粒重以及脂肪含量随年份变化呈增加趋势，增幅分别为0.92%、0.07%和0.03%；蛋白质含量、蛋脂总量及生育期呈下降趋势。何鑫对2006—2017年国家黄淮海夏大豆品种区域试验参试品种（系）的产量和主要农艺性状、品质及抗性性状的综合分析表明：产量年均增长率约为1.91%，粗蛋白含量整体略有上升，粗脂肪含量呈下降趋势，大豆花叶病毒病的抗性水平不断提高。以上表明我国大豆育种工作成效显著。此外，近些年最具有突破性意义的进展是我国大豆高产记录多次被刷新。2020年，在国家大豆产业技术体系"个十百千万"高产创建中，开展了1亩①地以上实收测产工作。在新疆石河子，采用吉育86，产量达453.5 kg/亩；在黑龙江大庆的和平牧场，采用合农71，产量达336.2 kg/亩；在黄淮海的山东省菏泽市，采用齐黄34，产量达353.5 kg/亩，分别创下全国及东北、黄淮海区域大豆高产纪录。另外，大豆杂交种优势利用研究也取得显著进展，从1993年育成世界上第一个大豆细胞质雄性不育系，到1995年实现栽培大豆"三系"配套，再到2002年世界上第一个大豆杂交种审定，目前全国已选育出32个大豆杂交种，产量平均增长10%以上，部分品种繁育系

---

① 1亩=666.67平方米。

数已稳定超过 1∶30，该研究正从中试向产业化推进，而且其研究一直处于国际领先水平。

着眼于我国国情和农业发展的需要，农业农村部自 2008 年启动转基因生物新品种培育重大专项，组织国内高校和科研单位开展转基因生物新品种培育研究，目标是获得一批具有重要应用价值和自主知识产权的基因，培育一批抗病虫、抗逆、优质、高产、高效的重大转基因生物新品种。专项实施以来，大豆转基因新品种培育涉及抗除草剂、抗逆、抗病虫、产量和品质等性状，其中实验室研究任务推进较快，但由于我国禁止转基因大豆产业化，田间安全评价慎重且进度缓慢。截至目前仅发放两个大豆转基因生物安全证书，2019 年 12 月 30 日颁发了上海交通大学的 "g10evo-epsps 基因耐除草剂大豆 SHZD32-01" 抗除草剂大豆；2020 年 7 月 15 日颁发了中国农业科学院作物科学研究所申报的转 g2-epsps 和 gat 基因的耐除草剂大豆中黄 6106。国产转基因品种十年磨一剑，意味着今后还有一大批转基因品种将有可能获得安全证书。诸多举步维艰甚至难以为继的高科技种业公司将起死回生，中国农业生物技术产业将进入一个新的快速发展时期。

盖钧镒院士提出大豆育种的新的突破点：家系品种是基础，杂种品种有潜力；大豆的产量是重点，有了产量就有蛋白质的总产量，就有油脂的总产量，高产基础上实现品种专用化（优质化）；耐肥、抗倒、不裂荚、抗病虫、耐逆是高产的保障；围绕育种目标的资源发掘和亲本创新是育种的基础；实用分子标记辅助育种和安全转基因技术是重要工具；知识产权和组织化、企业化育种的协调。未来大豆的研发体系和立项应该强调合作，强调围绕产业一体化，以促进大豆育种和大豆种业的发展。

（二）国内大豆栽培技术现状

大豆栽培的基本原理是在合理利用和适应自然条件的基础上，运用科学的栽培技术，创造大豆生长良好的光、温、水、热、肥条件，使大豆品种的遗传潜力得到充分发挥，达到高产、优质、高效的目的。自然生态条件主要包括地理（纬度）、地势、降水、土壤等环境条件。栽培措施主要包括耕作制、轮作制、施肥制等，从播期、密度、播种方式、施肥数量到灌水、施用除草剂和化学防控等。自然条件一般是不可控的，主要通过合理区划去适应，栽培技术是可以调控的。它们的实质都是通过光、温、水、热、肥等生态因子影响大豆生理过程和生长进程，从而决定大豆的产量和质量。但由于栽培技术是综合、集成技术的体现，它又与环境、生产技术水平、技术措施的到位率、规模化等条件交错在一起。大豆栽培是一门综合性、实践性、技术性很强的应用学科，是连接生物体与环境因素的纽带，也是大豆能够充分发挥生产潜力的关键。离开了先进的栽培技术，再好的作物品种也很难发挥其优良特性。目前全国大豆栽培技术大致可分为以下几种类型。

1. 以机械化为载体的大豆栽培技术

以机械化为载体的栽培技术主要在进行大面积规模化种植的大豆主产区使用。主要代表模式如下。

黑龙江省八一农垦大学研究的"三垄"栽培技术，是把机械深松、机械分层施肥和机械垄上双条这三项技术同时组装在一条垄上一次性完成，是大豆栽培史上的一项重大突破，是我国推广面积最大的一项栽培技术。

黑龙江省农垦总局研究的适合生产条件较好地区应用的大豆"深窄密"栽培技术。此栽培技术是以矮秆品种为基础，以精量点播机为载体，结合"深"即深松、深施肥与分层施肥；"窄"即窄行缩小行距；"密"即增加密度保持群体匀度的综合配套技术，较"三垄"栽培技术增产20%以上。

黑龙江省农垦科学院研究的"大豆宽台栽培"技术。该技术采取三行一平台一沟的栽培模式，改善大豆田间的通风透光环境，协调土壤水、肥、气、热条件，从而使大豆获得高产。

黑龙江省农垦总局研究的大豆大垄垄上行间覆膜技术。该技术针对黑龙江省春旱、低温气候特点，设置行距为130cm的大垄，并在垄上采用60cm膜覆膜，膜两边的苗带距膜5cm以内，这种种植方式也获得了较好的增产效果。

近些年，由于气候条件的变化，阶段性旱涝交替频繁，黑龙江省农垦总局按照大豆生产实际发展，提出"大豆垄上三行栽培技术模式"，选择抗倒伏耐密品种和茬口，秋整地起垄规格110cm，进行配方施肥，改垄上双行为垄上三行，小行距22.5cm，大行距65cm，从而实现高产。

国家大豆产业技术体系通过岗站专家合作，在黄淮海夏大豆区针对小麦机收后田间秸秆量大，大豆播种困难、出苗率低，封闭除草效果差，秸秆焚烧污染环境，土壤有机质下降，大豆生产效率低等问题，发明了麦茬夏大豆免耕覆秸精播技术模式，该技术可一次性完成秸秆侧向抛秸、分层施肥（药）、精量播种、覆土镇压、封闭除草等核心作业环节，有效地解决了长期困扰黄淮海地区大豆生产的麦秸处理、大豆保苗和土壤培肥难题。

这些栽培技术均是针对品种与生态特点提出的规模化栽培技术，在各区域均表现出极大的增产潜力。

2. 以区域经验为主的栽培技术

主要采取"老手法"将本地区各项分散的实用单项技术，进行逐个比较分析，然后汇集成功能齐全的综合技术规程。这种模式常以某个地区为单元，编制大豆生产技术规程，由各级政府以标准化形式发布或由地方科研单位或推广部门拟定，推荐应用于大豆生产，对指导和规范大豆生产起到积极的作用。

大兴安岭地区极早熟大豆高产栽培技术规程。以培育和选择早熟性和抗逆性且适应高寒地区环境的大豆品种为主，同时结合农机配套选型改良、轮作茬口合理配置，制定极早熟大豆高产栽培规程。

吉林省东部山区高油大豆综合栽培技术规程。结合延边州特定的生态气候条件，通过试验推广和引进、消化、吸收州内外先进栽培技术，对提高高油大豆品质和产量的各项技术进行综合搭配，形成一个比较完善的适合山区高油大豆品种的综合栽培技术规程。

河北省太行山区大豆绿色高产栽培技术。河北省太行山区属暖温带半湿润大陆性季风气候，针对该地区日照充足、气候温和、雨热同季、土层深厚不一、质地疏松的特点，从选用良种、科学施肥、适期播种、精量匀播、化学除草、病虫害防治、控制旺长、肥水管理等方面，介绍了河北省太行山区大豆绿色高产栽培技术。

兖州夏大豆免耕节本高产栽培技术。针对山东省兖州地区的适播期正处夏季、天气炎热、温度高、土壤干旱等问题，通过选择优质品种、播前准备、免耕精播、田间管理、节水节肥、绿色防控、适时收获等关键技术环节集成，制定相应技术规程。

淮北地区高蛋白夏大豆亩产200kg简化栽培技术规程。针对淮北地区高蛋白大豆产区特点，规定了选用中熟高蛋白良种、宽行种植、高效施肥、足墒精量机播、病虫综防为主要栽培方式，以化学防虫、化学除草和适时收获为配套措施。

红壤旱地春大豆栽培技术规程。针对江西省红壤旱地春大豆生产区特点，规定了品种选择、选地、整地与施肥、播种、田间管理和收获技术。

此外还有内蒙古自治区质量技术监督局于2017年2月25日发布的《内蒙古高蛋白大豆生产技术规程》（DB15/T 1144—2017），周口市市场监督管理局于2019年10月14日发布的《夏播高油大豆栽培技术规程》（DB4116/T 006—2019），甘肃省质量技术监督局于2014年12月23日发布的《绿色食品　武威市大豆栽培技术规程》（DB62/T 2538—2014），江苏省市场监督管理局发布的《夏大豆"通豆10号"生产技术规程》（DB32/T 3479—2018）等。

3. 以种植方式为主的栽培技术

该栽培技术主要应用在南方多作大豆区，创造了以间、套、复种为主要形式的大豆栽培形式，通过与其他作物不同的种植方式、合理密植、平衡施肥、病虫害防治等关键技术的整合，建立本地区大豆高产、高效生产方式。此类栽培技术因间作的作物较多，形成的栽培技术模式也较多。近些年主要推广以下几种种植模式。

旱地三熟"麦/玉/豆"种植模式。该模式核心内容是在有机集成免耕、秸秆覆盖、作物直播技术的条件下以大豆代替原"麦/玉/薯"模式中的甘薯而进行的连年套种轮作多熟种植的制度，其复种方式为"麦/玉/豆"。

玉米－大豆带状复合种植技术。该技术以"选配良种、扩间增光、缩株保密"为核心，"减量一体化施肥、化控抗倒、绿色防控"为配套。

春大豆－晚稻生态高效种植模式。该技术进行水旱轮作，改善了土壤结构，提高了土壤肥力，减轻了病虫草害，同时也提高了豆、稻品质。

大豆果园间作栽培技术。在幼龄果树初期，规定大豆高产的合理密度、栽培方式、灌溉和施肥规律及促控管理技术措施，达到增加大豆种植面积、有效利用土地资源、增产增效的目的。

在西北地区和南方地区，大豆与其他作物间套作模式较多，包括大豆与甘蔗、木薯间作，与西瓜、孜然套种等多种种植方式，这些模式均已制定了地方标准。

二、国外大豆品种和栽培技术概述

大豆生产遍及世界，其中北美洲、南美洲和亚洲的种植面积最大，目前美国是世界上大豆种植面积最大的国家，其次为巴西、阿根廷、中国。其他主要种植国还有印度、加拿大、巴拉圭、乌拉圭、乌克兰、俄罗斯等国。美国、巴西、阿根廷、中国属于传统大豆种植国家，这四国大豆产量占全球总产量的比重始终保持在87%以上。

（一）国外大豆种业发展现状

自1996年转基因作物商业化种植以来，转基因大豆的种植面积持续增加，转基因大豆种植面积从1996年50万hm^2增至2018年9590万hm^2，占全球转基因作物种植面积的50%。美国、巴西、阿根廷是世界上种植转基因大豆最多的国家，目前美国、巴西约有93%以上的大豆为转基因大豆，阿根廷100%为转基因大豆。

在发达国家，种子行业已经形成了寡头垄断的格局，少数几家大的种子集团垄断了世界种子行业的大部分市场，行业的垄断一方面有利于实现资源优化配置、产品优势互补和提高经济效益，另一方面有利于充分发挥种业集团公司的规模优势。种子企业对种子生产和投放过程进行标准化、程序化控制，首先保证了自己公司生产出的种子质量。由于长期的激烈竞争，企业主要通过资本运作、相互兼并和不断扩大经营规模来适应市场需要，形成了大型种业集团。以孟山都、先锋、先正达三巨头为首，从事转基因大豆开发利用，获得了巨大经济效益。全球转基因大豆种子一直被孟山都垄断，孟山都是全球农业生物技术研发的先导者及全球最大的种子企业，也是转基因种子的领先生产商。育种技术上，孟山都采用高产、抗逆性状表型筛选和基因组检测技术相结合，同时通过抗除草剂和抗虫基因导入，培育的品种具有高产、抗除草剂、抗虫优势，占据了全球转基因大豆种子 80% 以上的市场份额。孟山都最先将 *CP4-epsps* 基因转入大豆中，成功研发出 GTS40-3-2 耐草甘膦大豆品种，开启了转基因大豆在全球范围内的种植，目前，GTS40-3-2 共获得 27 个国家 / 地区和欧盟 28 国的 55 个批文，是目前应用最为广泛地转基因大豆。为了进一步增强大豆的竞争能力，国外又推出抗多种除草剂的转基因大豆品种，如孟山都开发的 MON8708×MON89788 转基因大豆品种，即抗草甘膦又抗麦草畏；拜耳作物科学推出的耐草铵膦（Liberty）的大豆品种；美国陶氏农业将 *pat*、*CP4-epsps* 和 *AAD-12* 3 个基因聚合在一起，研发出耐草铵膦、草甘膦和 2,4-D 3 种类型除草剂的 DAS68416×MON89788 转基因品种。继抗除草剂转基因大豆之后，抗虫转基因大豆品种的研发也取得了较快的进展。目前已经获得商业化批准的抗虫转基因大豆共有 6 个转化体，其中孟山都有 4 个，美国陶氏农业有 2 个。孟山都将苏云金芽孢杆菌中的抗虫基因 *Cyr1Ac* 转入大豆，培育的抗虫大豆品种 MON87701 和 MON87751 能有效防范鳞翅目昆虫；随后，孟山都培育的 MON87701×MON89788 一系列产品，同时含有抗草甘膦基因 *CP4-epsps* 和抗虫基因 *Cyr1Ac*，能够有效防治杂草和鳞翅目昆虫，实现了将抗虫、耐除草剂性状聚合在一个大豆品种，增强了转基因大豆的竞争力。美国陶氏农业则将 *pat*、*AAD-12* 和 *CP4-epsps* 3 个基因聚合在一起，研发出耐草铵膦、草甘膦和 2,4-D 3 种除草剂的 DAS68416×MON89788 转基因品种。在大豆品质改良方面，早在 1997 年美国杜邦公司培育了 G94-1、G94-19、G168 高油酸转基因大豆品种并实现了商业化种植。杜邦公司开发了无反式脂肪且油酸含量高达 75% 的 Plenish 转基因大豆品种，2012 年在美国被正式批准上市销售，于 2014 年获得中国进口许可。

美国已经批准了 37 个转基因大豆品种的事件商业化种植。美国种植的转基因大豆主要是单性状的耐除草剂大豆，还有一些复合性状的转基因大豆（耐除草剂和营养品质性状）。品质性状如高不饱和脂肪酸转基因大豆事件：MON87705-6（2011 年批准），这一转化事件转入了 3 个基因，分别是农杆菌 *epsps*、*fatb1-A*、*fad2-1A*，使之耐草甘膦除草剂和油酸含量增加；事件：DP305423-1（2009 年批准），这一转化事件转入 *fad2-1A*、大豆乙酰乳酸合成酶 2 个基因，使之耐磺酰脲类除草剂且油酸含量增加；事件：MON87769（2011 年批准），转入了 *epsps*、*D6D* 基因、*FAD3*，使之增加 Ω-3 脂肪酸含量。巴西共批准了 11 个转基因大豆事件用于种植、食品、饲料和加工。巴西 40% 的转基因大豆是耐除草剂大豆，60% 的转基因大豆是耐除草剂及抗虫复合性状大豆。巴西种植的耐除草剂大豆主要是巴斯夫开发的转基因事件：CV127-9，这一事件导入 *csr1-2* 基因，使之耐磺酰脲类除草剂。种植的耐除草剂和抗虫复合性状转基因大豆全部是孟山都开发的 IntactaTM IR/HT（MON87701×MON89788）大豆，该品种大豆转入 *epsps2*、*cry1Ac*，使之产生 Bt 蛋白，抗除草剂的同时，可以杀死鳞翅目昆虫。2017 年巴西批准了 2 个转基因大豆事件——DAS-81419-2 和 DAS-44406-6。DAS-81419-2 事件导入了 *pat*、*cry1F* 和 *cry1Ac2* 基因，使之耐草铵膦除草剂，并杀死鳞翅目昆虫；DAS-44406-6 事件导入了 *pat*、*aad-12*、*epsps* 3 个基因使之耐草铵膦、草甘膦及 2，4-D 除草剂。阿根廷种植耐除草剂大豆达 83%，抗虫和耐除草剂复合性状占 17%。耐除草剂大豆事件：SYHT0H2 导入 *avhppd-03*、*pat* 2 个基因使之耐甲基黄草酮除草剂，复合性状转基因大豆为 IntactaTM IR/HT。加拿大种植转基因大豆种植 250 万 hm²，全部为耐除草剂大豆。

我国进口大豆基本上都为转基因大豆。目前，农业农村部已批准发放了以下产品的安全证书：孟山都公司的抗除草剂转基因大豆 GTS40-3-2、抗除草剂大豆 MON89788、抗虫大豆 MON87701、抗虫耐除草剂大豆 MON87701×MON89788、品质改良性状大豆 MON87769、耐除草剂大豆 MON87708、品质性状改良耐除草剂大豆 MON87705；拜耳公司的抗除草剂大豆 A2704-12、抗除草剂大豆 A5547-127、耐除草剂大豆 FG72；杜邦公司的抗除草剂大豆 356043；先锋公司的品质改良大豆 305423、品质改良抗除草剂大豆 305423×GTS40-3-2；巴斯夫农化的抗除草剂大豆 CV127；先正达公司的耐除草剂大豆 SYHT0H2；以及陶氏益农公司的耐除草剂大豆 DAS-44406-6。

发达国家的大型种业集团通过控制大豆转基因专利，获得巨大利润，垄断着全球大豆种子市场。种业集团一般将其销售收入的 10%，有的甚至高达 15%～20%，投入研究和开发领域。持续不断的投入，保证了这些大型种子公司始终处于科技创新的前沿。例如孟山都、先锋、先正达三巨头公司都有分子技术研究团队，从事分子标记辅助选择、转基因性状开发、检测手段等研究，并协助育种家进行分子水平检测，以提高育种选择效率。而育种团队遍布各主要大豆生产区，各大豆生产区以生育期生态型分工，并与其他生产区合作进行品种鉴定。不断地推出新品种、新组合和新的技术手段，维持了这些种子公司在种子知识产权中的垄断地位，同时体现了公司的核心竞争力。

（二）国外大豆栽培技术现状

在美国，成立了大量的农业合作社，大田作物生产执行严格的轮作制度，美国北方大豆主产区多为玉米-大豆轮作，而南方多为大豆-小麦轮作或大豆-水稻、大豆-棉花轮作，呈现出高度规模化、集约化、机械化、标准化的发展趋势，生产主要以家庭农场和合作社为基本单元。由于普遍种植抗除草剂的转基因大豆，一般播种前喷施一次，苗期喷施一次，即可达到良好除草效果，大田喷施一般使用大型宽跨度机械或用飞机喷洒，为农户提供了很多方便，很多农户只需电话预定飞机喷洒业务即可采用化学除草技术，节省了大量人力投入，生产成本大大降低；并形成了免耕少耕、全程机械化、高密植、精准施肥、化学除草、调控水分等一系列技术在内的完善栽培体系。同时，精细的生育区组划分体系为因地制宜选择适宜品种提供了技术支持；布局合理的试验网络体系，为品种的种植方式、产量形成与表现提供基础数据；其他专业机构为大豆种子加工、机械配套、肥料配比、病虫草害防控、防灾减灾、市场分析与产业预测等提供技术与信息服务。

在巴西，政府组织全国的豆农成立农场联合体，化肥、种子等生产资料的购买由农场联合体统一负责，这一做法节约了采购成本，有助于实现同品质大豆规模化生产，并实现了栽培技术、病虫害防治和机械化耕作三者的统一。巴西大豆栽培有传统的机械化栽培和免耕法，后者与前者相比，具有不破坏土壤、蓄水、提高土壤有机质含量、减少投入提高产量的良好效果。因此，免耕法在不断地扩大，目前已有 65% 的大豆采用免耕法栽培。大豆种植的方式一般是采用麦类播种机条播，行距 45cm～50cm，公顷保苗 35 万株左右，采用化学除草，叶面喷肥。病虫害的防治有 3 个途径，一是轮作，二是选用抗病品种，三是生物防治和药剂防治。均采用联合收割机直接收获，收获时豆秸全部粉碎均匀抛撒在田间进行秸秆还田。

在阿根廷，种植大豆时实行各类形式轮作的面积在半数以上，在北部地区，轮作方式是大豆-向日葵-大豆，或大豆-高粱-大豆；中部地区开始施行玉米-大豆-冬小麦/夏大豆的轮作方式。阿根廷从 20 世纪 60 年代引入大豆免耕种植体系，已经得到普遍的认同，大豆种植 70% 以上采用免耕直播。在免耕操作过程中，省略了耕翻作业，在收获后将植株残体留在地表以保护土壤免受侵蚀，可保持土壤水分及保护土壤耕层内微生物的活动；播种时，使用专用的播种机将地表切开一个窄沟随后将种子播入，肥料施入耕层，然后覆土即完成播种作业。中部主产区春播大豆的行距一般为 52cm，每米 16 株；北部地区和晚播种植时行距 52cm，每米株数为 20 株。全国大豆种植密度在 28 万株 /hm^2～38 万株 /hm^2。在玉米大豆轮作体系下，多数农场也不施肥料，在潘帕草原地区，大豆施肥的面积约为 30%，施肥量为每公顷磷酸二铵 60kg 和复合肥 44kg，或每公顷施用含磷、硫、钙的 SPT 复合肥 80kg～100kg，有时也施用锰和锌等微肥。阿根廷绝大多数农场种植大豆时接种根瘤菌，其中 50% 的农场每年都接种，40% 每两年接种 1 次。通过农药和轮作等综合措施进行病虫草害控制。在免耕体系的框架下，强力推广"现代可持续的、高效的农业模型"（MOSHPA 模式），在符合农田生态系统维护和保持的原则下，且及时和准确的信息反馈条件下，建立起短期、中期和长期运行的模型控制体系。良好的生产条件，免耕、节肥和耐除草剂转基因大豆的推广，使阿根廷大豆生产的直接成本不断降低，大豆产业国际竞争力逐步增强，成为国民经济的支柱行业。

在俄罗斯，远东地区是大豆主产区，远东地区与我国东北地区相邻，土地辽阔、资源丰富，气候条件也与我国东北地区相似。目前俄罗斯大豆主要种植区在远东的哈巴罗夫斯克、库尔斯克、沿海边疆、阿穆尔州和犹太自治州，约占俄罗斯大豆总播种面积的 80%。由于俄罗斯实行大豆生产集约化，扩大了种植规模，引入现代化栽培工艺和应用高产大豆新品种，使大豆生产得到很快的发展。播种日期一般为 5 月 20 日—25 日之间，10 月初收获；种植方式多为 45cm 行距平播，种植密度比较大，一般保苗在 60 万株 /hm^2～80 万株 /hm^2，主要依靠群体增产；病虫害防治主要采用轮作，大豆－谷物轮作以及大豆－多年生牧草轮作；出苗前用圆盘耙处理土壤防旱生杂草；机械收获的同时将秸秆粉碎抛撒田间并翻入土中，进行秸秆还田，培肥地力。远东地区受大陆和太平洋气候的影响，气温和降水不稳定，春季回暖晚，四、五月份气候冷凉，大豆平均产量为 1200kg/hm^2，个别农场产量可达 1800kg/hm^2～2000kg/hm^2。

第二节　大豆品种相关标准

"民以食为天，农以种为先"，粮食要增产，培育优良的种子是关键，研究证明，良种对于农业增产的科技贡献率可达 40% 左右，种子产业是大豆产业发展的基础和先导。

一、大豆品种审定规范与品种特征相关标准

大豆品种审定是对申请人新育成和引进的品种，由品种审定委员会通过品种区域试验、生产试验结果，审查评定该作物品种是否具有推广价值和可适应范围的活动。农作物品种审定作为一项行政管理措施，通常是由国家和省级政府农业行政部门在全面审查之后颁发品种审定证书，明确该品种在一定的区域范围内能够生产和推广销售，也就是赋予该品种上市的资格。从 20 世纪六七十年代，我国农作物品种审定制度逐步走向正轨，相关法律法规对于审定对象、审定机构、审定申请及受理程序、撤销审定、监督管理等都有所规定。农作物品种审定制度很好地保护了育种者、企业经营者以及种子使用者的权利，促进了农民增产增收，保障了国家种业安全。

1.《农作物品种审定规范　大豆》（NY/T 1298—2007）

农业部于 2007 年 4 月 17 日发布了《农作物品种审定规范　大豆》（NY/T 1298—2007）。NY/T 1298—2007 规定了大豆 [*Glycinemax*（L.）Merrill] 品种审定应具备的丰

产性、品质、适应性、抗逆性等方面的具体量化指标及其他非量化指标，以及审定大豆品种的评价方法及评价规则，适用于国家级大豆品种审定，省级大豆品种审定可参考执行。

2.《农作物品种试验技术规程　大豆》（NY/T 1299—2014）

为规范大豆品种审定试验程序，农业部于 2014 年 10 月 17 日发布了《农作物品种试验技术规程　大豆》（NY/T 1299—2014），用以代替 2007 年 4 月 17 日发布的《农作物品种区域试验技术规程　大豆》（NY/T 1299—2007）。NY/T 1299—2014 规定了大豆品种试验方法与技术规则，适用于大豆品种试验工作。确立了区域试验、生产试验、参试品种与对照品种的定义，规定了试验设置、试验种子、播种与田间管理、记载项目和标准、收获和计产、相关鉴定与检测、试验总结、品种的来源和处理等。

3.《大豆品种审定规范》（DB32/T 2077—2012）

江苏省市场监督管理局根据区域特点于 2012 年 5 月 8 日发布了《大豆品种审定规范》（DB32/T 2077—2012）。DB32/T 2077—2012 规定了大豆品种审定的术语和定义、品种分类、审定内容及依据、审定条件和审定结果，适用于大豆品种审定。该标准确立了品种、对照品种、抗性、品质的定义，规定了品种分类的类型，根据大豆品种的产量、品质和用途等性状的综合表现，将大豆品种分为高油型、高蛋白型、鲜食型、特异型和普通型。还规定了审定的依据以及审定的内容包括品种名称、来源、特征特性、品质、丰产性、抗性、适应性和生产技术性能等。

4.《大豆品种描述规范》（DB51/T 1929—2014）

为规范审定品种特征特性，四川省市场监督管理局于 2014 年 12 月 22 日发布《大豆品种描述规范》（DB51/T 1929—2014）。DB51/T 1929—2014 规定了品种性状包括全生育期、叶形、叶色、花色、茸毛色、株型、结荚习性、生长习性、落叶性、裂荚性、株高、底荚高度、主茎节数、单株有效分枝数、荚形、荚色、单株荚数、每荚粒数、单株粒重、粒形、种皮颜色、单色品种种皮色、双色品种种皮色斑类型、脐色、子叶色、百粒重、完全粒率、下胚轴颜色、叶柄长短、小叶数目、小叶大小、茸毛密度、茎形状、茎秆强度、籽粒大小等性状。该标准对于了解大豆品种特征、特性有重要作用。

二、大豆品种检测相关标准

科学地鉴定大豆品种、分析大豆品种纯度和种质资源的遗传变异，对于新品种审定、保护及种质材料评价等具有重要意义。

1.《植物品种特异性、一致性和稳定性测试指南 大豆》（GB/T 19557.4—2018）

国家市场监督管理总局于 2018 年 5 月 14 日发布了《植物品种特异性、一致性和稳定性测试指南 大豆》（GB/T 19557.4—2018），GB/T 19557.4—2018 规定了大豆 [*Glycinmax*（L.）Merrill] 品种特异性、一致性和稳定性测试的技术要点和结果判定的一般原则，适用于大豆品种特异性、一致性和稳定性测试和结果判定。

SSR 分子标记法是建立在 PCR 反应基础上的一种遗传标记方法，具有简便快速、多态性高、稳定重复性好、分布广泛、位点特异性等优势，且符合作物品种鉴别的 4 个基本准则：环境的稳定性、品种间变异的可识别性、最小的品种内变异和实验结果的可靠性。SSR 分子标记法是目前应用于种子纯度和品种真实性鉴定的关键技术，被广泛应用于植物分子标记连锁图的构建与基因定位、遗传关系分析、种质及纯度鉴定等。

2.《大豆品种纯度鉴定技术规程 SSR 分子标记法》（NY/T 1788—2009）

农业部于 2009 年 12 月 22 日发布了《大豆品种纯度鉴定技术规程 SSR 分子标记法》（NY/T 1788—2009）。NY/T 1788—2009 规定了大豆品种纯度的 SSR 分子标记检测技术规程，适用于大豆品种纯度鉴定。

3.《大豆品种鉴定技术规程 SSR 分子标记法》（NY/T 2595—2014）

农业部于 2014 年 3 月 24 日发布了《大豆品种鉴定技术规程 SSR 分子标记法》（NY/T 2595—2014）。NY/T 2595—2014 规定了利用 SSR 标记进行大豆品种鉴定的试验方法、数据记录格式和判定标准，适用于大豆 SSR 标记分子数据的采集和品种鉴定。该标准规定了核心引物、参照品种的定义，介绍了 SSR 分子标记法的原理，即 SSR 广泛分布于大豆基因组中，不同品种间每个 SSR 位点重复单位的数量可能不同，由于每个 SSR 位点两侧的序列一般是高度保守和单拷贝的，因而可根据其两侧的序列设计一对特异引物，利用 PCR 技术对两条引物间的 DNA 序列进行扩端。在电泳过程中，主要由于 SSR 位点重复单位的数量不同引起的不同长度的 PCR 扩增片段在电场作用下得到分离，经硝酸银染色或者荧光染料标记加以区分。因此，根据 SSR 位点的多态性，利用 PCR 扩增和电泳技术可以鉴定大豆品种。另外还规定了 SSR 分子标记法的所用的仪器设备和试剂、等位基因数据采集、判定方法等。

4.《"三系"杂交大豆种子纯度鉴定 DNA 分析方法（SSR）》（DB22/T 2391—2015）

吉林省市场监督管理局于 2015 年 12 月 15 日发布了《"三系"杂交大豆种子纯度鉴定 DNA 分析方法（SSR）》（DB22/T 2391—2015）。DB22/T 2391—2015 规定了"三系"杂交大豆种子纯度鉴定 SSR 标记分析方法的原理、纯度检测程序、结果计算及报告，适用于"三系"杂交大豆品种的纯度鉴定。

以上标准的实施，保证了大豆种子生产和销售过程中的纯度，对规范市场、促进生产、保障企业和农户的经济利益有重要意义。

三、大豆品质检测相关标准

（一）大豆优质品种

大豆是人类主要植物蛋白和食用油来源，蛋白质和油分含量是大豆品种重要的评价指标之一。大豆的优质品种一般是指高油或高蛋白品种，由于北方气候环境适合春大豆的脂肪积累，南方气候环境适宜大豆的蛋白质积累，因此不同区域优质标准略有不同。《主要农作物品种审定标准（国家级）》中要求：高油品种两年区域试验粗脂肪平均含量≥21.5%，且单年≥21.0%；对于高蛋白品种，北方春大豆两年区域试验，粗蛋白质平均含量≥43.0%，且单年≥42.0%，其他区组两年区域试验，粗蛋白质平均含量≥45.0%，且单年≥44.0%。选育高油或高蛋白大豆一直是育种家的目标。粗蛋白和粗脂肪是参加国家级、省级审定大豆品种试验品种的必测项目。凯氏定氮法测定蛋白质含量以及索氏抽提法测定粗脂肪含量均是经典的测定方法，优点是试验费用较低、结果准确，是目前测定的主要方法。

近些年来，近红外光谱分析技术发展迅速，可快速、无损、高效、经济地检测大豆粗蛋白质和粗脂肪含量，虽然该方法与化学法有一定差异，但测定的结果与化学法吻合性较高，因此被育种家广泛使用。

1.《粮油检验 大豆粗蛋白质、粗脂肪含量的测定 近红外法》（GB/T 24870—2010）

国家质量监督检验检疫总局于 2010 年 6 月 30 日发布了《粮油检验 大豆粗蛋白质、粗脂肪含量的测定 近红外法》（GB/T 24870—2010），GB/T 24870—2010 规定了大豆粗蛋白质、粗脂肪含量（干基）近红外测试方法的术语和定义、原理、仪器设备、测定、结果处理和表示、异常样品的确认和处理、准确性和精密度及测试报告的要求，适用于大豆粗蛋白质和粗脂肪含量（干基）的快速测试。此标准不适用于仲裁检验。

2.《谷类、豆类作物种子粗蛋白质测定法（半微量凯氏法）》（NY/T 3—1982）和《谷类、油料作物种子粗脂肪测定方法》（NY/T 4—1982）

农业部于 1982 年发布了《谷类、豆类作物种子粗蛋白质测定法（半微量凯氏法）》（NY/T 3—1982）和《谷类、油料作物种子粗脂肪测定方法》（NY/T 4—1982），一直沿用至今。NY/T 3—1982 适用于测定谷类、豆类作物种子粗蛋白质含量。NY/T 4—

1982（油重法）适用于测定油料作物种子的粗脂肪含量。在测定大量样品时，可采用残余法，但仲裁时以油重法为准。

3.《进口大豆品质检验方法》（SN/T 4645—2016）

国家质量监督检验检疫总局于2016年8月23日发布了《进口大豆品质检验方法》（SN/T 4645—2016）。SN/T 4645—2016规定了进口大豆感官和理化品质检验的术语和定义、分类及其检验方法，适用于进口大豆的品质检验。

（二）专用大豆品种

专用大豆品种是指满足特定需要的一种专用品种。如满足适合做豆浆的大豆品种；菜用大豆品种，即采收鲜荚食用的品种；籽粒特大或特小的品种；籽粒颜色除黄色以外的其他品种；饲用大豆品种等。

1.《豆浆用大豆》（LS/T 3241—2012）

国家粮食局于2012年10月25日发布了《豆浆用大豆》（LS/T 3241—2012），LS/T 3241—2012规定了豆浆用大豆的术语和定义、技术要求、检验方法、检验规则、标志与标签以及包装、运输、储存要求，适用于家用和类似用途场所制作豆浆用的非转基因商品大豆。该标准不适用于各类转基因大豆。

2.《鲜食大豆品种品质》（NY/T 3705—2020）

农业农村部于2020年8月26日发布了《鲜食大豆品种品质》（NY/T 3705—2020），NY/T 3705—2020规定了鲜食大豆的术语和定义、分类、质量要求、检验方法和检验规则，适用于鲜食大豆品种的选育、审定和推广，不适用于市场销售。鲜食大豆又称菜用大豆，俗称毛豆，指豆荚呈绿色、籽粒尚未达到完全成熟、生理上处于鼓粒盛期、采收用作蔬菜食用的大豆。鲜食大豆作为一种专用大豆，营养丰富，口感鲜美，被公认为绿色保健食品，可通过不同的烹调方式做出很多种菜肴，深受广大群众的喜爱。近年来，鲜食大豆的种植面积不断扩大，种植区域由原来的江浙地区扩展到全国各地，市场供应量逐年增加。该标准的发布对鲜食大豆选育与评价有重要意义。

3.《纳豆用小粒大豆》（DB22/T 1749—2012）

小粒大豆是制作营养食品纳豆、豆芽的专用大豆品种。纳豆是日本等东南亚国家的保健食品，它含有原料大豆中没有的纳豆激酶，这种酶可以溶解血栓，对心脑血管疾病具有明显的疗效，还富含异黄酮等活性物质，因而具有良好的保健作用。

吉林省市场监督管理局于2012年12月21日发布《纳豆用小粒大豆》（DB22/T 1749—2012）。DB22/T 1749—2012规定了纳豆用小粒大豆的术语和定义、要求、检验方法、检验规则、标志及标签、包装、运输与贮存，感官指标要求黄种皮，淡色脐，圆粒，籽粒大小均匀，粒径 4mm～5.8mm。

4.《芽用大豆》（DB22/T 1750—2012）

豆芽是我国及东南亚地区传统的大众食品。小粒大豆以其所出豆芽芽长、豆瓣小、口感好，同时低脂肪、高蛋白，被誉为健康环保绿色食品。

吉林省市场监督管理局于 2012 年 12 月 21 日发布《芽用大豆》（DB22/T 1750—2012）。DB22/T 1750—2012 规定了芽用大豆的术语和定义、要求、检验方法、检验规则、标志及标签、包装、运输与贮存，对小粒大豆粒重、硬石粒率、发芽势、发芽率做出明确要求。

《纳豆用小粒大豆》（DB22/T 1749—2012）和《芽用大豆》（DB22/T 1750—2012）的发布为小粒大豆选育与开发提供了重要基础。

5.《黑龙江好粮油　高油大豆》（T/HLHX 004—2017）

黑龙江省粮食行业协会于 2017 年 7 月 13 日发布了团体标准《黑龙江好粮油　高油大豆》（T/HLHX 004—2017）。T/HLHX 004—2017 规定了高油大豆的相关术语和定义、质量与安全要求、检验方法、检验规则，以及对包装、标签标识、运输和储存、质量追溯信息的要求。本标准要求高油品种粗脂肪质含量不低于 20.0%。

6.《黑龙江好粮油　高蛋白大豆》（T/HLHX 005—2017）

黑龙江省粮食行业协会于 2017 年 7 月 13 日发布了团体标准《黑龙江好粮油　高蛋白大豆》（T/HLHX 005—2017）。T/HLHX 005—2017 规定了高蛋白大豆的相关术语和定义、质量与安全要求、检验方法、检验规则，以及对包装、标签标识、运输和储存、质量追溯信息的要求。本标准要求高蛋白品种粗蛋白质含量不低于 40.0%。

《黑龙江好粮油　高油大豆》（T/HLHX 004—2017）和《黑龙江好粮油　高蛋白大豆》（T/HLHX 005—2017）中高油、高蛋白品质指标显著低于国家农作物品种审定指标。

7.《黑龙江好粮油　黑大豆》（T/HLHX 013—2019）

黑大豆也叫黑珍珠，外皮黑，具有高蛋白、低热量的特性，还富含多种维生素和微量元素，有很高的药用价值。

黑龙江省粮食行业协会于 2019 年 5 月 30 日发布了《黑龙江好粮油　黑大豆》（T/HLHX 013-2019）。T/HLHX 013—2019 规定了黑大豆的相关术语和定义、质量与安全要求、检验方法、检验规则，以及对包装、标签标识、运输和储存要求，适用于黑龙江产非转基因商品黑大豆。

8.《豆制品业用大豆》（T/CNFIA 109—2018）

食品工业协会于 2018-07-10 发布了《豆制品业用大豆》（T/CNFIA 109—2018）。T/CNFIA 109—2018 规定了豆制品业用大豆的分类、质量要求、食品安全要求、检验方法、检验规则、标签标识、包装、储存和运输，适用于豆制品业用大豆。

（三）大豆地理标志品种

地理标志保护是知识产权保护的重要组成部分，发展地理标志产业对于推动农民增产增收、企业增益，促进区域经济跨越式发展等发挥着越来越重要的作用。地理标志产品标准化是地理标志产品保护的技术基础和核心，是有效保障特色产品质量的有效手段，因此，有效推进我国地理标志产业标准化工作具有重要的现实意义。对于大豆地理标志品种，黑龙江省市场监督管理局发布了《地理标志产品　黑龙江大豆（九三垦区）》（DB23/T 1814—2016）和《地理标志产品　克山大豆》（DB23/T 1815—2016），穆棱市食品行业协会发布了《地理标志产品　穆棱大豆》（T/ML SPXH 001—2020），涡阳县优质大豆产业协会发布了《涡阳大豆》（T/GYDD 01—2020）。这些标准分别针对九三垦区、克山、穆棱市及涡阳县区域特点，规定了地理标志产品的产地特征、品质特征、安全要求、储存和运输等。如 DB23/T 1815—2016，规定了地理标志产品克山大豆保护范围、自然环境、高油大豆质量指标、高蛋白质大豆质量指标、安全要求、试验方法、检验规则、包装和标签、储存和运输要求。目前，我国大豆地理标志标准还比较少，并且缺少大豆专用地理标志标准。

（四）大豆优异品种

审定的大豆品种的产量、品质、抗性等性状表现较好，在适应区域内受市场欢迎，制定为地方标准，从而加速该品种的推广。这些地方标准通常规定了该品种的来源、特征特性、适宜种植地区和栽培技术要点等。详见表 1-1。

1.《大豆　黄矮丰》（DB61/T 792—2014）

陕西省质量技术监督局于 2014 年 12 月 16 日发布了《大豆　黄矮丰》（DB61/T 792—2014）。DB61/T 792—2014 规定了黄矮丰品种来源：莒选 23/ 中黄 13；品种特征特性：植株半立半开张、白花、椭圆叶、灰茸、荚熟黄揭色、有限结荚习性；株高60cm～65cm，片形，有效分枝 3 个～5 个，以 2 粒～3 粒荚为主，百粒重 26.6g；籽粒圆形，种皮黄色，浅褐脐，籽粒外观商品性好；关中地区夏播生育期 113d，比对照秦豆 8 号略晚；夏播多雨年份霉豆率显著低于对照品种；植株生长健壮，秆粗根深，抗倒抗旱性强，成熟后落叶较快，角荚脱水快，成熟时不裂荚，有利于机械化收获；品质特性：籽粒粗蛋白质含量为44.9%（干基），粗脂肪含量15.3（干基），蛋脂总和达60.26%（干基）；抗病性鉴定结果：中抗褐斑病，高抗大豆花叶病毒病；栽培要点：对播期、播种量、施肥及田间管理进行说明。

2.《菜用大豆品种　苏奎1号》（DB32/T 3286—2017）

江苏省市场监督管理局于2017年7月1日发布了《菜用大豆品种　苏奎1号》（DB32/T 3286—2017）。DB32/T 3286—2017规定了菜用大豆品种苏奎1号生物学性状和栽培技术要点。品种来源：苏奎1号是利用鲜食春大豆品种台湾292为母本和日本晴3号鲜食春大豆为父本进行有性杂交育成的春播菜用大豆品种；生物学性状：包括叶片、茎、花、果实、种子、抗性、耐逆等性状；栽培技术要点：对精选种子、适期播种、合理种植、肥水运筹、化学除草进行说明。

表1-1　大豆优异品种相关地方标准

序号	标准编号	标准名称	所属地区
1	DB64/T 1419—2017	大豆品种吉农27号	宁夏回族自治区
2	DB64/T 1420—2017	大豆品种铁丰31	
3	DB64/T 1421—2017	大豆品种邯豆7号	
4	DB61/T 636—2013	大豆秦豆十一号	陕西
5	DB61/T 733—2014	大豆秦豆12号	
6	DB61/T 734—2014	大豆郑EH009	
7	DB61/T 735—2014	大豆郑EH006	
8	DB61/T 791—2014	大豆秦豆13	
9	DB61/T 792—2014	大豆黄矮丰	
10	DB61/T 837—2014	大豆圣豆十号	
11	DB61/T 838—2014	大豆宝豆6号	
12	DB65/T 10001—2007	大豆品种新大豆3号	新疆维吾尔自治区
13	DB65/T 10002—2007	大豆品种新大豆4号	
14	DB65/T 10003—2007	大豆品种新大豆5号	
15	DB65/T 10004—2007	大豆品种新大豆6号	
16	DB13/T 112—1991	大豆品种鲁豆2号（山宁1号）	河北
17	DB13/T 201—1994	大豆品种冀豆7号	
18	DB13/T 202—1994	大豆品种冀豆8号	
19	DB13/T 284.1—1996	大豆品种冀豆10号	

（续）表 1-1

序号	标准编号	标准名称	所属地区
20	DB13/T 284.2—1996	大豆品种冀豆 11 号	河北
21	DB13/T 284.3—1996	大豆品种冀豆 12 号	
22	DB13/T 316—1997	大豆品种科丰 6 号	
23	DB13/T 2046—2014	大豆品种保豆 3 号	
24	DB35/T 90—1997	大豆品种泉豆 322	福建
25	DB35/T 91—1997	大豆品种浙春 2 号	
26	DB35/T 92—1997	大豆品种古田豆	
27	DB35/T 93—1997	大豆品种穗稻黄	
28	DB35/T 95—1997	大豆品种大青仁	
29	DB35/T 96—1997	大豆品种莆豆 8008	
30	DB62/T 2866—2018	大豆陇中黄 601	甘肃
31	DB62/T 2949—2018	大豆品种银豆 2 号	
32	DB62/T 2950—2018	大豆品种银豆 3 号	
33	DB62/T 4056—2019	大豆品种张农 1 号	
34	DB22/T 1977—2013	大豆品种吉育 101	吉林
35	DB22/T 3189—2020	大豆品种长密豆 30	
36	DB32/T 2585—2013	苏豆 8 号大豆	江苏
37	DB32/T 2598—2013	新大粒 1 号大豆	
38	DB32/T 2942—2016	鲜食夏大豆通豆 9 号品种	
39	DB32/T 3286—2017	菜用大豆品种苏奎 1 号	
40	DB32/T 3439—2018	大豆品种徐豆 20	

四、大豆种子质量相关标准

（一）常规大豆种子质量相关标准

种子是最重要的农业生产资料，我国大豆生产使用的主要是常规大豆种子。国家对大豆种子质量有严格要求，对种子的纯度、净度、发芽率、水分均作了明确规定。

1.《粮食作物种子　第 2 部分：豆类》（GB 4404.2—2010）

农业部于 2011 年 1 月 14 日发布了《粮食作物种子　第 2 部分：豆类》（GB 4404.2—2010）。GB 4404.2—2010 规定了大豆质量要求、检验方法和检验规则，要求原种纯度不低于 99%，大田用种纯度不低于 98%；原种、大田用种净度不低于 99%，发芽率不低于85%，水分不高于12%，长城以北和高寒地区的大豆种子水分允许高于12.0%，但不能高于13.5%。同时对繁育种子的成熟度、整齐度、均匀度、色泽、光泽以及是否带有病虫杂草的侵染源也有规定。

2.《大豆种子产地检疫规程》（GB 12743—2003）

植物检疫是防止检疫性有害生物传入、扩散或确保其官方控制的一切活动。GB 12743—1991《大豆种子产地检疫规程》已执行十余年，目前，大豆的危险性有害生物种类已经发生了变化，检验检疫技术也有了发展和提高，原规程已不适应大豆生产发展的需要，于是对此标准进行了修订。

国家质量监督检验检疫总局于2003年6月2日发布了《大豆种子产地检疫规程》（GB 12743—2003）。GB 12743—2003规定了大豆种子产地的限定性、有害生物种类、健康种子生产、检验、检疫、签证等，适用于实施大豆种子产地检疫管理的植物检疫机构及繁育、生产大豆种子的单位和个人。GB 12743—2003增加了1995年新公布的国内检疫对象－大豆疫病，该病也是我国1993年公布的一类进境植物检疫对象，同时，由于大豆菌核病也是土传病害，种子本身并不带菌传病，因此修订后不再列为应检有害生物。同时有害生物的综合治理措施也作了相应的调整，增加了一些新的技术内容。

3.《大豆原种生产技术操作规程》（GB/T 17318—2011）

生产上用的种子繁育时间较长时容易混杂退化，需要利用纯度高、质量好的原种繁育良种。原种是由育种家提供或委托生产并保持原品种优良种性和典型性、不带检疫性病害、虫害和杂草，按照GB/T 17318—2011生产出来的符合原种质量标准的种子。生产原种一般采用单株选择、分系比较和混系繁殖的方法，即株行圃、株系圃和原种圃的三年三圃，或株行圃和原种圃的两年两圃制。

为保障大豆种子繁育质量，国家质量监督检验检疫总局于2011年12月30日发布了《大豆原种生产技术操作规程》（GB/T 17318—2011），代替1998年4月3日发布的《大豆原种生产技术操作规程》（GB/T 17318—1998）。GB/T 17318—2011规定了大豆原种生产技术要求，适用于大豆原种生产。

4.《大豆原种种子生产技术规程》（DB64/T 1478—2017）

宁夏回族自治区质量技术监督局于2017年1月19日发布了《大豆原种种子生产技术规程》（DB64/T 1478—2017）。DB64/T 1478—2017规定了大豆原种种子生产中的术语和定义、原种生产技术及其质量检验方法、包装与贮藏要求，适用于引扬黄灌区大豆原种种子的生产。

5.《农作物四级种子质量标准　第 7 部分：大豆》（DB41/T 997.7—2014）

河南省质量技术监督局于 2014 年 12 月 30 日发布了《农作物四级种子质量标准　第 7 部分：大豆》（DB41/T 997.7—2014）。DB41/T 997.7—2014 规定了大豆四级种子，即育种家种子、原原种、原种和检定种的术语和定义、质量要求、检验方法与检验规则，适用于河南省境内生产、销售的大豆种子。种子涵盖包衣种子和非包衣种子。

6.《农作物四级种子生产技术规程　第 7 部分：大豆》（DB41/T 293.7—2014）

河南省质量技术监督局于 2014 年 12 月 30 日发布了《农作物四级种子生产技术规程　第 7 部分：大豆》（DB41/T 293.7—2014）。DB41/T 293.7—2014 规定了大豆术语和定义、育种家种子生产、原原种生产、原种生产和检定种生产要求和方法，适用于大豆四级种子的生产。

（二）杂交大豆种子质量相关标准

大豆杂种优势利用是提高产量的有效途径之一。我国大豆杂种优势研究处于国际领先水平，全国已经审定杂交大豆品种 32 个。吉林省农业科学院和山西农业科学院大豆杂种优势利用取得显著成果，选育的部分大豆杂交种增产 12% 以上，制种产量稳定超过了 1000kg/hm²，已经进入大面积示范推广阶段。

1.《杂交大豆种子》（DB22/T 2209—2014）

吉林省质量技术监督局于 2014 年 12 月 11 日发布了《杂交大豆种子》（DB22/T 2209—2014）。DB22/T 2209—2014 规定了杂交大豆子种子质量要求、检验方法、检验规则。规定了雄性不育系、保持系、恢复系、三系、育种家种子、原种、生产用种定义。适用于生产和销售的杂交大豆种子。种子质量要求由质量指标和质量标注值组成，质量指标包括品种纯度、净度、发芽率、水分；质量标注值应真实。

2.《大豆杂交种种子》（DB14/T 1423—2017）

山西省质量技术监督局于 2017 年 5 月 30 日发布了《大豆杂交种种子》（DB14/T 1423—2017）。DB14/T 1423—2017 规定了杂交大豆子种子质量要求、检验方法、检验规则，适用于生产和销售的杂交大豆种子。

3.《大豆杂交种生产技术操作规程》（DB22/T 2387—2015）

吉林省质量技术监督局于 2015 年 12 月 15 日发布了《大豆杂交种生产技术操作规程》（DB22/T 2387—2015）。DB22/T 2387—2015 规定了大豆细胞质雄性不育"三系"原种生产、三系原种扩繁和杂交种生产技术。"三系"原种生产与扩繁包括网室和大田不育系，保持系和恢复系繁殖方法。对杂交种生产的产地环境条件、生产条件、整地与施肥、机械播种、田间管理、病虫害防治、防杂保纯、收获、包装与贮藏进行了详细规定。该标准适用于大豆杂交种种子生产。

4.《大豆杂交种制种技术规程》（DB14/T 1342—2017）

山西省质量技术监督局于 2017 年 5 月 30 日发布了《大豆杂交种制种技术规程》（DB14/T 1342—2017）。DB14/T 1342—2017 规定了大豆杂交种制种的术语和定义、三系原种繁殖、三系原种扩繁、杂交种生产及生产档案。该标准适用于大豆杂交种种子生产。

5.《杂交大豆三系原种生产技术规程》（DB22/T 2620—2017）

吉林省质量技术监督局于 2017 年 6 月 8 日发布了《杂交大豆三系原种生产技术规程》（DB22/T 2620—2017）。DB22/T 2620—2017 规定了质核互作雄性不育系、保持系、恢复系、三系、三系种子繁殖、三系原种生产、选种圃、株行圃、株系圃、株系种子、育种家种子、原种种子的定义。同时规定了杂交大豆三系原种生产技术、生产方法、保持系原种生产、不育系原种生产和恢复系原种生产。适用于杂交大豆"质-核互作型"雄性不育系、保持系、恢复系原种生产。

以上标准的实施使杂交大豆种子繁殖更具有科学性、可操作性，促进了对制种资源的有效利用，避免超代繁殖所造成的种子纯度和质量下降，结合人工辅助授粉和程序化生产，可显著提高杂交种生产的质量和效率。

（三）野生大豆资源相关标准

野生大豆多为一年生或多年生草本植物，是栽培大豆的祖先物种。其小叶叶形有披针形、卵圆形、椭圆形，叶片多为羽状复叶；种皮多为黑色，也有黄、褐、青及双色，种皮多有泥膜，有些大粒类型无泥膜（呈现光泽），百粒重为 0.5 g～8.0g；花为紫色（极少数为白色）；茎较为细弱，有极强的缠绕性和较多分枝，茎秆长度 30cm～500cm，单株的结荚数 30 个～3000 个；原产地始花期的光照时间为 13.25h～17.08h，生育日数 120d～200d。目前，中国拥有最多的一年生野生大豆资源。野生大豆具有多花、多荚、高蛋白及抗病虫、耐逆境等多种优良特性，是大豆种质改良中的重要基因来源。

1.《寒地野生大豆资源性状描述规范》（DB23/T 2026—2017）

黑龙江省市场监督管理局于 2017 年 12 月 22 日发布了《寒地野生大豆资源性状描述规范》（DB23/T 2026—2017）。DB23/T 2026—2017 规定了一年生野生大豆资源性状描述的术语和定义、生物学特性、品质特性、抗逆性、抗病虫性，适用于寒地野生大豆资源性状描述。该标准描述的生物学性状包括：下胚轴颜色、花色、花序长短、泥膜、粒色、种皮光泽、种皮裂纹、粒形、子叶色、脐色、茸毛色、荚皮色、荚形、裂荚性、叶形、叶柄长短、叶色、生长习性、主茎、根瘤、单株粒数、单株粒重、百粒重；品质特性描述包括粗蛋白含量、11S/7S、过敏蛋白28K、过敏蛋白30K、Kunitz型胰蛋白酶抑制剂、粗脂肪含量和异黄酮含量；抗逆性包括芽期耐盐性、芽期耐旱性和芽期耐冷；抗病虫性描述包括灰斑病、花叶病毒病、大豆孢囊线虫病、大豆食心虫和大豆蚜虫等抗性。

2.《寒地野生大豆资源考察收集技术规程》（DB23/T 2023—2017）

黑龙江省市场监督管理局于2017年12月22日发布了《寒地野生大豆资源考察收集技术规程》（DB23/T 2023—2017）。DB23/T 2023—2017规定了一年生野生大豆资源考察、准备工作、填写考察收集数据信息表、考察方法、收集方法、编号方法、样本临时保管、临时编目和保存等信息，适用于寒地野生大豆资源考察收集。

3.《寒地野生大豆资源整理技术规程》（DB23/T 2027—2017）

黑龙江省市场监督管理局于2017年12月22日发布了《寒地野生大豆资源整理技术规程》（DB23/T 2027—2017）。DB23/T 2027—2017规定了标本种植观察涉及标本圃地点选择、标本来源、种植前处理、种植时间和方式、生育期间管理、性状观察，同时对登记、标本种植观察、收获和编目做出规定，适用于寒地野生大豆资源整理。该标准还规定了整理技术和登记的术语和定义。

4.《寒地野生大豆资源扩繁更新技术规程》（DB23/T 2024—2017）

黑龙江省市场监督管理局于2017年12月22日发布了《寒地野生大豆资源扩繁更新技术规程》（DB23/T 2024—2017）。DB23/T 2024—2017规定了一年生野生大豆资源扩繁更新技术的准备工作、播种、田间管理、性状调查核对、收获、更新入库要求，适用于寒地野生大豆资源扩繁更新。该标准还规定了扩繁和更新的术语和定义。扩繁是指在相同生态条件下，通过田间种植的手段增加资源种子的数量，保持后代遗传完整性和生活力的过程。更新是指应长期保存或其他原因，导致资源种子发芽率、生命力降低或保存的种子量不足时，通过扩繁产生新一代的种子，替换原来保存种子的过程。

5.《寒地野生大豆资源品质和抗逆性鉴定技术》（DB23/T 2025—2017）

黑龙江省市场监督管理局于2017年12月22日发布了《寒地野生大豆资源品质和抗逆性鉴定技术》（DB23/T 2025—2017），DB23/T 2025—2017规定了一年生野生大豆资源粗蛋白含量、粗脂肪含量品质特性测定，芽期耐盐性、耐寒性、耐冷性抗逆性鉴定，及灰斑病、花叶病毒病、大豆孢囊线虫病、大豆食心虫、大豆蚜虫抗病虫性鉴定，适用于寒地野生大豆资源品质和抗性鉴定。

以上 5 个标准形成了野生大豆资源性状描述、考察收集、资源整理、扩繁更新、品质和抗逆性鉴定的基础标准体系。

第三节　大豆栽培技术相关标准

大豆栽培模式或规程是根据各地自然条件，按照大豆的生长发育要求，为了达到优质高产的目的，把各项先进的科学栽培技术以及增产经验、方法、措施等优化组合，使其综合化、数量化、系列化和规模化，从而达到增产增收。根据自然条件、耕作栽培制度，我国大豆产区可划分为 5 个栽培区，分别为北方一年一熟春大豆区、黄淮流域夏大豆区、长江流域夏大豆区、长江以南秋大豆区和南方大豆两熟区。依据种植方式可分为大豆单作、间作及套作栽培；依据核心技术又可分为密植栽培、免耕栽培、节水栽培、绿色大豆栽培、高油大豆栽培和高蛋白大豆栽培等。

一、北方春大豆栽培技术相关标准

我国春大豆栽培早在 20 世纪 60 年代黑龙江省就推广了"适期早播、合理密植"的大豆栽培模式；70 年代推广了"选用早熟品种、适期晚播、合理密植"的"早、晚、密"栽培模式；80、90 年代，提出了"永常栽培模式""垄三栽培模式""高寒栽培模式"。其中"垄三栽培模式"最为成功，推广面积最大。"垄三栽培模式"是黑龙江省八一农垦大学刘百如、杨方人等专家采用多学科联合攻关的方法，于 1985 年研制成功，以"垄底深松、垄体分层施肥、垄上双行精量点播"技术为核心的大豆综合高产栽培技术，1989 年黑龙江省农业厅和农机主管部门开始向广大农村宣传推广，目前该技术仍是东北大豆生产最重要的栽培模式。近些年，在大豆"垄三"栽培技术基础上，又与其他栽培措施相互配合，衍生出不同的新栽培方式。可以将衍生出的栽培技术分为常规垄栽培技术、密植栽培技术、保护性耕作栽培技术、节水栽培技术。

（一）大豆常规垄栽培技术相关标准

1.《东北地区大豆生产技术规程》（NY/T 495—2002）

农业部于 2002 年 1 月 4 日发布了《东北地区大豆生产技术规程》（NY/T 495—2002）。NY/T 495—2002 规定了东北地区大豆生产过程中的播前处理、田间管理、收获等大豆标准化生产技术要求，适用于黑龙江、吉林、辽宁三省和内蒙古自治区东四盟。

2.《春播中晚熟杂交大豆栽培技术规程》（DB14/T 1181—2016）

山西省质量技术监督局于2016年3月30日发布了《春播中晚熟杂交大豆栽培技术规程》（DB14/T 1181—2016）。DB14/T 1181—2016规定了春播中晚熟杂交大豆栽培的播前准备、播种、田间管理、病虫害防治、收获及生产档案。

3.《大豆优质安全丰产高效生产技术规程》（DB22/T 736—2019）

吉林省质量技术监督局于2019年10月14日发布了《大豆优质安全丰产高效生产技术规程》（DB22/T 736—2019）。DB22/T 736—2019规定了大豆生产投入品管理、选地与整地、品种选择与种子处理、播种、施肥、田间管理、主要病虫害防治、收获、贮藏、生产记录与档案，适用于大豆优质安全丰产高效生产。

4.《东部地区大豆丰产优质高效生产技术规程》（DB22/T 1747—2012）

吉林省质量技术监督局于2013年12月4日发布了《东部地区大豆丰产优质高效生产技术规程》（DB22/T 1747—2012）。DB22/T 1747—2012规定了大豆轮作及耕整地、品种选择、种子处理、播种、施肥、田间管理、主要病虫害防治和收获，适用于吉林省东部地区大豆早熟及中早熟区大豆的生产。

5.《吉林省中部地区大豆丰产优质高效技术规程》（DB22/T 1902—2013）

吉林省质量技术监督局于2012年12月21日发布了《吉林省中部地区大豆丰产优质高效技术规程》（DB22/T 1902—2013）。DB22/T 1902—2013规定了大豆耕整地、品种选择、耕地、施肥、田间管理、主要病虫害防治、收获及储藏等详细内容，适用于吉林省中熟及中晚熟区大豆的生产。

（二）大豆密植栽培技术相关标准

大豆的密植栽培技术是在大豆"垄三"栽培技术的基础上，继续保持深松、分层深施肥、精量点播优势，吸取国外窄行密植、半矮秆品种等增产经验，与配套机具相结合，汇集起来的一项机械化综合高产栽培技术，包括大垄窄行密植栽培技术、小垄窄行密植栽培技术、平作窄行密植栽培技术。

平作窄行密植使大豆植株分布的更均匀，克服了宽行的大行距、小株距植株分布不匀的不足，使植株群体受光更均匀，增加了叶面积，提高了叶面积光合持续期，和光能利用率，最终显著提高了大豆产量，在东北北部高寒区及农垦系统推广面积比较大。平作窄行密植首先必须选择抗倒伏增产潜力大的矮秆、半矮秆品种。

大垄窄行密植用做台机打成 90cm～140cm 的大垄，垄高 15cm～18cm。播法有 3 种模式，分别为 90cm 垄 4 行精量点播，第 1、2 行和第 3、4 行间的行距分别为 15cm，第 2 行与第 3 行间的距离为 20cm；130cm 大垄垄上 6 行播种垄上 3 条双行等距精量播种（每条双苗眼），株距 15cm～20cm，大行间行距 20cm～22cm，双行间小行距 10cm～12cm；110cm 垄上种植 3 行，苗带宽 22.5cm。

1.《大豆垄上三行窄沟密植技术规程》（DB15/T 486—2011）

内蒙古自治区质量技术监督局于 2011 年 3 月 20 日发布《大豆垄上三行窄沟密植技术规程》（DB15/T 486—2011）。DB15/T 486—2011 规定了大豆垄上三行窄沟密植栽培的备耕、种子准备、播种、施肥、中耕、灌溉、化学除草、病虫草害防治和收获等技术规范。该标准适用于内蒙古呼伦贝尔市莫旗、阿荣旗、扎兰中市、鄂伦春放和大兴安岭农场管理局以及兴安盟扎赉特旗、科右前旗等旗县市产量稳定达到 150kg/667m^2 以上的大豆产区。

2.《大豆大垄高台栽培技术规程》（DB15/T 1586—2019）

内蒙古自治区质量技术监督局于 2019 年 1 月 18 日发布《大豆大垄高台栽培技术规程》（DB15/T 1586—2019）。DB15/T 1586—2019 规定了大豆大垄高台栽培的备耕、种子准备、播种、施肥、中耕、灌溉、化学除草、病虫草害防治和收获等技术要求，适用于内蒙古呼伦贝尔市和兴安盟耕地土层深厚、产量稳定达到 200kg/667m^2 以上的大豆主产区。标准中规定了大垄高台栽培是指借鉴传统垄三栽培的垄上双行播种原理，增加垄宽与垄高，实现垄上三行增密栽培。用专用大垄高台起垄机起垄，将垄底宽由 65cm 增加为 110cm，垄顶宽由 24cm 增加为 65cm，垄高由 15cm～18cm 增加为 18cm～20cm，各行苗带间距为 24cm，米间落粒 13 粒～16 粒，保苗数 2.3 万株 /667m^2～3.0 万株 /667m^2。

3.《耐密植大豆大垄窄行栽培技术规程》（DB2308/T 067—2020）

佳木斯市市场监督管理局于 2020 年 9 月 27 日发布了《耐密植大豆大垄窄行栽培技术规程》（DB2308/T 067—2020）。DB2308/T 067—2020 规定了大垄窄行密植大豆栽培技术的术语和定义、产地环境条件、耕整地技术、品种选择及 种子处理、施肥、播种、田间管理及收获等技术要求。标准适用于黑龙江省佳木斯市大豆生产区域。

小垄窄行密植可用普通起垄犁打成 45cm～50cm 的小垄，起垄后镇压，达到待播状态，采用机械平播或垄上双行等距精量播种，大行垄距 45cm，双行间小行距 10cm～12cm。

4.《大豆垄作密植生产技术规程》（DB22/T 1897—2013）

吉林省质量技术监督局于 2013 年 12 月 4 日发布了《大豆垄作密植生产技术规程》（DB22/T 1897—2013），DB22/T 1897—2013 标准规定了大豆垄作密植生产的品种选择及种子处理、选地与整地、播种、施肥、田间管理、病虫草害防治及收获，适用于年活动积温 2200℃以上的大豆生产区域。标准中涉及的术语和定义有：垄作、密植栽培、耐密型品种，垄作是指起垄种植方式，密植栽培是指种植密度在 35 万株 /hm² 以上的种植方式，耐密型品种是指种植密度≥35 万株 /hm²，能够表现出抗倒、高产稳产特点的品种。

平作窄行密植，播种行距 19cm～50cm。其他核心技术为精细整地：密植技术对整地质量要求高，选择地势平坦，土层深厚的地块，伏秋进行精细整地，坚持以深松为主，通过松、翻、耙、平等耕作提高作业质量，保证耕层土壤细碎，无坷垃，地面平整，达到深、透、平、细、实，土壤耕层深度上要达到 22cm 以上；科学施肥：施肥总量要比常规垄作增加 15%～20% 以上，要化肥、有机肥和叶面喷施追肥相结合，推荐测土平衡施肥；增加播种密度，东北北部保苗密度可达 45 万株 /hm²～50 万株 /hm²，中部地区保苗适宜密度为 30 万株 /hm²～35 万株 /hm²。

5.《玉米－大豆轮作均衡增产栽培技术规程》（DB15/T 1534—2018）

内蒙古自治区市场监督管理局于 2018 年 12 月 20 日发布了《玉米－大豆轮作均衡增产栽培技术规程》（DB15/T 1534—2018），DB15/T 1534—2018 规定了玉米－大豆轮作均衡增产栽培的术语和定义、栽培技术、病虫害防治、收获等内容，适用于内蒙古自治区玉米和大豆种植区域。标准中规定了玉米大豆轮作和均衡增产的术语和定义。玉米大豆轮作是指在同一块田地上，有顺序地在季节间或年间轮换种植玉米和大豆得种植方式。均衡增产是指在玉米－大豆轮作模式下，由整地、施肥、播前准备、播种、田间管理和收获单项技术集成、组装，实现玉米和大豆双增产。

6.《大豆平作窄行深窄密生产技术规程》（DB23/T 1375—2010）

黑龙江省质量技术监督发布于 2010 年 3 月 8 日发布了《大豆平作窄行深窄密生产技术规程》（DB23/T 1375—2010），此标准规定了大豆平作窄行"深窄密"栽培技术的产地环境、品种选用、整地、田间管理、机械播种方式、病虫草害防治以及收获等操作要求，适用于地势平坦地区大豆生产。此标准还规定大豆平作窄行"深窄密"栽培技术的术语和定义为：行距 18cm～40cm，公顷保苗株数 35 万株～45 万株平作种植方式与其相适应的栽培技术。产地环境选择前茬为禾谷类或非豆科类作物地块；选用地势平坦、土壤疏松、地面干净、较肥沃的地块，地表秸秆少，地表秸秆长度在 3cm～5cm 之间；秋整地要达到播种状态。田间管理包括化学灭草和中耕管理，其中化学灭草规定了灭草原则、秋季土壤处理、春季播前土壤处理、播后苗前土壤处理规程。病虫害防治包括防治原则、病害防治和虫害防治。其中病害防治包括大豆孢囊线虫、大豆根腐病、大豆灰斑病、大豆菌核病、大豆霜霉病等；虫害防治包括蚜虫、食心虫、红蜘蛛、大豆蓟马、草地螟等。

（三）大豆保护性耕作栽培技术相关标准

保护性耕作是在保护环境、提高环境质量的前提下，实行免耕和少耕、秸秆覆盖的一种农田管理方式，其优点是能够减少风蚀和水蚀，缓解土壤侵蚀，有效利用农田水分，增强土壤肥力和抗旱能力，进而提高作物产量，降低生产成本。玉米茬"原垄卡种"和秸秆覆盖种植技术是大豆保护性耕作重要栽培措施，在不进行秋整地的情况下，作物利用原茬垄播种的方法，可充分利用玉米前茬残肥，减少机械整地作业和化肥投入，降低生产成本，是实现节本增收的栽培模式。秸秆覆盖还可增加有机物料还田量，提高土壤有机质含量，改善土壤物理、化学及生物性状，促进团聚体的形成，提高土壤持水性和透气性，从而增加微生物活性、多样性和生物质量保持力，最终改善农田生态环境。

1.《玉米原垄卡种大豆生产技术规程》（DB23/T 2569—2020）

黑龙江省市场监督管理局于 2020 年 1 月 8 日发布了《玉米原垄卡种大豆生产技术规程》（DB23/T 2569—2020）。DB23/T 2569—2020 规定了玉米原垄卡种大豆生产技术的产地质量、选地及前作秸秆处理、品种选择及种子处理、播种、田间管理、生产档案，适用于玉米-大豆轮作种植区。此标准规定原垄卡种的术语和定义为：指在不破坏原有垄形且保留原茬基础上实施免耕播种的方式。还规定选地应选择玉米茬，地势平坦、耕层深厚，肥力较高，排灌方便，有深松或深翻基础，垄形较好，前茬未使用对大豆有害的长效除草剂的地块。秸秆处理方式为玉米收获后，可采取玉米秸秆粉碎100% 覆盖还田，或玉米秸秆全部离田。

2.《大兴安岭南麓大豆保护性耕作丰产栽培技术规程》（DB15/T 1184—2017）

内蒙古自治区市场监督管理局于 2017 年 3 月 10 日发布了《大兴安岭南麓大豆保护性耕作丰产栽培技术规程》（DB15/T 1184—2017）。DB15/T 1184—2017 规定了大兴安岭南麓大保护性作丰产栽培种子处理、农机具选择、免耕播种、施肥、害虫害防治、收割技术。本标准用于大兴安岭南麓大豆保护性耕作农田。

3.《窄行大豆免耕栽培技术规程》（DB23/T 2058—2017）

黑龙江省市场监督管理局于 2017 年 12 月 29 日发布了《窄行大豆免耕栽培技术规

程》（DB23/T 2058—2017）。DB23/T 2058—2017 规定了窄行大豆免耕栽培技术的术语和定义、地块选择、轮作、前期准备、秸秆处理、品种选择与种子处理、播种、施肥、田间管理、收获及档案管理。该标准以"大豆窄行密植、秸秆还田及免耕播种"为核心技术，实现玉米大豆轮作全玉米秸秆地表覆盖还田，采用行距 19cm～50cm 窄行免耕种植技术，降低了生产成本，实现大豆增产、增效和环境友好同步发展。

（四）大豆节水栽培技术相关标准

我国东北西部及西北地区降雨量少，长期面临干旱的威胁，学者们针对干旱区域特点开展大豆节水、抗旱技术推广。

1.《作物节水灌溉气象等级　大豆》（GB/T 34813—2017）

国家质量监督检验检疫总局于 2017 年 11 月 1 日发布了《作物节水灌溉气象等级　大豆》（GB/T 34813—2017）。GB/T 34813—2017 规定了大豆节水灌溉气象等级的划分与灌水定额，适用于大豆节水灌溉的预报与服务。

2.《风沙半干旱地区大豆节水高产优质栽培技术规程》（DB21/T 1389—2005）

辽宁省质量技术监督局于 2005 年 7 月 1 日发布了《风沙半干旱地区大豆节水高产优质栽培技术规程》（DB21/T 1389—2005）。DB21/T 1389—2005 规定了大豆节水生产过程中的品种选择、选地、整地与施肥、播种、田间管理、灌溉、病虫害防治、收获及贮藏等技术，适用于北方风沙半干旱地区大豆节水栽培。本标准规定了"顶凌耙地""抗旱剂拌种"及依据需水规律灌水等关键节水栽培技术。

3.《大豆半固定式喷灌水肥管理技术规程》（DB15/T 682—2014）

针对灌溉措施，内蒙古自治区市场监督质量技术监督局于 2014 年 3 月 20 日发布了《大豆半固定式喷灌水肥管理技术规程》（DB15/T 682—2014）。DB15/T 682—2014 规定了半固定式喷灌大豆生产用水管理、灌溉施肥方法及栽培措施等，半固定式喷灌可以有效节约水资源，根据大豆的需要适时喷灌，是使用率较高的灌溉技术。

近年来随着节水技术的不断发展，大豆覆膜栽培及膜下滴灌技术已成为旱地区重要栽培技术。覆膜技术分为大豆行间覆膜、全膜双垄沟播、全膜双垄侧播及全膜覆土穴播等。通过膜良好覆盖大豆行间的土壤，减少了土壤水分蒸发，促进土壤本身的持水能力不断提升，还能够有效保证土壤内部的温湿度，给大豆提供较好的生长环境，实现增产的目标。

4.《旱地大豆全膜微垄沟播栽培技术规程》（DB62/T 4229—2020）

甘肃省市场监督管理局于 2020 年 8 月 25 日发布了《旱地大豆全膜微垄沟播栽培

技术规程》（DB62/T 4229—2020）。DB62/T 4229—2020 规定了旱地大豆全膜微垄沟播栽培技术的播前准备、播种、田间管理、收获与贮藏和残膜回收等技术要求，适用于年降水 300mm～550mm 的旱作春播大豆区种植。

5.《庆阳市大豆全膜双垄沟播栽培技术规程》（DB62/T 2133—2011）

甘肃省质量技术监督局于 2011 年 6 月 29 日发布了《庆阳市大豆全膜双垄沟播栽培技术规程》（DB62/T 2133—2011）。DB62/T 2133—2011 规定了大豆全膜双垄沟播栽培技术的生产环境、产量指标、整地施肥、良种选用、起垄覆膜、播种密度、田间管理、病虫害防治等技术要求，适用于庆阳市山、川、源旱地大豆春播栽培。

6.《大豆大垄垄上行 19 覆膜技术规程》（DB23/T 1170—2007）

黑龙江省质量技术监督局于 2007 年 8 月 31 日发布了《大豆大垄垄上行 19 覆膜技术规程》（DB23/T 1170—2007）。DB23/T 1170—2007 规定了大豆大垄垄上行间覆膜栽培技术的产地环境、品种选用、整地、田间管理、病虫草害防治以及收获等操作要求，适用于干旱、半干旱地区大豆生产。

7.《大豆膜下滴灌水肥管理技术规程》（DB15/T 855—2015）

内蒙古自治区质量技术监督局于 2015 年 5 月 15 日发布了《大豆膜下滴灌水肥管理技术规程》（DB15/T 855—2015）。DB15/T 855—2015 规定了膜下滴灌大豆生产的用水管理、灌溉施肥方法及栽培措施等，适用于内蒙古东部地区大豆膜下滴灌生产的水肥管理。

这些标准均规定了大豆覆膜栽培技术，包括大豆全膜栽培技术整地施肥、良种选择、起垄覆膜、播种密度、田间管理及病虫害防治等技术要求。

地膜覆盖技术不仅能增加地温，而且可以减少土壤水分蒸发，将土壤水分保留在耕作层中；滴灌是一种先进的节水灌溉技术，可根据作物需水规律，将水分和养分均匀持续地运送到植株根部，可节水 50%～70%。而膜下滴灌技术是将滴灌与覆膜栽培两项技术相结合的一项高效节水灌溉技术，能够最大限度地降低土壤水分的蒸发和农业用水的浪费。

二、夏大豆栽培技术相关标准

夏大豆大多是在冬小麦收获后，于夏季播种，秋季成熟。夏大豆主要分布在黄淮海流域冬小麦产区，该区域是我国大豆第二主产区，占全国大豆种植面积的 30% 左右。夏大豆生育期间光热资源丰富，降雨多在七八月，8 月中下旬又是大豆的鼓粒中前期，气温较高、温差较小、降水较多，有利于蛋白质的积累。夏大豆生产的主要问题是小麦收获后种植大豆，播种季节农时紧张；麦收后留田秸秆量较大，田间麦茬、麦秸清理较难，影响大豆播种质量；土壤以砂浆黑土为主，降雨后裸露的地表土壤易板结，不利于大豆出苗和后期生长。

1.《大豆麦茬免耕覆秸精量播种技术规程》（NY/T 3681—2020）

农业农村部于 2020 年 8 月 26 日发布了《大豆麦茬免耕覆秸精量播种技术规程》（NY/T 3681—2020）。NY/T 3681—2020 规定了大豆麦茬免耕覆秸精量播种技术的术语和定义、种子准备、播种、施肥、田间管理，适用于大豆麦茬免耕覆秸精量播种作业。

2.《夏大豆窄行密植栽培技术规程》（DB13/T 771—2006）

河北省质量技术监督局于 2006 年 4 月 27 日发布了《夏大豆窄行密植栽培技术规程》（DB13/T 771—2006）。DB13/T 771—2006 规定了夏大豆窄行密植栽培技术的基础条件、品种选择、播前准备、播种、田间管理和收获等技术要求，适用于河北省夏播大豆种植区域。

3.《麦茬夏大豆高产栽培技术规程》（DB13/T 2891—2018）

河北省市场监督管理局于 2018 年 12 月 13 日发布了《麦茬夏大豆高产栽培技术规程》（DB13/T 2891—2018）。DB13/T 2891—2018 规定了麦茬夏大豆生产的播前准备、播种、田间管理和收获贮藏等要求，适用于麦收后播种的夏播大豆种植地区。

4.《晋南夏播大豆栽培技术规程》（DB14/T 1180—2015）

山西省质量技术监督局于 2016 年 3 月 30 日发布了《晋南夏播大豆栽培技术规程》（DB14/T 1180—2015）。DB14/T 1180—2015 规定了晋南夏播大豆栽培技术的术语和定义、播前准备、播种、田间管理、主要病虫害防治、收获及生产档案，适用于山西省南部夏大豆的生产。

5.《沿淮淮北地区大豆轻简化高产栽培技术规程》（DB34/T 1887—2013）

安徽省质量技术监督局于 2013 年 5 月 10 日发布了《沿淮淮北地区大豆轻简化高产栽培技术规程》（DB34/T 1887—2013）。DB34/T 1887—2013 规定了沿淮淮北地区大豆轻简化栽培技术的种植要求和从播种、田间管理、病虫害防控、收获全过程的栽培技术措施，适用于沿淮淮北地区的大豆轻简化高产栽培。

6.《大豆高产栽培技术规程》（DB37/T 3495—2019）

山东省市场监督管理局于 2019 年 1 月 29 日发布了《大豆高产栽培技术规程》（DB37/T 3495—2019）。DB37/T 3495—2019 规定了大豆高产栽培的技术措施和要求，适用于山东省大豆生产。

7.《大豆轻简化栽培技术规程》（DB37/T 4136—2020）

山东省市场监督管理局于 2020 年 9 月 25 日发布了《大豆轻简化栽培技术规程》（DB37/T 4136—2020）。DB37/T 4136—2020 规定了膜下滴灌大豆生产的用水管理、灌溉施肥方法、栽培措施等，适用于内蒙古东部地区大豆膜下滴灌生产的水肥管理。

8.《大豆生产技术规程》（DB4104/T 094—2019）

平顶山市市场监督管理局于 2019 年 8 月 6 日发布了《大豆生产技术规程》（DB4104/T 094—2019）。DB4104/T 094—2019 规定了大豆生产过程中的环境条件、品种选择、种子精选、播种、病虫草害防治、田间管理、收获，适用于平顶山市大豆生产。

通过以上标准分析总结夏大豆高产栽培关键技术：（1）选用稳产、优质、高产、抗逆性强和适应范围广品种；（2）适时早播，早播一天，全生育期增加积温 25℃左右，最好在 6 月 15 日前播完，播种不晚于 6 月 25 日；（3）麦收后抓紧时间灭茬，用旋耕、施肥、播种及镇压一体化机械播种，有条件的地方还可用大豆免耕覆秸播种机播种，确保苗早、苗全、苗壮；（4）密度 1.2 万株 /667m^2～2 万株 /667m^2，播种行距 25cm～40cm，或宽窄行种植，宽行 50cm、窄行 25cm，株距均匀一致，播后平整覆土保墒；（5）注意防治地老虎、大豆蚜虫、紫斑病、豆秆蝇和霜霉病等。

近些年来，国家大豆产业技术体系针对黄淮海夏大豆生产麦秸量大处理困难、播种机堵塞播种不匀、种子与土壤结合不紧密及土壤散墒板结严重等问题，通过多年协同攻关，建立大豆麦茬免耕覆秸精量播种技术体系，使黄淮海大豆产量进一步提升。

9.《夏大豆麦茬免耕栽培技术规程》（DB4114/T 121—2019）

商丘市市场监督管理局于 2019 年 7 月 26 日发布了《夏大豆麦茬免耕栽培技术规程》（DB4114/T 121—2019）。DB4114/T 121—2019 规定了商丘市麦茬夏大豆免栽培大田生产的播前准备、播种、田间管理和收获技术，适用于商丘地区麦茬夏大豆种植。

以上两项标准的核心技术是研发出免耕覆秸精量播种技术和配套机具，利用免耕覆秸精量播种机播种，可一次完成侧向抛秸（秸秆覆盖）、分层施肥（药）、精量播种、覆土镇压、封闭除草。通过技术实施可保证大豆播种出苗质量，促进大豆生长发育，提高产量，同时减少人力物力和机械能的消耗，降低生产成本，提高大豆的种植效益。目前，该技术已经通过大面积生产验证，被农业部遴选为主推技术，正在黄淮海夏大豆区推广应用。

三、与大豆间套作栽培技术相关标准

大豆间套作是我国传统种植模式，尤其是在广大南方地区，大豆品种类型多，有春大豆、夏大豆、秋大豆、冬大豆；种植方式上，除少量清种外，大豆多与其他作物间作套种，其中"玉米/大豆"间套作分布最广，另外西南山区的"小麦/玉米/大豆"模式，华南地区的大豆与甘蔗、木薯、幼龄茶（果）树间套作模式，江汉平原地区的"大豆/棉花"套种模式等，另外还有一些小型经济作物西瓜、孜然、芝麻等也经常与大豆间套作。

（一）大豆与主粮作物间套作相关标准

1.《玉米－大豆带状复合种植技术规程》（NY/T 2632—2014）

在现有的间套作模式中，玉米间作大豆模式应用最广，因为玉米大豆间套作高矮搭配合适、养分喜好不同和大豆的固氮作用等优势，在生物学特性、时空搭配、资源利用上是典型的黄金搭档，土地当量比能够达到 1.4 以上。

农业部于 2014 年 4 月 17 日发布了《玉米－大豆带状复合种植技术规程》（NY/T 2632—2014）。NY/T 2632—2014 规定了玉米－大豆带状复合种植的适宜区域、栽培管理及收获等操作技术规程，适用于我国玉米主产区的玉米、大豆生产。该技术适应区域划分：黑龙江、吉林、辽宁、宁夏、甘肃、陕西、内蒙古、云南、贵州及湖南等春播玉米区适用春玉米－春大豆间作；河南、山东及安徽等夏播玉米区适合夏玉米－夏大豆间作；四川、重庆、广西、湖南西部、湖北西部和陕西南部等玉米区适合玉米－大豆带状套作。

2.《淮北地区大豆玉米间作高产栽培技术规程》（DB34/T 1454—2011）

安徽省质量技术监督局于 2011 年 7 月 7 日发布了《淮北地区大豆玉米间作高产栽培技术规程》（DB34/T 1454—2011）。DB34/T 1454—2011 规定了大豆、玉米间作的自然条件、品种选择、栽培技术等内容，适用于安徽淮北旱作地区大豆、玉米间作生产，要求间作方式和种植密度为：玉米、大豆行间距 40cm，玉米行距 40cm，株距 20cm，大豆行距 40cm，株距 10cm；4 行大豆间作 2 行玉米；玉米密度每亩 2500 株～3000 株，大豆密度每亩 10000 株～12000 株。

3.《夏玉米－大豆间作种植技术规程》（DB13/T 2182—2015）

河北省质量技术监督局于 2014 年 2 月 3 日发布了《夏玉米－大豆间作种植技术规程》（DB13/T 2182—2015）。DB13/T 2182—2015 规定了夏玉米－大豆间作种植的术语和定义、种植技术、播后田间管理、收获等，适用于河北省夏玉米夏大豆种植区，要

求种植模式和密度为玉米采用宽窄行播种，玉米大行距160cm，小行距34cm，株距17cm。玉米宽行间种植3行大豆，大豆行距40cm，株距10cm，距玉米40cm；玉米密度每亩4000株，大豆密度每亩10000株。

4.《玉米‖大豆间作高产栽培技术流程》（DB52/T 1082—2016）

贵州省质量技术监督局于2016年1月19日发布了《玉米‖大豆间作高产栽培技术规程》（DB52/T 1082—2016）。DB52/T 1082—2016规定了大豆与玉米的配置方式为：2行玉米间种3行大豆的带状复合种植，玉米与玉米行距40cm，大豆与玉米行距45cm，大豆与大豆行距35cm，玉米株距17cm～19cm，大豆株距8cm左右，玉米密度每亩3500株～3900株，大豆密度每亩12500株左右。

5.《高寒阴湿地区地膜玉米垄沟间作大豆栽培技术规程》（DB62/T 2470—2014）

甘肃省质量技术监督局于2014年6月30日发布了《高寒阴湿地区地膜玉米垄沟间作大豆栽培技术规程》（DB62/T 2470—2014）。DB62/T 2470—2014规定了玉米大豆覆膜间作技术，垄宽55cm～60cm，垄上覆膜，垄沟内不覆膜，垄上种植玉米，密度每亩4000株；垄沟内种植1行大豆，穴距15cm～20cm，密度每亩10000株；玉米应在4月中、下旬播种，玉米出苗后播种大豆。

6.《燕山丘陵区玉米与大豆间作栽培技术规程》（DB 1504/T 1013—2020）

赤峰市市场监督管理局于2020年3月16日发布了《燕山丘陵区玉米与大豆间作栽培技术规程》（DB 1504/T 1013—2020）。DB 1504/T 1013—2020规定了燕山丘陵区玉米与大豆间作栽培的基础条件、播前准备、播种、田间管理、适时收获、滴灌带回收等技术规范，适用于赤峰市燕山丘陵区及生态条件相似区域，提出4行玉米与12行大豆交替种植，其中玉米带宽2.4m，大豆带宽6.2m，玉米带与大豆带间距80cm～90cm；大小垄滴灌种植，玉米大垄行距80cm、小垄行距40cm；大豆大垄行距60cm、小垄行距40cm。

7.《甜玉米套种鲜食大豆栽培技术规程》（DB14/T 1678—2018）

山西省质量技术监督局于2018年2月13日发布了《甜玉米套种鲜食大豆栽培技术规程》（DB14/T 1678—2018），DB14/T 1678—2018规定了甜玉米套种大豆栽培技术规程的产地环境、种植管理、病虫害防治、收获及生产档案等，具体规定了播种方式和密度为：甜玉米行距50cm，株距30cm～33cm，3行甜玉米，甜玉米2行中间种大豆；鲜食大豆穴播，每穴留双株；甜玉米密度每亩3200株～3500株，大豆密度每亩4000株～5000株。

8.《玉米－大豆带状复合种植全程机械化技术规程》（DB51/T 2475—2018）

机械化配套一直是玉米大豆小比例间作栽培难题，四川省质量技术监督局于2018年4月18日发布了《玉米－大豆带状复合种植全程机械化技术规程》（DB51/T 2475—2018）。DB51/T 2475—2018规定了玉米－大豆带状复合种植全程机械化的术语、定义及整地、播种、施肥、病虫草害防治和收获操作技术规程，适用于四川省玉米－大豆带状复合种植全生产，对推广玉米大豆间套作种植起到了积极推动作用。

9.《红壤旱地木薯间作大豆生产技术规程》（DB36/T 940—2017）

木薯是我国华南地区主要作物之一，木薯生长发育期长，前期生长缓慢，幼苗期为100d左右，与大豆全生育期基本相当，土地及光能利用率极低。大豆具有豆科作物的根瘤固氮作用，木薯套作大豆不仅不影响主体作物木薯的生长发育，还对木薯具有增产作用，对当地农业增效和农民增收有着十分重要的意义。

江西省质量技术监督局发布了《红壤旱地木薯间作大豆生产技术规程》（DB36/T 940—2017）。DB36/T 940—2017规定了红壤旱地木薯间作大豆模式术语和定义、农药与肥料使用要求、选地与整地、品种选择、栽培技术、病虫害防治、大豆收获、木薯收获以及木薯茎秆留种，适用于江西省境内红壤旱地木薯间作大豆生产，规定了木薯与大豆间作方式为：木薯种植行距160cm，株距65cm；大豆种植行距为40cm，株距10cm；木薯行间种植2行～3行大豆，木薯种植密度为650株／亩左右，大豆种植密度为8300穴／亩～12500穴／亩。本标准的发布，对于促进华南地区木薯与大豆间作发展有重要意义。

（二）大豆与其他经济作物间套作相关标准

大豆除了与主粮作物间套作，还与很多经济作物间套作，本着不与经济作物争地原则，搭配构成多层次、多功能的复合群体，达到充分利用水、肥、光、土地等自然资源以及长短期收益互补的种植模式。如根据甘蔗前期生长缓慢，叶面积系数小，光能利用率低，容易滋生杂草，构建甘蔗间套种大豆种植方式；根据幼龄果树、茶园一般行距较宽，前期树冠较小，园内空地多，进行合理间作套种大豆，建立茶园和幼龄果园套种大豆栽培模式；根据西瓜生长期短，生长到一定时期套种大豆，构建西瓜套种大豆模式。以上模式不仅可以大大提高土地利用率，而且可以促进生产、保持水土、培肥土壤、抑制杂草，又多收一茬大豆。此外，还有一些作物利用大豆与经济作物空间分布优势，以增加总体经济效益为目标，如与燕麦、芝麻、孜然及薏苡等经济作物间作。

1.《甘蔗间种大豆技术规程》（DB45/T 1235—2015）

广西壮族自治区质量技术监督局于 2015 年 12 月 1 日发布了《甘蔗间种大豆技术规程》（DB45/T 1235—2015）。DB45/T 1235—2015 对甘蔗间种大豆整地起畦、播种期、播种规格、田间管理及时收获进行了规定。关键技术要求：间套种的甘蔗品种要求株型紧凑、叶片窄直、分蘖力强、丰产性好且抗倒伏等；间套种的大豆品种要求具备早熟、高产和耐阴性强等特性，生育期应在 100d 以内。甘蔗行间距小于 90cm 时，大豆单行种植，在行距中间播种；甘蔗行间 90cm～140cm 时，大豆双行种植。甘蔗每米控制 10 苗～12 苗；大豆适当早播，大豆株距 20cm，每穴 2 粒～3 粒。甘蔗间种大豆的生产模式在南方甘蔗区有较大推广潜力，甘蔗间套种大豆的标准化、机械化将是甘蔗区生产的重要发展方向。

2.《茶园间种大豆－荞麦栽培技术规程》（DB5331/T 13—2019）

德宏傣族景颇族自治州市场监督管理局于 2019 年 12 月 30 日发布了《茶园间种大豆－荞麦栽培技术规程》（DB5331/T 13—2019）。DB5331/T 13—2019 规定了茶园、大豆、荞麦间种的有关术语和定义、播前准备、播种方法、田间管理、收获及储存等，适用于德宏州海拔 1400m～1800m 的茶区以及云南省相同生态茶区也可参照执行。

3.《幼龄果树行间覆膜间作大豆种植技术规程》（DB62/T 2888—2018）

甘肃省质量技术监督局于 2018 年 5 月 9 日发布了《幼龄果树行间覆膜间作大豆种植技术规程》（DB62/T 2888—2018）。DB62/T 2888—2018 规定了幼龄果树行间覆膜间大豆术语和定义、产地环境要求和生产管理措施，适用于无霜期≥120d，有效积温≥2200℃，海拔≤2000m 的幼龄果树间作大豆生产。

以上两项标准的关键技术内容：选择树龄在 5a 以内的幼龄茶园或树龄 1a～4a 未进入盛果期的果树园；视茶园、果园行间距适当安排间种大豆的行数和密度，根据茶园行距种 1 行～3 行，穴距 20cm～25cm，每穴 2 粒～3 粒；幼龄果树 1a～2a 的行间覆膜种植 6 行大豆，行距 45cm～50cm，边行大豆与果树间距 60cm～80cm，密度 9000 株/亩～12000 株/亩；3 年～4 年的果树行间覆膜种植 4 行大豆，行距 45cm～50cm，边行大豆与果树间距 120cm～140cm，密度 7000 株/亩～9000 株/亩，穴距 12cm～15cm，每穴播 2 粒～3 粒。

4.《甘肃省沿黄灌溉农业区地膜西瓜套大豆栽植技术规程》（DB62/T 789.2—2002）

甘肃省质量技术监督局于 2002 年 6 月 10 日发布了《甘肃省沿黄灌溉农业区地膜西瓜套大豆栽植技术规程》（DB62/T 789.2—2002）。DB62/T 789.2—2002 规定了术语、基础条件、品种类型及种子质量、主要生育指标、主要农艺措施，适用于甘肃省沿黄灌溉农业区的秦王川引大自流灌溉农业区、白银市与古浪县高扬程灌溉农业区、白银沿河自流灌溉农业区及同类条件的沿黄灌溉农业区域。

5.《宁夏灌区西瓜套种大豆栽培技术规程》（DB64/T 1048—2014）

宁夏回族自治区质量技术监督局于 2014 年 12 月 19 日发布了《宁夏灌区西瓜套种大豆栽培技术规程》（DB64/T 1048—2014）。DB64/T 1048—2014 规定了宁夏灌区西瓜套种大豆的选地、品种选择、整地与施肥、起垄、播种及规格、田间管理、收获等技术，适用于宁夏灌区灌排方便、无盐碱危害或危害较轻、肥力中上的土壤地区。

6.《西瓜田套种大豆高产栽培技术规程》（DB13/T 2831—2018）

河北省质量技术监督局于 2018 年 9 月 21 日发布了《西瓜田套种大豆高产栽培技术规程》（DB13/T 2831—2018）。DB13/T 2831—2018 规定了西瓜田套种大豆栽培技术的术语和定义、地块选择、播前准备、播种、田间管理、病虫防控，以及收获技术等，适用于河北省内（除张家口、承德地区以外）的西瓜套种大豆高产栽培技术的生产模式。

以上三项标准规定了西瓜套种大豆的关键技术要求：用机械起垄机起垄，总带宽 150cm～190cm，用于西瓜种植；沟宽 40cm～60cm，沟深 10cm～20cm，用于大豆种植。采取拱棚育苗或工厂化育西瓜苗，每垄 1 行～2 行，留苗 1.47 万株 /hm²～1.50 万株 /hm²，移栽或播种后及时覆膜。大豆播种选在西瓜 10 片～12 片真叶展开时进行，每个垄沟内种 2 行大豆，留苗株数 16.0 万株 /hm²～18.0 万株 /hm²。进行西瓜定瓜管理、西瓜留双蔓、单蔓留瓜，主蔓长到 80cm～100cm 时压蔓。在 8 个～12 个叶片间留 2 个～3 个幼果，当幼瓜长至鸡蛋大、瓜毛脱落、瓜面呈现光泽时，及时选留定瓜，摘除其余幼瓜。

7.《薏苡间作大豆种植技术规程》（DB52/T 1337—2018）

贵州省质量技术监督局于 2018 年 9 月 4 日发布了《薏苡间作大豆种植技术规程》（DB52/T 1337—2018）。DB52/T 1337—2018 规定了薏苡间作大豆的术语和定义、环境要求、品种选择、大田种植技术、病虫草害防治、收获等栽培技术农艺措施，适用于贵州薏苡与大豆间作种植生产。

8.《张掖市孜然套种大豆生产技术规程》（DB62/T 2019—2011）

甘肃省质量技术监督局于 2011 年 1 月 18 日发布了《张掖市孜然套种大豆生产技术规程》（DB62/T 2019—2011）。DB62/T 2588—2015 规定了孜然套种大豆生产的术语和定义、产地环境、产量指标、栽培管理和收获，适用于张掖市区域内孜然套种大豆的生产。

9.《芝麻-大豆间作种植技术规程》（DB41/T 1986—2020）

河南省市场监督管理局于 2020 年 9 月 11 日发布了《芝麻-大豆间作种植技术规程》（DB41/T 1986—2020）。DB41/T 1986—2020 规定了芝麻-大豆间作生产的术语和定义、品种选择与种子处理、播种、田间管理、收获与贮藏，适用于芝麻-大豆间作生产。

四、不同认证级别大豆栽培技术相关标准

无公害农产品、绿色食品及有机食品都属于健康安全食品的范畴。有机食品是指在有机农业生产体系中，依据国际有机食品生产规范与要求进行生产与加工，并获得有机食品认定机构认定的无污染天然食品；绿色食品是指在优质生态环境中种植，依据绿色食品标准在全过程监管下生产与加工，检查结果符合相关标准，并经由专业机构认定，给予绿色食品标志的食品；无公害食品是指不存在污染与毒害且安全优质的食品，在我国无公害食品要求生产环境优质、清洁，生产技术标准规范，产品检查符合相关标准。

（一）有机食品大豆生产技术相关标准

1.《有机大豆 第 1 部分：产地环境要求》（DB32/T 842.1—2005）、《有机大豆 第 2 部分：生产技术规程》（DB32/T 842.2—2005）

江苏省质量技术监督局于 2005 年 8 月 30 日发布了《有机大豆 第 1 部分：产地环境要求》（DB32/T 842.1—2005）和《有机大豆 第 2 部分：生产技术规程》（DB32/T 842.2—2005）。DB32/T 842.1—2005 规定了有机大豆产地的术语定义、环境要求、检测方法，适用于有机大豆产地的选择与建立。DB32/T 842.2—2005 规定了有机大豆的生产技术要求，适用于有机大豆的生产。

2.《有机食品大豆生产技术操作规程》（DB23/T 937—2016）

黑龙江省质量技术监督局于 2016 年 11 月 3 日发布了《有机食品大豆生产技术操作规程》（DB23/T 937—2016）。DB23/T 937—2016 规定了有机食品大豆生产的产地环境条件、品种选择、轮作制度、土壤管理、病虫草害治理、田间管理、收获、贮藏、包装运输及销售等的技术要求，适用于有机食品大豆生产。

（二）绿色食品大豆栽培技术相关标准

1.《绿色食品　武威市大豆栽培技术规程》（DB62/T 2538—2014）

甘肃省质量技术监督局于2014年12月23日发布了《绿色食品　武威市大豆栽培技术规程》（DB62/T 2538—2014）。DB62/T 2538—2014规定了有关术语和定义、基本要求、生产技术、病虫草害防治技术、收获与储藏以及生产档案的要求，适用于绿色食品大豆栽培。

2.《绿色食品　大豆生产技术规程》（DB22/T 951—2015）

吉林省质量技术监督局于2015年12月15日发布了《绿色食品　大豆生产技术规程》（DB22/T 951—2015）。DB22/T 951—2015规定了绿色食品大豆生产技术规程基地选择与管理、投入品管理、栽培管理、病虫草害防治、收获、包装与贮运及记录，适用于绿色食品大豆生产。

3.《绿色食品　大豆生产技术操作规程》（DB23/T 50—2016）

黑龙江省质量技术监督局于2016年11月3日发布了《绿色食品　大豆生产技术操作规程》（DB23/T 50—2016）。DB23/T 50—2016规定了绿色食品大豆生产的产地环境、种子及其处理、选茬和整地、施肥、播种、田间管理、收获、包装、贮藏和运输及质量追溯体系要求，适用于绿色食品大豆生产。

4.《绿色食品　大豆生产技术规程》（DB14/T 1485—2017）

山西省质量技术监督局于2017年12月10日发布了《绿色食品　大豆生产技术规程》（DB14/T 1485—2017）。DB14/T 1485—2017规定了绿色大豆生产的术语和定义、产地环境、播前准备、播种、田间管理、病虫害防治、采收入库及生产档案，适用于A级绿色大豆的生产。

5.《绿色食品大豆栽培技术规程》（DB50/T 951—2019）

重庆市市场监督管理局于2019年12月2日发布了《绿色食品大豆栽培技术规程》（DB50/T 951—2019）。DB50/T 951—2019规定了有关术语和定义、基本要求、生产技术、病虫草害防治技术、收获、贮藏以及生产档案的要求，适用于绿色食品大豆栽培。

（三）无公害大豆栽培技术相关标准

1.《无公害高蛋白食用大豆生产技术规程》（DB51/T 817—2008）

四川省质量技术监督局于2008年6月6日发布了《无公害高蛋白食用大豆生产技

术规程》（DB51/T 817—2008），DB51/T 817—2008 规定了四川省无公害高蛋白食用大豆的生产基地条件、栽培措施及收获后处理，适用于四川省无公害高蛋白食用大豆生产。

2.《无公害农产品　大豆高产（250kg/667m² 以上）栽培技术规程》（DB65/T 3112—2010）

新疆维吾尔自治区质量技术监督局于 2010 年 5 月 1 日发布了《无公害农产品大豆高产（250kg/667m² 以上）栽培技术规程》（DB65/T 3112—2010），DB65/T 3112—2010 规定了新疆维吾尔自治区无公害农产品大豆 250kg/667m² 以上高产栽培的产量指标、主要栽培、病虫害防治及收获等技术，适用于新疆维吾尔自治区大豆高产（250kg/667m² 以上）栽培技术。

3.《无公害大豆生产技术规程》（DB14/T 531—2015）

山西省质量技术监督局于 2015 年 11 月 20 日发布了《无公害大豆生产技术规程》（DB14/T 531—2015），DB14/T 531—2015 规定了无公害大豆生产的产地环境、生产技术、病虫害防治、收获、产品质量安全检测及贮藏和生产记录，适用于无公害大豆的生产。

此外，新疆维吾尔自治区质量技术监督局还于 2006 年 11 月 1 日发布了《无公害大豆高产栽培技术规程》（DB65/T 2642—2006），甘肃省质量技术监督局也于 2012 年 7 月 20 日发布了《无公害农产品环县大豆栽培技术规范》（DB62/T 1416—2012）。

五、大豆优质专用品种栽培技术相关标准

（一）高油和高蛋白大豆栽培技术相关标准

大豆是优质油料和饲用作物，蛋白质和油分含量是大豆两个重要品质性状，两种物质在形成过程中呈负相关。大豆油分和蛋白含量属于数量性状遗传，既受多基因控制，也受环境条件及栽培技术影响。大豆子粒含油量与生育期间的气温高低和降水多少呈负相关，与日照长短和昼夜温差大小呈正相关，蛋白质含量则相反。总的来说，气候凉爽、雨水较少、光照充足、昼夜温差大的气候条件有利于大豆含油量的提高。为此，我国东北高纬度地区的大豆品种，油分含量较高，黄淮海及南方低纬度地区的大豆品种，蛋白质含量较高，这也导致我国不同区域高油高蛋白的标准也略有差异。《东北高油大豆优势区域发展规划（2003—2007 年）》要求，高油大豆品种粗脂肪含量≥21%，粗蛋白质含量 >38%。《主要农作物品种审定标准（国家级）》要求，高油大豆品种粗脂肪含量≥21.5%，北方春大豆区粗蛋白质含量≥43.0% 为高蛋白品种，其他区域粗蛋

白质平均含量≥45.0%；黑龙江省高油大豆品种审定标准要求高油专用品种油分含量≥22%。

1.《东北高油大豆栽培技术规范》（NY/T 1216—2006）

农业部于 2006 年 12 月 6 日发布了《东北高油大豆栽培技术规范》（NY/T 1216—2006）。NY/T 1216—2006 规定了东北高油大豆生产的产地环境条件、选茬、整地、施肥、播种、化学除草、中耕管理、田间灌溉、化学调控、病虫害防治、收获等技术，适用于黑龙江、吉林、辽宁三省和内蒙古自治区东四盟地区高油大豆的生产。

2.《高油大豆栽培技术规程》（DB13/T 839—2007）

河北省质量技术监督局于 2007 年 11 月 28 日发布了《高油大豆栽培技术规程》（DB13/T 839—2007）。DB13/T 839—2007 规定了高油大豆生产的基础条件、品种选择、播前准备、播种要求、田间管理和收获贮藏等要求，适用于河北省内高油大豆产量 2250kg/hm² 以上的种植区域。

3.《内蒙古高油大豆生产技术规程》（DB15/T 699—2014）

内蒙古自治区质量技术监督局于 2014 年 7 月 20 日发布了《内蒙古高油大豆生产技术规程》（DB15/T 699—2014）。DB15/T 699—2014 规定了内蒙古高油大豆生产的选地整地、品种选用、种子处理、播种、水肥调控、病虫草害防治、收获等技术要求，适用于内蒙古呼伦贝尔市、兴安盟、通辽市、赤峰市、乌兰察布市及呼和浩特市等各生态区高油大豆生产。

4.《夏播高油大豆栽培技术规程》（DB4116/T 006—2019）

周口市市场监督管理局于 2019 年 10 月 14 日发布了《夏播高油大豆栽培技术规程》（DB4116/T 006—2019）。DB4116/T 006—2019 规定了夏播高油大豆栽培的基本要求、主要生育期指标和产量结构指标、栽培技术与田间管理和收获，适用于周口市中等以上肥力土壤类型及其相似生态类型的夏播高油大豆栽培。标准规定了高油大豆生产的选地整地、品种选用、种子处理、播种、水肥调控、病虫草害防治及收获等技术要求。

5.《黄淮海地区高蛋白夏大豆栽培技术规程》（NY/T 1293—2007）

农业部于 2007 年 4 月 17 日发布了《黄淮海地区高蛋白夏大豆栽培技术规程》（NY/T 1293—2007）。NY/T 1293—2007 规定了高蛋白夏大豆生产的产品质量、产量目标、品种选用、产地条件、播种、田间管理、收获等技术要求，适用于黄淮海地区京津以南的河北省中部、南部，河南、山东两省，山西南部，安徽、江苏两省的淮河以北平原地区的夏播大豆生产。

6.《内蒙古高蛋白大豆生产技术规程》（DB15/T 1144—2017）

内蒙古自治区质量技术监督局于 2017 年 2 月 25 日发布了《内蒙古高蛋白大豆生产技术规程》（DB15/T 1144—2017）。DB15/T 1144—2017 规定了内蒙古高蛋白大豆生产的选地整地、品种选用、种子处理、播种、水肥调控、病虫草害防治、收获等技术规范，适用于内蒙古呼伦贝尔市、兴安盟、通辽市、赤峰市、乌兰察布市及呼和浩特市等各大豆产区高蛋白大豆生产。

7.《高蛋白春大豆栽培技术规程》（DB50/T 1004—2020）

重庆市市场监督管理局于 2020 年 5 月 20 日发布了《高蛋白春大豆栽培技术规程》（DB50/T 1004—2020）。DB50/T 1004—2020 规定了重庆市高蛋白春大豆生产的选地整地、品种选用、种子处理、播种、水肥调控、病虫草害防治、收获等技术规范，适用于重庆市各生态区高蛋白春大豆生产。

这些标准规定了品种选择是关键技术。高油大豆选择粗脂肪含量超过 21% 的品种，东北北部要选择粗脂肪含量超过 22% 的品种；高蛋白大豆，北方选择粗蛋白含量超过 43% 的品种，其他区域选择粗蛋白含量超过 45% 的品种。同时，根据栽培措施与品质积累关系选择配套技术，如高油大豆栽培的关键技术在于选择有机物含量丰富、存水性能较好及透气性优良的土壤；实行 3 年以上的合理轮作，选择玉米茬口；进行种子包衣，适时早播；合理范围内增加种植密度；保证氮素供应下，减少氮肥的施用，增施磷肥，补充钼、硼和镁；注意灰斑病、根腐病、蚜虫及食心虫防控。高蛋白大豆栽培的关键技术在于与夏播作物玉米、甘薯等轮作周期不少于两年；药剂拌种和用 0.1% 钼酸铵、硫酸锌、硼酸混合水溶液浸种，晾干后播种；因地制宜，确定适宜播期、种植密度；在开花初期到鼓粒期间遇干旱时及时灌溉，多雨季节及时开沟排涝；大豆初花期喷施尿素和磷酸二氢钾，并配施含锌、锰的叶面肥；注意锈病、紫斑病、根线虫病、豆荚螟、造桥虫豆天蛾、豆秆黑潜蝇、卷叶螟及大豆食心虫防治。

（二）鲜食大豆栽培技术相关标准

鲜食大豆俗称毛豆，也称菜用大豆，日本称枝豆，系豆荚鼓粒饱满、荚色、籽粒呈翠绿时采摘作为蔬菜食用的大豆，营养价值较高、口感好，营养易被人体吸收，是深受广大消费者喜爱的高蛋白蔬菜种类。我国是菜用大豆主要生产国之一，年产约 170 万 t。南部沿海地区是我国菜用大豆的主要生产和消费地区。菜用大豆不仅是区域特色明显的优势农作物，同时也是主要的出口创汇农产品之一，以速冻或保鲜等方式出口的菜用大豆在国际市场具有明显的优势。

1.《无公害菜用大豆　生产技术规程》（DB3302/T 095—2010）

宁波市质量技术监督局于 2011 年 2 月 15 日发布了《无公害菜用大豆 生产技术规程》（DB3302/T 095—2010）。DB3302/T 095—2010 规定了采用大豆安全生产的基本要求，包括质量安全要求、产地环境、投入品管理和要求、生产技术措施、病虫草害综合防治、收获、资料记录及整理等，适用于宁波市菜用大豆春季和秋季的生产。

2.《菜用大豆生产技术规程》（DB35/T 1281—2012）

福建省质量技术监督局于 2012 年 11 月 2 日发布了《菜用大豆生产技术规程》（DB35/T 1281—2012）。DB35/T 1281—2012 规定了菜用大豆生产基地选择、品种选择、种子处理、耕作方式、肥水管理、病虫害综合防治及产品采收等技术要求，适用于菜用大豆的生产。

3.《菜用大豆生产技术规程》（DB51/T 2607—2019）

四川省市场监督管理局于 2019 年 8 月 22 日发布了《菜用大豆生产技术规程》（DB51/T 2607—2019）。DB51/T 2607—2019 规定了菜用大豆的术语和定义、生产基地选择、品种选择与种子处理、种植、肥水管理、病虫草害防治、采收等内容，适用于四川省春播菜用大豆生产。

4.《贵州鲜食大豆高产栽培技术规程》（DB52/T 1412—2019）

贵州市市场监督管理局于 2019 年 7 月 15 日发布了《贵州鲜食大豆高产栽培技术规程》（DB52/T 1412—2019）。DB52/T 1412—2019 规定了贵州鲜食大豆的产地环境条件、种子要求、播种、施肥、田间管理、病虫害防控、采收等，适用于贵州鲜食大豆产量水平达荚角 620kg/m^2 以上的大田生产。

5.《鲜食大豆生产技术规范》（DB 3301/T 1073—2019）

杭州市市场监督管理局于 2019 年 4 月 30 日发布了《鲜食大豆生产技术规范》（DB 3301/T 1073—2019）。DB 3301/T 1073—2019 规定了鲜食大豆的术语和定义、种子准备、种植、肥水管理、病虫草害防治、采收、生产档案等内容，适用于鲜食大豆生产。

（三）饲用大豆栽培技术相关标准

饲草型大豆是一种以收获植株营养体为主的一年生豆科作物，适时刈割后加工调制成的草产品具有粗蛋白含量高、氨基酸含量丰富及适口性好的特点，是畜禽的优质饲草。栽培大豆用于饲草生产已有很长的历史，饲草专用的大豆品种多属生物量大、高株型的品种。

随着畜牧业的发展，青贮饲料越来越被养殖户重视，玉米与大豆间作模式联合青贮，既可提高饲草产量、粗蛋白水平，在提高饲用品质条件下，又可增强土壤肥力，对于发展生态农业具有积极的意义。

1.《饲草型大豆栽培管理技术规程》（DB23/T 2584—2020）

黑龙江省市场监督管理局于 2020 年 1 月 23 日发布了《饲草型大豆栽培管理技术规程》（DB23/T 2584—2020）。DB23/T 2584—2020 规定了饲草型大豆栽培的环境条件、选地与整地、品种选择与种子处理、播种、田间管理、病虫害防治、收获和生产档案，适用于饲草型大豆栽培管理。饲用大豆一般在鼓粒期刈割，经晾晒至水分在45%～55% 时制成青贮。

2.《牧草大豆青贮玉米间作技术规程》（DB14/T 2183—2020）

山西省市场管理监督局于 2020 年 9 月 25 日发布了《牧草大豆青贮玉米间作技术规程》（DB14/T 2183—2020）。DB14/T 2183—2020 规定了牧草大豆青贮玉米间作技术的术语和定义、播前准备、播种、田间管理、收获和生产档案，适用于牧草大豆青贮玉米间作的生产管理。主要技术要点：牧草大豆品种选择选择耐荫性好、营养含量高的高产品种，青贮玉米选择株型紧凑、高产及抗逆性较强的品种；牧草大豆播种量 3kg/ 亩～5kg/ 亩；青贮玉米用种量 4000 粒 / 亩～4400 粒 / 亩；选用可调式3 行铺膜播种一体机播种大豆，行距 30cm，播深 3cm～5cm，每穴 2 粒～3 粒，播种3 行；选用可调式 2 行玉米铺膜播种一体机，行距 40cm，株距 15cm，单粒播种，播深3cm～5cm，播种 2 行；牧草大豆与青贮玉米行间距以 50cm～60cm 为宜；在青贮玉米乳熟期、牧草大豆鼓粒期，及时收获。

3.《野大豆饲草生产技术规程》（DB37/T 2225—2012）

野大豆在中国的分布区域分广泛，具有适应范围广、生态类型多、种子蛋白含量高和抗逆性强等优良特性。野大豆具有与其他豆科作物类似的生物学特性，能根瘤固氮，与禾本科作物间作或轮作时可以为间作或后茬作物提供氮素营养；也具有与栽培大豆和饲草型大豆类似的生长发育和生产特性以及提供优质饲草的潜力。

山东省质量技术监督局于 2012 年 12 月 19 日发布了《野大豆饲草生产技术规程》（DB37/T 2225—2012）。DB37/T 2225—2012 规定了野大豆饲草生产和利用的技术及管理措施，适用于山东省野大豆饲草生产。

野大豆种植方式包括单播和混播方式；播种包括地块选择、土地整理、种子预处理、播种时间、播种方式及播种量；田间管理包括补苗、杂草防除、灌溉及虫害防治；收获分为饲草收获和种子收获。

（四）其他专用大豆栽培技术相关标准

小粒大豆蛋白质的含量比较高，既可以出口日本做纳豆，又可以出口韩国或销往我国南方用做芽豆，其价格优势明显高于普通大豆，近年来小粒大豆生产供不应求，广受欢迎。但现生产上应用小粒大豆品种还存在易倒伏、炸荚及产量低特点，需要通过相应的栽培措施，保障产量稳定性。

1.《小粒大豆生产技术规程》（NY/T 1424—2007）

农业部于 2007 年 9 月 14 日发布了《小粒大豆生产技术规程》（NY/T 1424—2007）。NY/T 1424—2007 规定了东北地区小粒大豆生产的环境条件、地块选择、种子标准、耕作与施肥、播种、田间管理、收获等技术要求，适用于黑龙江、吉林、辽宁三省及内蒙古自治区东四盟地区的小粒大豆生产。

2.《纳豆加工用大豆栽培技术规程》（DB23/T 2031—2017）

黑龙江省质量技术监督局发布了《纳豆加工用大豆栽培技术规程》（DB23/T 2031—2017），DB23/T 2031—2017 规定了纳豆加工用小粒大豆栽培的产地条件、选茬与整地、种子选择及处理、播种、田间管理、收获和生产档案等，适用于纳豆加工用小粒大豆栽培，为小粒大豆生产提供配套栽培技术。

3.《豆豉加工用黑大豆栽培技术规程》（DB23/T 2020—2017）

黑大豆与其他大豆的区别在于有着很好的药用价值，黑豆具有解表清热、养血平肝、补肾壮阴、补虚黑发之功效。豆豉是中国传统特色发酵豆制品调味料，豆豉多以黑豆为主要原料。

黑龙江省质量技术监督局于 2017 年 2 月 6 日发布了《豆豉加工用黑大豆栽培技术规程》（DB23/T 2020—2017）。DB23/T 2020—2017 规定了豆豉加工用黑大豆栽培的产地条件、选茬与整地、种子选择与处理、播种、田间管理、收获和生产档案，适用于豆豉加工用黑大豆栽培。播种规定了发芽率测定、播期、种植方式、播种密度、播种质量、施种肥；田间管理规定了中耕、追肥、病虫草害的防治，其中病虫草害的防治给出了防治原则、防治大豆蚜虫、大豆食心虫、大豆菌核病的方法，以及除草方法。

六、大豆优异品种配套技术相关标准

1.《高蛋白大豆"皖豆 24 号"高产保优栽培技术操作规程》（DB34/T 1455—2011）

安徽省质量技术监督局于 2011 年 7 月 7 日发布了《高蛋白大豆"皖豆 24 号"高

产保优栽培技术操作规程》（DB34/T 1455—2011）。DB34/T 1455—2011规定了高蛋白大豆"皖豆24号"种植地块选择、精细整地、底肥施用、种子处理、播种期、种植密度、田间管理、病虫害防控、适时收获等全过程种植的条件要求和技术措施，适用于安徽省沿淮淮北及上述地区气候类同的地区的夏大豆种植之用。

2.《鲜食夏大豆通豆2006栽培技术规程》（DB32/T 2210—2012）

江苏省质量技术监督局于2012年12月28日发布了《鲜食夏大豆通豆2006栽培技术规程》（DB32/T 2210—2012）。DB32/T 2210—2012规定了中晚熟鲜食夏大豆品种"通豆2006"的产地环境要求和生产管理措施，适用于鲜食夏大豆"通豆2006"的生产。

3.《粮菜兼用型大豆新品种黔豆7号高产栽培技术规程》（DB52/T 1081—2016）

贵州省质量技术监督局于2016年1月19日发布了《粮菜兼用型大豆新品种黔豆7号高产栽培技术规程》（DB52/T 1081—2016）。DB52/T 1081—2016规定了黔豆7号净作高产栽培管理措施等操作技术规程，适用于贵州省大豆生产。

4.《苏豆8号大豆栽培技术规程》（DB32/T 2986—2016）

江苏省质量技术监督局于2016年9月20日发布了《苏豆8号大豆栽培技术规程》（DB32/T 2986—2016）。DB32/T 2986—2016规定了"苏豆8号"大豆栽培的产地环境、生产技术措施、收获要求，适用于"苏豆8号"在江苏省内的栽培。

5.《夏大豆"通豆10号"生产技术规程》（DB32/T 3479—2018）

江苏省质量技术监督局于2018年11月9日发布了《夏大豆"通豆10号"生产技术规程》（DB32/T 3479—2018）。DB32/T 3479—2018规定了夏大豆"通豆10号"的品种来源、产量水平、产地环境、播种、土肥水管理病虫害防治、收获和生产技术档案，适用于夏大豆"通豆10号"品种和生产。

6.《夏大豆"通豆11"生产技术规程》（DB32/T 3480—2018）

江苏省质量技术监督局于2018年11月9日发布了《夏大豆"通豆11"生产技术规程》（DB32/T 3480—2018）。DB32/T 3480—2018规定了夏大豆"通豆11"的品种来源、产量水平、产地环境、播种、土肥水管理病虫害防治、收获和生产技术档案，适用于夏大豆"通豆11"品种和生产。

7.《鲜食大豆　通豆5号生产技术规程》（DB32/T 1518—2009）

江苏省质量技术监督局于2009年10月16日发布了《鲜食大豆　通豆5号生产技

术规程》（DB32/T 1518—2009）。DB32/T 1518—2009规定了鲜食大豆"通豆5号"生产的环境条件、生产技术、病虫害防治、采收和建立生产档案，适用于"通豆5号"生产。

8.《鲜食夏大豆 通豆6号生产技术规程》（DB32/T 1523—2009）

江苏省质量技术监督局于2009年10月16日发布了《鲜食夏大豆 通豆6号生产技术规程》（DB32/T 1523—2009）。DB32/T 1523—2009规定了鲜食大豆"通豆6号"生产的环境条件、生产技术、病虫害防治、采收和生产档案建立，适用于"通豆6号"生产。

9.《鲜食夏大豆通豆2006栽培技术规程》（DB32/T 2210—2012）

江苏省质量技术监督局于2011年12月28日发布了《鲜食夏大豆通豆2006栽培技术规程》（DB32/T 2210—2012）。DB32/T 2210—2012规定了中晚熟鲜食大豆品种"通豆2006"的产地环境要求和生产管理措施，适用于鲜食夏大豆"通豆2006"的生产。

10.《鲜食大豆"南农菜豆6号"生产技术规程》（DB32/T 2326—2013）

江苏省质量技术监督局于2013年5月30日发布了《鲜食大豆"南农菜豆6号"生产技术规程》（DB32/T 2326—2013）。DB32/T 2326—2013规定了"南农菜豆6号"鲜食夏大豆品种标准化栽培技术，适用于江苏省淮南地区及生态条件相似的地区保护地或露地栽培的"南农菜豆6号"鲜食夏大豆品种。

11.《肾型大豆生产技术规程》（DB1411/T 33—2020）

吕梁市市场监督管理局2020年3月1日发布了《肾型大豆生产技术规程》（DB1411/T 33—2020）。DB1411/T 33—2020规定了肾型大豆的生产基地环境条件、病虫害防治、收获贮藏及产品质量溯源等要求，适用于吕梁市范围内肾型大豆生产。

第四节　国内外大豆品种和栽培技术标准现状

一、国内标准现状

农业标准化是以科学技术成果和生产实践经验为基础，运用简化、统一、协调和优选的原理，针对农业经济活动中各环节制定和实施标准，以及对标准的实施过程实行有效的监督，以取得最佳经济、社会和生态效益的可持续过程。国家通过制定相关农业标准来规范农产品生产，农产品标准是农产品品质方向的具体化和质量监督的依据。农业标准体系的建立为我国农产品质量安全可追溯体系提供制度支撑。

(一) 大豆品种和种子

大豆品种是大豆产前重要资料, 优质的品种是大豆产业能够飞速发展的基础, 我国大豆品种以传统的留种方式为主, 抗病虫害能力和产量都比较低, 一套完善而健全的科研体系可以有效降低大豆生产的物质成本。大豆品种的标准化可以有效减少农户挑选品种的成本, 为农业生产营造良好的生产环境, 为农户后续的大豆栽培提供良好的保障。

国内有关大豆品种和种子相关标准涉及国家标准、行业标准、地方标准、企业标准和团体标准。标准范围涵盖大豆品种审定, 大豆品种纯度、品质、转基因检测、种子质量, 种子生产及地理标志相关标准。标准规定了品种审定规范和品种特征描述, 品种纯度、品质及转基因检测方法, 专用品种特征和指标, 种子质量和种子生产要求。根据我国的法律法规和我国种子产业发展的实际情况, 参照国际通行做法, 建立我国种子技术规范、技术标准和合格评定程序, 健全国家种子标准体系, 规范商品种子的贸易行为; 制定种子生产、加工、贮藏、包装等过程管理的技术标准和规范, 强化标准化意识, 提高质量管理水平。总的来讲, 伴随着我国种业的变革, 种子质量国家标准也发生了一些变化, 标准要求越来越高, 这些变化也明显加快了我国种子质量的标准化步伐。

(二) 大豆栽培技术

大豆栽培相关标准涵盖了大豆规模化、区域特色的密植、节水、保护性、间套作、专用品种及不同安全认证级别等。标准规定了生产上品种选择、产地环境、整地、施基肥、种子播前处理、播种和种植密度, 以及田间管理、病虫害的防治及生产等技术环节。

随着农民科学种田意识的提高, 农户对先进农业技术的需求越来越强烈。许多新技术在标准化生产过程中得到应用和推广。比如为了推广大豆新品种, 实现种子生产标准化, 在种子繁育过程中要求农户严格按照良种繁育技术规程进行种子繁育, 保证大豆新品种质量。我国标准化栽培在垦区执行的比较好, 垦区提出的"二密一膜一卡"栽培模式, 指的是大豆"深窄密"栽培模式、"大垄密"栽培模式、大垄垄上行间覆膜栽培模式和玉米茬原垄卡种大豆栽培模式。这四项技术是依据生态条件、生产水平及前后茬口等实际情况实施, 提出了在生产力水平较高、雨水比较正常情况下, 可采取平作深窄密栽培模式; 在低洼地水分充足情况下, 可采取大垄密栽培模式; 在干旱的条件下, 可采取大豆大垄垄上行间覆膜技术模式和原垄卡种栽培模式。不同模式栽培标准灵活应用, 使品种的遗传特性得到充分的表现, 在不同环境条件下, 获得最高的产量, 显著提高种植大豆经济效益。近些年, 随着我国农村土地流转步伐的加快, 合作社、家庭农场等新型经营主体取得长足发展，也加快了种植相关标准的实施。但对大多数农户经营模式表现出低水平、粗放的生产模式，特点是面积小而零散，资源投入少、利用率低，大豆种植机械化程度较低，标准化栽培实施困难，管理水平仍比较粗放，经济效益低下，人工成本仍然较高。在我国南方大豆常作为次要作物间套其他作物生产，单产水平低，效益相对较差。

二、国外标准现状

国际上通常把农业标准分为强制性和非强制性两种，以科学性为基础，采用风险分析的原理进行制定，无论欧盟、美国和日本等发达国家，还是国际食品法典委员会（CAC）等国际组织，均强调制定标准要充分反映市场需求及市场变化，确保其良好的市场适应性，提高产品市场竞争力。农业标准是以科学技术和经验的综合成果为基础，以促进最佳的共同效益为目的的。对于尚无成熟的理论和实践经验的政府或公众又迫切需要的标准，政府通常会投入专门经费和力量开展研究，以期在短期内达到制定标准的基本要求，并在后期不断修改完善。发达国家在标准制定过程中，注重国际接轨和标准的国际化。如欧盟制定有关技术标准时，一方面立足本地区的实际情况，保护其地区和成员国的根本利益；另一方面也尽可能遵循实施卫生与植物卫生措施协定，借鉴国际食品法典委员会（CAC）、世界动物卫生组织（OIE）等国际组织的规定。

（一）大豆种子

种子是农业生产的重要物质基础，随着农业科学技术的不断进步，优良新品种的优质种子在农业生产上的作用越来越重要，全球种子产业已经由传统的种植业演变成了技术密集型、资本密集型、人才密集型、市场垄断型及经营全球化的高新技术产业。国际种子标准化组织按其与种子标准的关系，包括国际专门组织、区域性组织以及对种子技术有影响的发达国家，大体可分为两类：一类是可直接制定种子标准的组织：有UPOV（国际植物新品种保护联盟）、ISTA（国际种子检验协会）、OECD（经济合作与发展组织）、FAO（联合国粮农组织）、FIS（国际种子贸易联盟）、AOSA（官方种子分析家协会）、AOSCA（官方种子认证机构协会）以及个别发达国家的组织（如SOC和NAK）等；另一类是与种子标准制定关系密切的组织：如ISO（国际标准化组织）、EU（欧盟）、IUBS（国际生物科学联盟）、IPGRI（国际种质资源保存委员会）及ILAC（国际实验室认可委员会）等，这类组织制定的标准或规则对种子标准起指导作用，有的标准则直接为种子标准引用。主要的国际种子标准组织及作用如下。

国际植物新品种保护联盟（UPOV）隶属于世界知识产权组织，是一个政府间国际合作组织。UPOV的宗旨：（1）协调各成员国之间在植物保护方面的政策、法律及实施步骤，以保障育种者在国际上的合法权益；（2）协调育种者与使用者的利益分配，促进农业的快速发展；（3）协调各成员国对植物新品种进行测定和描述，统一测定方法，为促进国际合作，该联盟在《植物新品种特异性、一致性和稳定性检测方法指南》中，对测定品种独特性、一致性和稳定性，即 DUS 试验方法作了很好的规定，并对品种保护立法的基本条件作了规定。

国际种子检验协会（ISTA）成立于 1924 年，是一个全球性非营利性组织。ISTA 的宗旨是"推动与种子检验和评定有关的所有问题"。工作目的有两个：一是制修订的目标是推行种子扦样与检验方法的标准程序，促进在国际贸易流通中广泛采用这些标准程序来评价种子质量；二是积极促进种子科学技术领域的研究，鼓励品种认证，围绕这些任务举办学术交流和培训，并与其他国际组织建立和保持密切关系。ISTA 制定的《国际种子检验规程》，成为举世公认的国际种子贸易流通所必须遵循的准则，被世界各国所普遍采用。由于 ISTA 标准已被众多种子生产大国与进出口大国所接受与应用，任何违反或违背 ISTA 标准的行为都可能导致种子在这些国家以及其他国家之间的交易受阻。美国种子发证协会根据国际种子检验协会认证的检验结果负责制证，并发放建议或推荐种子质量证书。美国联邦林务局和州政府规定在种子包装袋上必须标明种子发芽和种子纯度。

经济合作与发展组织（OECD），对种子的突出贡献是制定了各类"种子认证方案"并实施了认证活动，OECD 推行种子认证的目的是促进参加国持续使用高质量种子，为国际贸易生产和加工的种子授权使用标签和证书。大豆主产国巴西和阿根廷两国均参加了 OECD 国际组织的种子认证。

国际标准化组织（ISO）是世界上最大、最有影响的国际标准制定机构，ISO 的 224 个技术委员会（TC）中有 3 个 TC 负责农业标准制定工作，ISO 重视最终产品的质量安全，对生产过程涉及的生产控制和投入品没有过多规定。

国际食品法典委员会（CAC）标准是全球食品生产者、经营者、消费者和管理机构最重要的基本参照标准，负责协调制定农产品和食品标准，卫生或技术规范、农药残留限量、污染物准则、添加剂和兽药的评价。

随着全球经济一体化发展进程不断加快，各国均加强了种子贸易技术的广泛合作与交流，并将国际组织制定的相关标准、准则及原则作为其技术法规来实施。WTO 的各个成员国均及时调整了国内的技术经济政策。在种子上积极贯彻 UPOV、OECD 和 ISTA 等相关规定，不断完善其种子标准体系。

（二）大豆栽培技术

美国、日本和法国均实行农产品质量识别标识制度，根据不同种类、特性和标准加以划分，对品质、品种、等级、规格及新陈等不同产品进行分等分级管理。根据"同质同价、优质优价、低质低价"原则，正确制定质量标准，合理规定市场间质量差价，实现国际农业贸易市场的和谐有序发展。日本在产前、产中环节实行严格的环境标准、技术标准与管理标准，对农产品新品系进行区域试验及特性鉴定，分别作为标准制定的参考依据。欧盟国家实行生产、加工、流通及服务全过程的标准化管理，主要有 ISO 9001、HACCP、BRC 和 EUREP/GAP，加大监管执法力度。同时，发展专业大户、农民专业合作社、家庭农场、龙头企业等多种形式的农业规模经营和标准化服务机构，有利于化解农业发展困境，保障农业健康发展。日本专门设立从事农业生产经营指导类的服务机构，形成"合作社 + 龙头企业 + 营农指导员"的模式，成立消费者合作社，可以根据个人需求以集体的"合作社"方式购买标准化产品，直接带动农业标准化的发展。美国农业生产也以家庭农场为主，美国大豆生产已经形成了产前、产中和产后之间紧密衔接的农业产业化生产体系。其中包括种子、农药、化肥等农业生产资料生产与供应的部门，专业化、规模化、机械化、集约化及标准化生产的现代化大农场，农产品的收获、运输、储藏、加工和销售等部门，中间还有许多农业科技中介机构、农业经济合作组织、农业专业化生产协会、市场信息服务组织等，这些组织也为农业产业化生产提供了大量的社会化的技术、生产、销售、信息服务，通过产前、产中和产后在分工的基础上密切合作，进而构成了完善的农业产业化生产体系，有效地提高了农业生产效率的发展水平。

三、问题与建议

标准是国民经济和社会发展的重要技术支撑，高标准才有高质量；标准是市场竞争的制高点，"得标准者得天下"；标准决定着市场控制权，因此谁的技术成为标准，谁制定的标准为大众所认同，谁就会获得巨大的市场和经济利益。根据大豆品种和栽培技术分析，我国相关标准问题和建议如下。

（一）与国际标准对接不够

发达国家为巩固其产品在国际市场上的竞争地位，将很多精力和时间放在国际和区域性标准活动上。我国与西方国家的发达种业之间不仅存在生产力和生产率上的差距，而且还表现在我国目前大豆品种、质量要求与发达国家的要求不相适应。另外，我国有较大优势出口的专用品种，如用于生产芽豆、纳豆的小粒大豆品种，尚未建立达到国际市场要求的标准。应根据我国特点，积极参与制定有利于本国大豆品种的国际标准，这是保护本国特色农业生产的有效途径。

（二）大豆标准体系不平衡

大豆地理标志产品标准较少，并且特色不突出，很多具有区域专用品种如小粒大豆、鲜食大豆并没有制定地理标志标准。陕西、河北、福建、江苏、甘肃，以及宁夏、新疆发布的大豆优异品种地方标准较多，而大豆主产区反而少有发布。各地方政府应支持地理标志品牌和优异品种培育，实施名牌战略，重点制定一批具有竞争力的地理标志和优异品种标准，带动地方经济的发展。通过发挥龙头企业带动作用，推广使用专用标志产品，从而提升产品附加值，使资源比较优势就地转化为经济优势，成为农民脱贫致富的一条有效路径。

（三）绿色大豆生产标准与认证未受重视

安全级别标准对于提高大豆质量、提高市场竞争力非常重要，我国东北和内蒙古地区自古是大豆的传统产区，该区域的土壤和气温条件最适宜种植大豆。但我国尚未制定绿色大豆生产相应行业标准，此外，已发布的绿色食品大豆生产技术地方标准也不协调一致。因此加强绿色大豆标准规范，并通过规模化、标准化实施，做好"生态专业认证"标签，可成为我国大豆与国际市场竞争的有效途径。

（四）标准的科学性有待提升

一些标准条款科学性有待提升。地方标准和团体标准制定水平参差不齐，如关于大豆高油、高蛋白的要求方面，各标准规定并不一致，一些地方标准要求高于 21.5% 为高油大豆，但一些团体标准要求高于 20% 为高油品种。一些绿色食品大豆生产技术标准，规定了施用化肥量及病虫害防治所用农药，但随着 NY/T 393—2020《绿色食品农药使用准则》的实施，原推荐的部分农药将无法使用。因此，地方标准的制定需要提升质量，遵循国家标准及行业标准的规定，遵循科学依据。

（五）标准普及、宣贯需加强

实施大豆生产标准，可以把千家万户组织起来，使大豆生产规模化和规范化，最终达到提高产量、稳定质量等目的。标准的实施是一项复杂而艰巨的工作，特别是农业标准，多为指导性标准，综合性强，生产地域性强，周期长，面向千家万户，生产者、管理者的质量意识薄弱，这些给农业标准的实施增加了许多难度。目前，我国存在标准宣传工作较弱的问题，部分标准制定后并不推广实施，有的标准制定后就放入档案库，公众查不到相关文本，农户更无法按相关标准操作，存在重制订、轻普及、轻实施的现象。应建立国家级的标准信息共享平台，免费进行标准宣传和推广。

参考文献

[1] 王书平，张小燕.关于我国大豆种企发展的几点思考［J］.中国种业，2012（4）：31.

[2] 金剑，王光华，刘晓冰，等.50年黑龙江省大豆遗传改良的产量及品质变化［J］.农业现代化研究，2007，2（6）：757-759.

[3] 郑伟，郭泰，王志新，等.黑龙江省不同年代育成大豆品种主要农艺性状的遗传改良［J］.中国油料作物学报，2015，37（6）：797-802.

[4] 郑宇宏，陈亮，孟凡凡，等.吉林省不同年代大豆育成品种产量与品质性状变化趋势［J］.东北农业科学，2016，41（6）：45-49.

[5] 何鑫，马文娅，付汝洪，闫向前，等.2006—2017年国家黄淮海夏大豆品种区域试验参试品种（系）分析［J］.中国油料作物学报，2019，41（04）：537-549.

[6] 盖钧镒.中国大豆产业、科技、种业和转基因育种的思考［J］.大豆科技，2011，4（4）：1-4.

[7] 姚卫华.机械化大豆"三垄"栽培技术增产效果及经济效益分析［J］.大豆通报，2007（5）：9-11.

[8] 胡国华.大豆机械化"深窄密"高产配套栽培技术［J］.作物杂志.2001（05）：36-39.

[9] 大豆宽台栽培课题组.大豆宽台高产栽培及机械化配套技术研究［J］.大豆通报.1997（04）：10-11.

[10] 胡国华，徐国良，史坚，等.大豆大垄垄上行间覆膜技术［J］.农业科技通讯，2005，12：26-27.

[11] 孙殿君，蒋洪蔚，胡国华.大豆垄上三行"大垄密"栽培技术［J］.大豆科技.2014（01）：20-23.

[12] 徐彩龙，韩天富，吴存祥.黄淮海麦茬大豆免耕覆秸精量播种栽培技术研究［J］.大豆科学.2018，37（02）：197-201.

[13] 杜升伟，孙超，杨书华，等.大兴安岭地区极早熟大豆高产栽培技术规程［J］.吉林农业，2018（18）：35.

[14] 于红.吉林省东部山区高油大豆综合栽培技术规程［J］.吉林农业，2011（6）：148-149.

[15] 孙花乔，孟小莽.北省太行山区大豆绿色高产栽培技术［J］.种子科技，2020，38（18）：48-49.

[16] 古宁宁，李小波，韩庆有.兖州夏大豆免耕节本高产栽培技术［J］.农机科技推广，2020（05）：148-150.

[17] 赵友邦，纪永民.淮北地区高蛋白夏大豆亩产200kg简化栽培技术规程［J］.大豆科技，2015，5：47-48.

[18] 王瑞珍，赵朝森，骆赟磊.红壤旱地春大豆栽培技术规程［J］.大豆科技，2016（06）：39-41.

［19］杨文钰.旱地三熟"麦/玉/豆"新种植模式［J］.四川农业科技.2010（10）：18-19.

［20］杨文钰，雍太文，王小春，等.玉米-大豆带状复合种植技术体系创建与应用［J］.中国高新科技，2020（15）：149-151.

［21］陈水校，夏国绵，应金耀，等.春大豆-晚稻高产栽培配套技术［J］.农业技术通讯，2007（5）：34.

［22］李江涛，于会勇，赵平，等.大豆果园间作栽培技术研究［J］.试验研究 2018，12：139-140.

［23］ISAAA．ISAAAin2018：Accomplishmentreport［R］.2018.

［24］国际农业生物技术应用服务组织.2017年全球生物技术/转基因作物商业化发展态势［J］.中国生物工程杂志，2018，38（6）：8.

［25］Beazley，K A，Burns，W C，Ii，R C，et al. Soybean transgenic event MON 87751 and methods for detection and use thereof［P］，2017.

［26］谭巍巍，王永斌，赵远玲，等.全球转基因大豆发展概况［J］.大豆科技，2019（4）：34-38.

［27］McNaughton J，Roberts M，Smith B，et al. Comparison of broilerperformance when fed diets containing event DP-3O5423-1，nontransgenicnear-isoline control，or commercial reference soybean meal，hulls，and oil［J］.Poultry science，2008，87（12）：2549-2561.

［28］崔宁波，张正岩.转基因大豆研究及应用进展［J］.西北农业学报，2016，25（8）：1111-1124.

［29］白韵旗，程鹏，武小霞，等.我国转基因大豆现状与相关法规［J］.大豆科技，2019，（06）：21-23.

［30］韩天富.阿根廷大豆生产和科研概况［J］.大豆科学，2007，26（2）：264-269.

［31］唐忠信.俄罗斯大豆生产与加工一体化现状分析［J］.黑龙江农业科学，2011（1）：94-95.

［32］王岚，王连铮.俄罗斯大豆生产及科研［J］.大豆科学，2015，34（6）：1097-1099.

［33］何琳，何艳琴，刘业丽，等.2012年北方春大豆国家区试大豆品种纯度鉴定、分子ID构建及遗传多样性分析［J］.中国农学通报，2014，30（18）：277-282.

［34］马启彬，卢翔，杨策，等.转基因大豆及其安全性评价研究进展［J］.安徽农业科学，2020，48（16）：20-24，51.

［35］徐有，王凤敏，默邵景，等.我国菜用大豆的研究现状与发展趋势［J］.河北农业科学，2012，16（4）：42-45.

［36］庄炳昌.中国野生大豆生物学研究［M］.北京：科学出版，1999：1-33.

［37］田清震，盖钧镒.野生大豆种质资源的研究与利用［J］.植物遗传资源科学，2000，1（4）：61-66.

［38］苗保河.大豆高产模式化栽培的研究进展［J］.大豆通报 1997.（4）：25-26.

［39］臧玉娥.北方优质大豆的密植栽培技术研究［J］.农民致富之友，2018（03）：10.

［40］向新华，魏巍，张兴义.保护性耕作对大豆生长发育及土壤微生物多样性影响［J］.大豆

科学，2013，32（6）：321-332.

［41］宋秋来，冯延江，王麒，等.原垄卡种对春大豆生长发育及产量的影响.大豆科学，2015，34（2）：228-238.

［42］张彬，白震，解宏图，等.保护性耕作对黑土微生物群落的影响［J］.中国生态农业学报，2010，18（1）：83-88.

［43］杜孝敬，陈佳君，徐文修等.膜下滴灌量对复播大豆土壤含水量及产量形成的影响［J］.中国农学通报，2018，34（12）：36-44.

［44］徐彩龙，韩天富，吴存祥.黄淮海麦茬大豆免耕覆秸精量播种栽培技术研究［J］.大豆科学，2018，37（2）：197-201.

［45］杨文钰，杨峰.发展玉豆带状复合种植，保障国家粮食安全［J］.中国农业科学，2019，52（21）：3748-3750.

［46］刘连生.高蛋白春大豆套种木薯适宜播期的研究［J］.农学学报2014，4（11）：19-22.

［47］车江旅，吴建明，宋焕忠.甘蔗间套种大豆研究进展［J］.南方农业学报2011，42（8）：898-900.

［48］韦贵剑，梁景文，陆文娟.甘蔗间种大豆最佳模式探讨［J］.南方农业学报，2013，44（1）：49-53.

［49］韦持章，农玉琴，陈远权，等.茶树/大豆间作对根际土壤微生物群落与酶活性的影响［J］.西北农业学报，2018，27（4）：537-544.

［50］彭瑞东，毕华兴，郭孟霞.晋西黄土区苹果大豆间作系统果树遮阴强度的时空分布［J］.中国水土保持科学，2019，17（2）：60-69.

［51］赵志刚，罗瑞萍，连金番.宁夏灌区西瓜套种大豆栽培技术规程［J］.中国种业，2015，3：74-76.

［52］韩天富.大豆优质高产栽培技术指南［M］.北京：中国农业科学技术出版社，2005.

［53］张玉梅，胡润芳，林国强.菜用大豆品质性状研究进展［J］.大豆科学，2013，32（5）：698-702.

［54］黄月新，柳唐镜.普通无籽西瓜新品种比较试验［J］.广西农业科学，2010（9）：960-964.

［55］刘欣，姚晗珺，章强华，等.浙江省出口菜用大豆使用农药现状及风险分析［J］.大豆科学，2011，30（2）：298-302.

［56］卢道宽，孙娟，翟桂玉，等.野生大豆与栽培大豆杂交后代秸秆营养品质研究［J］.草业科学，2012，29（6）：950-954.

第二章　大豆病虫草害相关标准

病虫草害危害大豆生长健康，是限制大豆产量提高、产品质量提升乃至农产品贸易的重要因素之一。全球每年由病虫害造成的大豆产量损失高达21.4%。引起病虫草害的有害生物分布在大豆种植、储藏、加工、销售乃至食用等环节，采取科学有效的监测与诊断技术以及综合防控措施，预防和减少有害生物传播、发生和危害，是保障大豆安全生产、质量安全和保护生态环境，促进大豆产业可持续发展的重要途径。

第一节　国内外大豆病虫草害发生发展现状

一、我国大豆病虫草害发生发展现状

我国地域辽阔，大豆种植区之间地理环境、气候条件、主栽品种、栽培制度和耕作措施等存在显著差异，大豆病虫草害的分布与发生危害的规律亦因地而异。加之大豆轮作、免耕和间混套作等新种植模式的不断发展，化学农药及肥料的大量使用，以及全球气候变化，原有的农田生态平衡发生显著变化，病虫草害的发生发展产生新的演变，新病虫害的突发或次要病虫害的猖獗等问题给大豆生产带来了新的难题。根腐病、蛴螬、孢囊线虫病等地下病虫害在许多地区频繁暴发成灾，大豆"症青"问题在局部地区导致重大减产甚至绝收，拟茎点种腐病、红冠腐病等病虫害的蔓延带来新的重大威胁。针对病虫害种类复杂、抗性资源了解不足、防控药剂缺乏等现状，亟需通过科技创新解决大豆病虫草害防控技术在有害生物上的精准监测、抗病资源挖掘与利用和绿色防控技术研发等的发展瓶颈问题。

（一）我国大豆主要病害

在大豆生产中，引起大豆病害的病原物累计超过200种，主要有卵菌、真菌、细菌、病毒和线虫等。常见的病害有数十种，包括大豆疫霉根腐病（*Phytophthora sojae*）、大豆镰孢根腐病（*Fusarium* spp.）、大豆拟茎点种腐－茎枯病（*Phomopsis* spp.）、大豆

立枯病（*Rhizoctonia solani*）、大豆猝倒病（*Pythium* spp.）、大豆菌核病（*Sclerotinia sclerotiorum*）、大豆炭疽病（*Colletotrichum glycines*）、大豆红冠腐病（*Calonectria ilicicola*）、大豆霜霉病（*Peronospora manshurica*）、大豆花叶病毒病（*Soybean mosaic virus*，SMV）、大豆孢囊线虫病（*Heterodera glycines*）、大豆灰斑病（*Cercospora sojina*）、大豆锈病（*Phakopsora pachyrhizi*）、大豆紫斑病（*Cercospora kikuchii*）、大豆炭腐病（*Macrophomina phaseolina*）、大豆褐斑病（*Septoria glycines*）、大豆细菌性斑点病（*Pseudomonas glycinea*）、大豆细菌性斑疹病（*Xanthomonas campestris* pv. *glycines*）等。大豆植株的各部分均容易遭到病原生物侵染，常在特定组织中同时或混合发生多种病害，给诊断和防治带来困难。

大豆病害防控坚持以抗病品种等农业防治为基础，化学防治、生物防治等相互配合，进行科学有效的综合防控。大豆病害综合防控要点：（1）选用无病种子或经杀菌剂处理的种子，预防种传、土传病害；（2）选用抗病及耐病品种；（3）清除病残体，采取轮作换茬，减少菌核、孢子、孢囊等病原组织成为初侵染源；（4）均衡施用氮磷钾肥，合理密植，培养健壮植株，增强抗病能力；（5）药剂防治，根据各类病害的发生规律，结合病情监测，及时喷药防治。

（二）我国大豆主要虫害

大豆虫害是指昆虫等无脊椎有害动物对大豆植株生长发育、贮存籽粒及其加工产品造成的损害。有害动物以昆虫种类最多、危害最重。此外，还包括螨类和蜗牛等。每年大豆生产中因虫害造成的直接经济损失约为10%～15%。在《大豆害虫综合防控理论与技术》中记载中国大豆害虫404种，其中，植株生长发育期常发性重要害虫有20多种，在大豆各个生育期均有不同程度的危害；以蛴螬、大豆食心虫（*Leguminivora glycinivorella*）和大豆蚜（*Aphis glycines*）常年发生危害较重；此外还有，二条叶甲（*Paraluperodes suturalis nigrobilineatus*）、斑鞘豆肖叶甲（*Colposcelis signata*）、双斑长跗萤叶甲（*Monolepta hieroglyphica*）、斜纹夜蛾（*Spodoptera litura*）、甜菜夜蛾（*Spodoptera exigua*）、点蜂缘蝽（*Riptortus pedestris*）、筛豆龟蝽（*Megacopta cribraria*）、烟粉虱（*Bemisia tabaci*）、苜蓿夜蛾（*Heliothis viriplaca*）棉铃虫（*Helicoverpa armigera*）、豆卜馍夜蛾（*Bomolocha tristalis*）、草地螟（*Loxostege stieticatis*）、小地老虎（*Agrotis ypsilon*）和黄蓟马（*Thrips flavus*）等在某些地区也是重要害虫；籽粒及其加工产品贮存期主要有绿豆象（*Callosobruchus chinensis*）、四纹豆象（*Callosobruchus maculatus*）等。

大豆害虫防控策略是害虫综合治理。尽管从20世纪70年代已开展了大豆食心虫、大豆蚜等综合防治工作，但目前生产上仍依赖化学杀虫剂，综合治理措施需要进一步完善和发展。虫害综合防治坚持"以农业防治、物理机械防治、生物防治为基础，必要时进行化学防治"的原则，从农业生态系统的总体出发，旨在保持农业生态系统的可持续性，通过选用抗虫品种、轮作倒茬、培育壮苗、精耕细作等农业措施；利用灯光、颜色诱杀、机械人工捕捉害虫等物理机械措施；选用低毒生物农药，释放天敌等生物措施；有限度并有针对性地施用高效、低毒、低残留农药，适期对症施药，严格按照使用说明用药。

（三）我国大豆主要草害

杂草是指农田中除了栽培农作物之外生长的其他植物。杂草与栽培农作物争水、争肥、争光、争地，造成栽培农作物产量和品质下降。我国文献记载的大豆田杂草有38科112种，主要有禾科、蓼科、菊科、藜科，苋科等。北方春大豆区杂草主要有稗草（*Echinochloa crusgalli*）、苍耳（*Xanthium sibiricum*）、狗尾草（*Setaria viridis*）、反枝苋（*Amaranthus retroflexus*）、马唐（*Digitaria sanguinalis*）、铁苋菜（*Acalypha australis*）、藜（*Chenopodium album*）、刺儿菜（*Cirsium arvense* var. *integrifolium*）、苣荬菜（*Sonchus wightianus*）等；黄淮夏大豆区杂草主要有光头稗（*Echinochloa colona*）、青葙（*Celosia argentea*）、野艾蒿（*Artemisia lavandulifolia*）、狗牙根（*Cynodon dactylon*）、莎草（*Cyperus rotundus*）、苍耳、画眉草（*Eragrostis pilosa*）、千金子（*Leptochloa chinensis*）、地锦（*Parthenocissus tricuspidata*）、马唐、牛筋草（*Eleusine indica*）、藜、狗尾草、反枝苋、鳢肠（*Eclipta prostrata*）、铁苋菜等；南方多作大豆区杂草主要有铁苋菜、马唐、千金子、车前（*Plantago asiatica*）、空心莲子草（*Alternanthera philoxeroides*）、地锦、牛筋草、狗尾草、田旋花（*Convolvulus arvensis*）等。随着大豆耕作模式的变化及除草剂大量频繁的使用，大豆田杂草群落演替速度越来越快，其主要优势种也逐渐地从禾本科杂草向阔叶类杂草转变。

由于田间存在多种具有不同生物学特性的杂草，不可能采用单一方法防除，因此，应当根据杂草的特点和发生规律，充分发挥各种除草措施的优点，相辅相成，扬长避短，达到经济、安全、有效地控制杂草危害的目的。杂草综合防除的关键在于将杂草消灭在萌芽期和幼苗期，即在大豆生育前期，针对主要种类，采取相应措施，以最少的投入，获得最佳的经济效益。

综上所述，大豆病虫草害的发生不仅降低了大豆的产量和品质，也影响了农户的收益，降低了农户种植大豆的积极性。我国在病虫草害治理过程中坚持以"科学植保、公共植保、绿色植保"理念为导向，以"预防为主，综合防治"为方针，因地制宜，坚持区域性统防统治，确保农作物生产安全、农产品质量安全和农业生态环境安全。

二、国外大豆病虫草害发生发展现状

由于自然环境条件、种植制度、大豆品种等因素的影响，国内外的大豆病虫草害种类存在一定差异。美国、巴西、阿根廷等大豆生产国的大豆主要病害有大豆猝死综合症（*Fusarium virguliforme*）、大豆孢囊线虫病（*Heterodera glycines*）、大豆南方茎溃疡病（*Diaporthe phaseolorum* var. *meridionalis*）、大豆北方茎溃疡病菌（*Diaporthe phaseolorum* var. *caulivora*）、大豆褐茎腐病（*Phialophora gregata*）、大豆锈病（*Phakopsora pachyrhizi*）、大豆拟茎点种腐－茎枯病（*Phomopsis* spp.）、蛙眼叶斑病（*Cercospora sojina*）、大豆疫霉根腐病（*Phytophthora sojae*）、大豆霜霉病（*Peronospora manshurica*）、大豆紫斑病（*Cercospora kikuchii*）、大豆立枯病（*Rhizoctonia solani*）、大豆炭疽病（*Colletotrichum glycines*）、大豆短尾根腐线虫病（*Pratylenchus brachyurus*）等；大豆主要害虫有大豆蚜、棉铃虫（*Helicoverpa armigera*）、筛豆龟蝽（*Megacopta cribraria*）、鳃金龟（*Phyllophaga capillata*）、大豆尺蠖（*Chrysodeixis includens*）、大豆夜蛾（*Anticarsia gemmatalis*）、烟粉虱（*Bemisia tabaci*）、*Rachiplusia nu*，以及近年来大范围流行的能够传播大豆叶脉坏死病毒（soybean vein necrosis virus，SVNV）的大豆蓟马（*Neohydatothrips variabilis*）等。美国、巴西、阿根廷等国种植抗除草剂转基因大豆，在一定程度上简化了杂草防除环节。

国外大豆病虫草害的防治采用与国内相似的有害生物综合治理方法。但国外大豆多为规模化种植，机械化水平较高，农业信息化水平高，借助航空植保、高杆自走式喷雾机等高效施药器械，施药效率较高，防治效果较好；此外，国外的农业技术服务体系比较健全，通过有害生物监测，发布防治最佳时期，使化学防治达到节本增效的目的。在农业防治方面，美国等国生产执行严格的轮作制度，形成了高密植、精准施肥等一系列技术在内的完善栽培体系。美国、巴西、阿根廷等国在豆科作物中普遍接种根瘤菌，进而减施氮肥，既节约了生产成本又保护了环境。

第二节　我国大豆病虫草害相关标准

针对大豆根腐病、大豆花叶病毒病、大豆孢囊线虫、大豆灰斑病、大豆细菌性斑点病、大豆食心虫、大豆蚜、斜纹夜蛾、苜蓿夜蛾等，我国在检验检疫、田间调查、预测预报、药效试验、抗性鉴定、防治技术等方面制定了相关标准。这些标准基本覆盖了大豆种植、储藏、加工等环节中的病虫草害监测、诊断及防控等工作，成为保障农产品质量安全的重要技术规范。

一、检验检疫类相关标准

我国是目前世界上最大的大豆进口国，检疫性有害生物随进口大豆传入我国的风险较大。加大对进口大豆的检疫力度，是国家农业生产安全与生态环境安全的保障。

（一）大豆病害的检验检疫类相关标准

1.《大豆种子产地检疫规程》（GB 12743—2003）

种子检疫工作是利用科学手段，对用于种植和生产的种子进行品质检验、分析和鉴定，不仅是良种繁殖的根本，也是优化农业生产模式的关键措施。

国家质量监督检验检疫总局于 2003 年 6 月 2 日发布了《大豆种子产地检疫规程》（GB 12743—2003），用以代替 GB 12743—1991。GB 12743—2003 规定了大豆种子产地的检疫性有害生物和限定非检疫性有害生物种类、健康种子生产、检验、检疫、签证等，适用于实施大豆种子产地检疫的植物检疫机构和所有繁育、生产大豆种子的单位和个人。

相对于 GB 12743—1991，GB 12743—2003 增加了 1995 年新公布的国内检疫对象——大豆疫病。该病也是我国 1993 年公布的一类进境植物检疫对象。由于大豆菌核病是土传病害，种子本身并不带菌传病，因此修订后不再列为应检有害生物。此外，GB 12743—2003 对有害生物的综合治理措施也做了相应的调整，增加了一些新的技术内容。

2.《南美大豆猝死综合症和北美大豆猝死综合症病菌检疫鉴定方法》（GB/T 31796—2015）

国家质量监督检验检疫总局和国家标准化管理委员会于 2015 年 7 月 3 日发布了《南美大豆猝死综合症和北美大豆猝死综合症病菌检疫鉴定方法》（GB/T 31796—2015）。GB/T 31796—2015 规定了南美大豆猝死综合症病菌（*Fusarium tucumaniae*）和北美大豆猝死综合症病菌（*Fusarium virguliforme*）的检疫鉴定方法，适用于田间大豆和大豆粒携带的土壤和病残体中南、北美大豆猝死综合症病菌的鉴定。

3.《大豆茎褐腐病菌检疫鉴定方法》（GB/T 35338—2017）

国家质量监督检验检疫总局和国家标准化管理委员会于 2017 年 12 月 29 日发布了《大豆茎褐腐病菌检疫鉴定方法》（GB/T 35338—2017）。GB/T 35338—2017 规定了大豆茎褐腐病菌的检疫鉴定方法，适用于大豆茎褐腐病菌的寄主携带大豆茎褐腐病菌的检疫鉴定。

4.《大豆疫霉病菌检疫检测与鉴定方法》（NY/T 2114—2012）

农业部于 2012 年 2 月 21 日发布了《大豆疫霉病菌检疫检测与鉴定方法》（NY/T 2114—2012）。NY/T 2114—2012 规定了大豆疫霉病菌的现场和室内检疫检测及鉴定方法，适用于大豆植株、土壤样品以及大豆籽粒（包括种子）中大豆疫霉病菌的检疫检测与鉴定。

5.《大豆疫霉病菌检疫鉴定方法》（SN/T 1131—2002）

国家质量监督检验检疫总局于 2002 年 8 月 2 日发布了《大豆疫霉病菌检疫鉴定方法》（SN/T 1131—2002）。SN/T 1131—2002 规定了进出境植物检疫中大豆疫霉病菌的检疫和鉴定方法，适用于大豆夹带土壤中大豆疫霉病菌的检疫和鉴定，同时也适用于大豆疫病已发生地区大豆疫霉病菌的土壤分离和鉴定。

6.《进境大豆检疫规程》（SN/T 1849—2006）

国家质量监督检验检疫总局于 2006 年 11 月 10 日发布了《进境大豆检疫规程》（SN/T 1849—2006）。SN/T 1849—2006 规定了进境大豆的检疫方法及检疫结果的评定，适用于经海港和陆路口岸进境加工用大豆的检疫，不适用于进境种用大豆的检疫。

SN/T 1849—2006 规定了检疫依据、检疫审批、受理报检、现场检疫、实验室检疫、结果评定和处理、监督管理、信息上报和归档等，详细介绍了检疫性有害生物、潜在危险性有害生物及其他我国未有分布或分布较广的有害生物等三类主要进境大豆有害生物。为防止危险性植物有害生物传入我国，2007 年农业部和国家质量监督检验检疫总局共同制定了《中华人民共和国进境植物检疫性有害生物名录》。如果在进境大豆中发现检疫性有害生物，将按我国相关规定进行除害、退运、转口或销毁等处理。

7.《大豆茎溃疡病菌检疫鉴定方法》（SN/T 1899—2007）

国家质量监督检验检疫总局于 2007 年 5 月 23 日发布了《大豆茎溃疡病菌检疫鉴定方法》（SN/T 1899—2007）。SN/T 1899—2007 确立了进境大豆种子及其夹带的植物残体的大豆茎溃疡病菌检疫和鉴定方法，适用于对来自大豆茎溃疡病发生国家和地区的所有用于加工和繁殖的大豆的进境检疫。

8.《大豆检疫性病毒多重实时荧光 RT-PCR 检测方法》（SN/T 3398—2012）

国家质量监督检验检疫总局于 2012 年 12 月 12 日发布了《大豆检疫性病毒多重实时荧光 RT-PCR 检测方法》（SN/T 3398—2012）。SN/T 3398—2012 规定了烟草环斑病毒、南芥菜花叶病毒、番茄环斑病毒、南方菜豆花叶病毒和菜豆荚斑驳病毒的多重实时荧光 RT-PCR 检测方法，适用于大豆及其加工产品中上述 5 种病毒的检测。

9.《大豆茎溃疡病菌检疫鉴定方法　*Taq*Man MGB 探针实时荧光 PCR 检测方法》（SN/T 3399—2012）

国家质量监督检验检疫总局于 2012 年 12 月 12 日发布了《大豆茎溃疡病菌检疫鉴定方法　*Taq*Man MGB 探针实时荧光 PCR 检测方法》（SN/T 3399—2012）。SN/T 3399—2012 规定了大豆北方茎溃疡病菌［*Diaporthe phaseolorum*（Cooke et Ell.）Sacc.var. *caulivora* Athow et Caldwell］和大豆南方茎溃疡病菌［*Diaporthe phaseolorum*（Cooke et Ell.）Sacc. var. *meridionalis* F. A. Fernandez］*Taq*Man MGB 探针实时荧光 PCR 检疫鉴定方法，适用于大豆种子、病残体中大豆茎溃疡病菌的实时荧光 PCR 检疫鉴定。

10.《大豆拟茎点种腐病菌检疫鉴定方法》（SN/T 4865—2017）

国家质量监督检验检疫总局于 2017 年 7 月 21 日发布了《大豆拟茎点种腐病菌检疫鉴定方法》（SN/T 4865—2017）。SN/T 4865—2017 规定了进出境大豆种子及其夹带的植物残体中大豆拟茎点种腐病菌（*Phomopsis longicolla*）的检疫鉴定方法，适用于大豆拟茎点种腐病菌的检疫和鉴定。

（二）大豆虫害的检验检疫类相关标准

在我国的国际贸易中，许多仓储害虫可能混入大豆及其相关产品和包装而传播入境。在口岸所截获的进境大豆检疫性昆虫种类主要是鞘翅目昆虫，近年来检出种次数最多的是四纹豆象（*Callosobruchus maculatus*）。在口岸截获的大多为死虫，但携带虫卵较多，在温度适宜的情况下有成虫出现。由于它们的遗传特性以及受食物和温度、湿度条件的限制较小，容易在异地定居形成分布进而造成危害。

1.《植物检疫　谷斑皮蠹检疫鉴定方法》（GB/T 18087—2000）

国家质量技术监督局于 2000 年 4 月 26 日发布了《植物检疫　谷斑皮蠹检疫鉴定方法》（GB/T 18087—2000）。GB/T 18087—2000 规定了谷斑皮蠹（*Trogoderma granarium*）的检验和鉴定方法，适用于谷斑皮蠹的检疫和鉴定。

2.《谷物与豆类隐蔽性昆虫感染的测定　第 1 部分：总则》（GB/T 24534.1—2009）

国家质量监督检验检疫总局和国家标准化管理委员会于 2009 年 10 月 30 日发布了《谷物与豆类隐蔽性昆虫感染的测定　第 1 部分：总则》（GB/T 24534.1—2009），GB/T 24534.1 规定了测定谷物与豆类中隐蔽性昆虫感染的基本原则，适用于谷物与豆类中隐蔽性昆虫感染的测定。

3.《谷物与豆类隐蔽性昆虫感染的测定　第 2 部分：取样》（GB/T 24534.2—2009）

国家质量监督检验检疫总局和国家标准化管理委员会于 2009 年 10 月 30 日发布

了《谷物与豆类隐蔽性昆虫感染的测定 第 2 部分：取样》（GB/T 24534.2—2009），GB/T 24534.2 规定了在袋装或散装情况下，测定谷物与豆类中隐蔽性昆虫感染的取样方法。该取样方法可作为常规方法，适用于从生产至消费贸易过程中任何粮食储存形式或运输工具的取样。

4.《谷物与豆类隐蔽性昆虫感染的测定 第 3 部分：基准方法》（GB/T 24534.3—2009）

国家质量监督检验检疫总局和国家标准化管理委员会于 2009 年 10 月 30 日发布了《谷物与豆类隐蔽性昆虫感染的测定 第 3 部分：基准方法》（GB/T 24534.3—2009），GB/T 24534.3 规定了测定谷物与豆类中隐蔽性昆虫的属性及数量的基准方法。其目的是计算在谷物与豆类内正常取食、发育的每一种昆虫、每一种虫态的所有个体的数量。

5.《谷物与豆类隐蔽性昆虫感染的测定 第 4 部分：快速方法》（GB/T 24534.4—2009）

国家质量监督检验检疫总局和国家标准化管理委员会于 2009 年 10 月 30 日发布了《谷物与豆类隐蔽性昆虫感染的测定 第 4 部分：快速方法》（GB/T 24534.4—2009），GB/T 24534.4 规定了用于估计谷物或豆类样品中隐蔽性昆虫感染程度或是否存在感染的 5 种快速方法。

方法一：二氧化碳定法。该方法适用于完整粒粮和经过粗磨或碾压后经过过筛去掉细粒及活动昆虫后的粮食的测定。本方法不适用于测定：a）磨细的粮食加工品，因为其颗粒可能吸收空气中水分；b）水分质量分数大于 15% 的粮食产品，因为粮食自身及微生物可能产生二氧化碳而影响结果。另外，这种方法不适合已经吸附了大量二氧化碳粮食产品的快速检测。如气调储藏的粮食或有严重害虫侵染的粮食。该方法可以用于粗颗粒或粗磨粮食产品，检验时使用检验筛来区分完好颗粒和暴露的害虫。该方法不允许测定死的成虫、蛹、幼虫及卵。

方法二：茚三酮法。该方法适用于测定任何干燥粮食内部的昆虫感染，尤其是小麦、高粱、大米及其类似大小的粮粒。大粒粮如玉米，测定前应部分打碎（压碎）。但大粒粮的这些处理可能导致一些昆虫数量减少或被打成碎片而使结果描述不可靠。该方法可能低估卵及低龄幼虫，但在这方面，该方法并不比任何其他方法差。

方法三：整粒粮漂浮法。该方法适用于大部分的谷物与豆类隐蔽性感染测定，但仅限于定性。

方法四：声音测定法。该方法适用于测定取食于粮粒内的活动昆虫成虫及幼虫，不适用于测定死的成虫、幼虫或活的卵及蛹（非取食虫态）。

方法五：X 射线法。该方法适用于测定粮粒内活的、死的幼虫及成虫。刚杀死的昆虫（如熏蒸引起的）可能难以与仍活着的昆虫区别。

6.《粮油储藏　储粮害虫检验辅助图谱　第 1 部分：拟步甲科》（GB/T 37719.1—2019）

国家市场监督管理总局和国家标准化管理委员会于 2019 年 6 月 4 日发布了《粮油储藏　储粮害虫检验辅助图谱　第 1 部分：拟步甲科》（GB/T 37719.1—2019）。GB/T 37719.1—2019 规定了储粮中常见拟步甲科害虫的术语和定义、害虫种类、检验环境与工具、鉴别特征和图示，适用于储粮中常见拟步甲科害虫成虫鉴别的辅助参考。

7.《四纹豆象检疫检测与鉴定方法》（NY/T 2418—2013）

农业部于 2013 年 9 月 10 日发布了《四纹豆象检疫检测与鉴定方法》（NY/T 2418—2013）。NY/T 2418—2013 规定了农业植物检疫中四纹豆象（*Callosobruchus maculatus*）的检疫检测与鉴定方法。

8.《菜豆象的检疫和鉴别方法》（SN/T 1274—2020）

海关总署于 2020 年 12 月 30 日发布了《菜豆象的检疫和鉴别方法》（SN/T 1274—2020）。SN/T 1274—2020 规定了植物检疫中菜豆象（*Acanthoscelides obtectus*）的基本信息、鉴定方法、器材和试剂、检测、实验室鉴定，以及结果判定和标本保存的方法，适用于植物检疫中菜豆象的检疫和鉴定。

9.《巴西豆象检疫鉴别方法》（SN/T 1278—2010）

国家质量监督检验检疫总局于 2010 年 5 月 27 日发布了《巴西豆象检疫鉴别方法》（SN/T 1278—2010）。SN/T 1278—2010 规定了巴西豆象（*Zabrotes subfasciatu*）的检疫和鉴定方法，适用于豆类进出境时对巴西豆象的检疫和鉴定。

10.《白缘象甲检疫鉴别方法》（SN/T 1348—2004）

国家质量监督检验检疫总局于 2004 年 6 月 1 日发布了《白缘象甲检疫鉴别方法》（SN/T 1348—2004）。SN/T 1348—2004 规定了进境植物检疫中对白缘象甲（*Pantomorus leucoloma*）检疫鉴定方法，适用于白缘象甲的检疫和鉴定。

11.《灰豆象检疫鉴定方法》（SN/T 1451—2004）

国家质量监督检验检疫总局于 2004 年 6 月 1 日发布了《灰豆象检疫鉴定方法》（SN/T 1451—2004）。SN/T 1451—2004 规定了进出境植物检疫中对灰豆象（*Callosobruchus phaseoli*）的检疫和鉴定方法，适用于进出境豆类中灰豆象的检疫和鉴定。

12.《四纹豆象检疫鉴定方法》(SN/T 2377—2009)

国家质量监督检验检疫总局于 2009 年 9 月 2 日发布了《四纹豆象检疫鉴定方法》(SN/T 2377—2009)。SN/T 2377—2009 规定了四纹豆象的检疫鉴定方法。

13.《阿根廷茎象甲检疫鉴定方法》(SN/T 3663—2013)

国家质量监督检验检疫总局于 2013 年 8 月 30 日发布了《阿根廷茎象甲检疫鉴定方法》(SN/T 3663—2013)。SN/T 3663—2013 规定了阿根廷茎象甲(*Listronotus bonariensis*)的检疫鉴定方法,适用于阿根廷茎象甲的检疫和鉴定。

(三)大豆草害的检疫检验类相关标准

检疫性杂草种子作为作物种子中有生命的夹杂物,其危害特别严重,不仅妨碍本地农作物生长、降低产量和品质;还能助长病虫害的发生与蔓延,有的杂草还是病虫害的寄主;一些杂草本身有毒,牲畜和人类误食会导致中毒。检验大豆及其产品中有无检疫性杂草种子是防止有害有毒杂草传播的重要工作。《中华人民共和国进境植物检疫性有害生物名录》规定危险性杂草 42 种(类)。

1.《杂草风险分析技术要求》(SN/T 1893—2007)

国家质量监督检验检疫总局于 2007 年 5 月 23 日发布了《杂草风险分析技术要求》(SN/T 1893—2007)。SN/T 1893—2007 规定了进行以杂草为起始的有害生物风险分析的技术要求,适用于对传入或引入植物的杂草风险分析。

2.《进口粮谷检疫性杂草监督管理规范》(DB37/T 1223—2009)

山东省质量技术监督局于 2009 年 4 月 27 日发布了《进口粮谷检疫性杂草监督管理规范》(DB37/T 1223—2009)。DB37/T 1223—2009 规定了用于加工的进口粮谷在口岸检疫、运输、储存、加工等各环节的检疫监管措施,适用于进口大豆、大麦、小麦等植物产品携带的检疫性杂草疫情防控。

二、测报调查类相关标准

(一)大豆病害的测报调查类相关标准

病害监测预警是制定有效病害防治措施的前提和基础,但目前国内大豆病害测报调查技术规范标准仅涉及大豆疫病。

1.《大豆疫霉病监测技术规范》(NY/T 2115—2012)

农业部于 2012 年 2 月 21 日发布《大豆疫霉病监测技术规范》(NY/T 2115—2012)。

NY/T 2115—2012 规定了大豆疫霉病（*Phytophthora sojae*）的监测方法，适用于田间大豆疫霉病的监测。

2.《大豆疫病测报调查技术规范》（DB34/T 1911—2013）

安徽省质量技术监督局于 2013 年 7 月 29 日发布了《大豆疫病测报调查技术规范》（DB34/T 1911—2013）。DB34/T 1911—2013 规定了安徽省大豆疫病发病程度记载项目和分级指标，病情的系统调查、大田普查、测报的一般方法，适用于安徽省区域范围内实施大豆疫病的测报调查。

3.《大豆生产风险预警数据采集规范》（DB22/T 2141—2014）

吉林省质量技术监督局于 2014 年 11 月 25 日发布了《大豆生产风险预警数据采集规范》（DB22/T 2141—2014）。DB22/T 2141—2014 虽然规定了大豆生产中有害生物（含病害 14 类、害虫 11 类、杂草 3 类）预警数据采集的内容及采集要求，但未涉及有害生物的具体测报调查技术规范。

4.《大豆孢囊线虫种群动态监测技术规程》（DB23/T 2713—2020）

黑龙江省市场监督管理局于 2020 年 11 月 26 日发布了《大豆孢囊线虫种群动态监测技术规程》（DB23/T 2713—2020）。DB23/T 2713—2020 规定了大豆孢囊线虫（*Heterodera glycines Ichinohe*）种群动态监测技术的术语和定义、仪器设备、田间取样、病土生理小种鉴定、种群动态监测和档案管理。该标准适用于大豆孢囊线虫生理小种鉴定和种群动态监测。

（二）大豆虫害的测报调查类相关标准

虫情监测预警是有效防控虫害、保护农业生产安全的前提和保障。及时准确地掌握田间虫情，进行发生时期、发生程度的预测预报，对有效防治害虫具有非常重要的意义。

1.《大豆食心虫测报调查规范》（GB/T 19562—2004）

国家质量监督检验检疫总局于 2004 年 6 月 22 日发布了《大豆食心虫测报调查规范》（GB/T 19562—2004）。GB/T 19562—2004 规定了大豆食心虫的虫源基数、冬后存活率、越冬幼虫上移化蛹羽化、成虫消长的系统调查，适用于我国北方大豆产区大豆食心虫测报调查，夏大豆产区可参照使用。

生产上一直采用在田间网捕、惊蛾、目测虫量的办法，进行害虫的预测预报。然而，受气候或生产管理措施的影响，害虫数量在不同年份间变化较大，目测计数常因人而异，观测时对峰期测算与实际误差较大，限制了防治效果的提高，给生产上的防治带来一定困难。GB/T 19562—2004 克服了大豆食心虫传统测报方法的弊端，根据大豆食心虫越冬幼虫在化蛹前上移至土表 1cm～2cm 作茧化蛹这一生理特性，规定了大豆食心虫虫源基数、冬后存活率、越冬幼虫上移化蛹羽化、成虫消长的系统调查等技术要求，适于发布中长期各式预报，便于生产上推广使用。

2.《农区草地螟预测预报技术规范》（NY/T 1675—2008）

农业部于 2008 年 8 月 28 日发布了《农区草地螟预测预报技术规范》（NY/T 1675—2008）。NY/T 1675—2008 规定了农区（草地螟多发生在农田与草场、林地、荒地等交错分布的生境区域，其中农田比例大于或等于 60% 的地区称为农区）草地螟秋季越冬基数调查、春季越冬幼虫存活率调查、化蛹羽化进度观察、成虫观测、卵量调查、幼虫调查、防治和挽回损失统计、发生程度划分方法、预报方法和数据汇总与传输等方面内容，适用于草地螟田间虫情调查和预报。

3.《农作物害虫性诱监测技术规范（夜蛾类）》（NY/T 3253—2018）

农业农村部于 2018 年 7 月 27 日发布《农作物害虫性诱监测技术规范（夜蛾类）》（NY/T 3253—2018）。NY/T 3253—2018 规定了性诱监测中夜蛾类害虫的定义和常见种类，夜蛾类害虫性信息素的主要成分和含量、诱芯的规格和持效性，适用于夜蛾类害虫性诱监测的诱捕器的结构和性能，夜蛾类害虫性诱捕器的设置方式、监测调查方法、数据利用和分析方法等应用技术，适用于监测斜纹夜蛾、甜菜夜蛾、小地老虎的成虫种群数量和发生动态。

4.《大豆食心虫性诱剂使用技术规程》（DB22/T 2433—2016）

吉林省质量技术监督局于 2016 年 3 月 21 日发布了《大豆食心虫性诱剂使用技术规程》（DB22/T 2433—2016）。DB22/T 2433—2016 规定了大豆食心虫性诱剂的使用技术、测报调查与防治应用，适用于利用性诱剂进行大豆食心虫的监测和防治。

5.《大豆田苜蓿夜蛾测报调查规范》（DB22/T 1762—2013）

吉林省质量技术监督局于 2013 年 2 月 6 日发布了《大豆田苜蓿夜蛾测报调查规范》（DB22/T 1762—2013）。DB22/T 1762—2013 规定了大豆田苜蓿夜蛾的虫情调查、测报资料收集、预测预报和数据汇总，适用于东北地区大豆苜蓿夜蛾的系统测报调查。

6.《双斑萤叶甲测报调查规范》（DB22/T 2253—2015）

吉林省质量技术监督局于 2015 年 2 月 1 日发布了《双斑萤叶甲测报调查规范》（DB22/T 2253—2015）。DB22/T 2253—2015 规定了双斑萤叶甲发生数量和发育程度的系统调查、大田普查，发生程度分级，以及测报资料的收集等技术要求，适用于双斑萤叶甲的系统测报调查。

7.《斑鞘豆叶甲测报调查规范》（DB22/T 2957—2018）

吉林省市场监督管理厅于 2018 年 12 月 26 日发布了《斑鞘豆叶甲测报调查规范》（DB22/T 2957—2018）。DB22/T 2957—2018 规定了斑鞘豆叶甲测报调查系统调查、大田普查、发生程度分级、测报资料收集及数据汇总与上报，适用于斑鞘豆叶甲的测报调查。

三、抗性鉴定技术类相关标准

作物品种的抗性是一种遗传特性，包括抗病、抗虫、抗旱、抗涝、抗盐碱、抗倒伏等，是指寄主植物所具有的能抵御或减轻某些病虫害侵袭或逆境胁迫的能力，即某一作物品种在相同不利条件下，某一作物品种比其他品种获得高产、优质的能力。培育和推广应用抗性品种是控制作物病虫害发生和危害的最经济和有效的措施之一。采用科学的抗性鉴定方法和评价标准可以更科学准确、快速高效地评价品种的抗性水平，为大豆优良品种选育及其推广应用、合理布局提供重要依据。

（一）抗病性鉴定技术类相关标准

1.《大豆抗病虫性鉴定技术规范 第 1 部分：大豆抗花叶病毒病鉴定技术规范》（NY/T 3114.1—2017）

农业部于 2017 年 9 月 30 日发布了《大豆抗病虫性鉴定技术规范 第 1 部分：大豆抗花叶病毒病鉴定技术规范》（NY/T 3114.1—2017）。NY/T 3114.1—2017 规定了大豆抗花叶病毒病鉴定技术方法和抗性评价标准，适用于各种大豆种质资源对大豆花叶病毒病抗性的人工接种鉴定及评价。

2.《大豆抗病虫性鉴定技术规范 第 2 部分：大豆抗灰斑病鉴定技术规范》（NY/T 3114.2—2017）

农业部于 2017 年 9 月 30 日发布了《大豆抗病虫性鉴定技术规范 第 2 部分：大豆抗灰斑病鉴定技术规范》（NY/T 3114.2—2017）。NY/T 3114.2—2017 规定了大豆抗灰斑病鉴定技术方法和抗性评价标准，适用于各种大豆种质资源对大豆灰斑病抗性的田间人工接种鉴定及评价。

3.《大豆抗病虫性鉴定技术规范 第 3 部分：大豆抗霜霉病鉴定技术规范》（NY/T 3114.3—2017）

农业部于 2017 年 9 月 30 日发布了《大豆抗病虫性鉴定技术规范 第 3 部分：大

豆抗霜霉病鉴定技术规范》（NY/T 3114.3—2017）。NY/T 3114.3—2017规定了大豆抗霜霉病鉴定技术方法和抗性评价标准，适用于各种大豆种质资源对大豆霜霉病抗性的田间人工接种鉴定及评价。

4.《大豆抗病虫性鉴定技术规范　第4部分：大豆抗细菌性斑点病鉴定技术规范》（NY/T 3114.4—2017）

农业部于2017年9月30日发布了《大豆抗病虫性鉴定技术规范　第4部分：大豆抗细菌性斑点病鉴定技术规范》（NY/T 3114.4—2017）。NY/T 3114.4—2017规定了大豆抗细菌性斑点病鉴定技术方法和抗性评价标准，适用于各种大豆种质资源对大豆细菌性斑点病抗性的田间人工接种鉴定及评价。

5.《大豆品种大豆花叶病毒病抗性鉴定技术规程》（NY/T 3428—2019）

农业农村部于2019年1月17日发布了《大豆品种大豆花叶病毒病抗性鉴定技术规程》（NY/T 3428—2019）。NY/T 3428—2019规定了大豆抗大豆花叶病毒病人工接种鉴定技术和抗病性评价标准，适用于各类大豆种质资源、品种、品系和材料对大豆花叶病毒病的抗性鉴定和抗性评价。

6.《大豆主要病虫害抗性鉴定技术规范　第1部分：抗疫霉根腐病》（DB22/T 2805.1—2017）

吉林省质量技术监督局于2017年12月11日发布了《大豆主要病虫害抗性鉴定技术规范　第1部分：抗疫霉根腐病》（DB22/T 2805.1—2017）。DB22/T 2805.1—2017规定了室内人工接种法鉴定大豆对疫霉根腐病抗性的试验条件、菌种来源及保存、鉴定方法、病情调查、抗性评价和鉴定记录，适用于大豆对疫霉根腐病抗性的室内人工接种鉴定及评价。

7.《大豆种质资源抗孢囊线虫病鉴定技术规程》（DB14/T 1613—2018）

山西省质量技术监督局于2018年1月10日发布了《大豆种质资源抗孢囊线虫病鉴定技术规程》（DB14/T 1613—2018）。DB14/T 1613—2018规定了大豆种质资源抗孢囊线虫病鉴定的术语和定义、材料准备、鉴定方法，适用于大豆种质资源抗孢囊线虫病鉴定和抗性评价。

8.《大豆对大豆拟茎点种腐病抗病性鉴定技术规程》（DB23/T 2979—2021）

黑龙江省市场监督管理局于2021年9月8日发布了《大豆对大豆拟茎点种腐病抗病性鉴定技术规程》（DB23/T 2979—2021）。DB23/T 2979—2021规定了大豆对由大豆拟茎点种腐病菌（*Phomopsis longicolla* Hobbs）引起的种腐病抗病性鉴定术语和定义、病原菌接种体制备、大豆种子要求、大豆种子抗病性鉴定和大豆植株抗病性鉴定。该标准适用于大豆对大豆拟茎点种腐病抗病性的鉴定和评价。

（二）抗虫性鉴定技术类相关标准

1.《大豆抗病虫性鉴定技术规范　第5部分：大豆抗大豆蚜鉴定技术规范》（NY/T 3114.5—2017）

农业部于2017年9月30日发布了《大豆抗病虫性鉴定技术规范　第5部分：大豆抗大豆蚜鉴定技术规范》（NY/T 3114.5—2017）。NY/T 3114.5—2017规定了大豆抗大豆蚜鉴定技术方法和抗性评价标准，适用于各种大豆种质资源对大豆蚜的人工接虫鉴定及评价。

2.《大豆抗病虫性鉴定技术规范　第6部分：大豆抗食心虫鉴定技术规范》（NY/T 3114.6—2017）

农业部于2017年9月30日发布了《大豆抗病虫性鉴定技术规范　第6部分：大豆抗食心虫鉴定技术规范》（NY/T 3114.6—2017）。NY/T 3114.6—2017规定了大豆抗食心虫鉴定技术方法和抗性评价标准，适用于各种大豆种质资源对大豆食心虫的人工接虫鉴定及评价。

3.《转抗虫基因大豆对大豆食心虫抗性鉴定技术规范》（DB22/T 2556—2016）

吉林省质量技术监督局于2016年12月9日发布了《转抗虫基因大豆对大豆食心虫抗性鉴定技术规范》（DB22/T 2556—2016）。DB22/T 2556—2016规定了转抗虫基因大豆对大豆食心虫抗性鉴定的田间抗虫性鉴定、室内抗虫性鉴定、注意事项、结果分析和报告编写，适用于转抗虫基因大豆材料、品系、品种等对大豆食心虫的抗性鉴定与评价。

4.《大豆对苜蓿夜蛾抗性鉴定技术规程》（DB22/T 1761—2013）

吉林省质量技术监督局于2013年2月6日发布了《大豆对苜蓿夜蛾抗性鉴定技术规程》（DB22/T 1761—2013）。DB22/T 1761—2013规定了大豆对苜蓿夜蛾抗虫性的田间与室内鉴定的取样、接虫和评价标准，适用于大豆抗苜蓿夜蛾品种的筛选与鉴定。

5.《大豆对豆卜馍夜蛾抗性鉴定技术规程》（DB22/T 2252—2015）

吉林省质量技术监督局于2013年2月6日发布了《大豆对豆卜馍夜蛾抗性鉴定技术规程》（DB22/T 2252—2015）。

上述标准一般采用田间抗虫性鉴定和室内抗虫性鉴定结合的方法；抗虫性评价标准中结合害虫危害特点，钻蛀类害虫一般采用虫食率作为评价指标，食叶类害虫一般采用叶面积损失率作为评价指标，刺吸类害虫一般采用被害指数作为评价指标。

四、田间药效试验类相关标准

大豆生产上经常使用杀菌剂、杀虫（螨）剂、除草剂等药剂防控病虫草害。为了确定田间防控的最佳使用剂量及安全合理使用技术，测试药剂对作物及非靶标有益生物的影响，制定了田间药效试验准则。与《农药田间药效试验准则》GB/T 17980 系列标准一样，药剂药效试验标准参考了欧洲及地中海植物保护组织（EPPO）田间药效试验准则及联合国粮农组织（FAO）亚太地区类似的准则，也结合了我国前期田间药效试验工作，规范了农药田间试验方法和内容，使试验更趋科学与统一，同时与国际准则接轨，增强我国的药效试验报告的国际认可度。

（一）杀菌剂田间药效试验类相关标准

1.《农药田间药效试验准则（一） 杀线虫剂防治胞囊线虫病》（GB/T 17980.37—2000）

国家质量技术监督局于 2000 年 2 月 1 日发布《农药田间药效试验准则（一） 杀线虫剂防治根部线虫病》（GB/T 17980.38—2000）。GB/T 17980.38—2000 规定了杀线虫剂防治根部线虫病田间药效小区试验的方法和基本要求，其中包括根结线虫（*Meloidogyne* spp.）、茎线虫（*Ditylenchus* spp.）、短体线虫（*Pratylenchus* spp.），适用于杀线虫剂防治根部线虫病登记用田间药效小区试验及药效评价，其他田间药效试验参照本标准执行。

2.《农药田间药效试验准则（二） 第 88 部分：杀菌剂防治大豆根腐病药效试验》（GB/T 17980.88—2004）

国家质量监督检验检疫总局于 2004 年 3 月 3 日发布《农药田间药效试验准则（二） 第 88 部分：杀菌剂防治大豆根腐病药效试验》（GB/T 17980.88—2004）。GB/T 17980.88—2004 规定了杀菌剂防治大豆根腐病（*Rhizoctonia solani*）田间药效试验的方法和要求，适用于杀菌剂防治大豆根腐病的登记用田间药效小区试验及评价。其他田间药效试验参照执行。

3.《农药田间药效试验准则（二） 第 89 部分：杀菌剂防治大豆锈病药效试验》（GB/T 17980.89—2004）

国家质量监督检验检疫总局于 2004 年 3 月 3 日发布《农药田间药效试验准则（二） 第 89 部分：杀菌剂防治大豆锈病药效试验》（GB/T 17980.89—2004）。GB/T 17980.89—

2004 规定了杀菌剂防治大豆锈病（*Phakopsora pachyrhizi*）田间药效试验的方法和要求，适用于杀菌剂防治大豆锈病的登记用田间药效小区试验及评价。其他田间药效试验参照执行。

（二）杀虫（螨）剂田间药效试验类相关标准

1.《农药田间药效试验准则（一） 杀螨剂防治豆类、蔬菜叶螨》（GB/T 17980.17—2000）

国家质量技术监督局于 2000 年 2 月 1 日发布了《农药田间药效试验准则（一） 杀螨剂防治豆类、蔬菜叶螨》（GB/T 17980.17—2000）。GB/T 17980.17—2000 规定了杀螨剂防治豆类、蔬菜叶螨田间药效小区试验的方法和基本要求，适用于杀螨剂防治豆类、黄瓜和其他阔叶蔬菜上叶螨的登记用田间药效小区试验及药效评价。其他田间药效试验参照本标准执行。

2.《农药田间药效试验准则（二） 第 54 部分：杀虫剂防治仓储害虫药效试验准则》（GB/T 17980.54—2004）

国家质量监督检验检疫总局和国家标准化管理委员会于 2004 年 3 月 3 日发布了《农药田间药效试验准则（二） 第 54 部分：杀虫剂防治仓储害虫药效试验准则》（GB/T 17980.54—2004）。GB/T 17980.54—2004 规定了杀虫剂防治仓储害虫田间药效小区试验的方法和基本要求，适用于熏蒸剂、保护剂防治存在于粮食、饲料、烟草、药材、竹木、皮革、布匹、图书、档案、干果、海味等储藏物以及飞机、船舶、货柜、食品生产线和仓库等场所的仓库害虫的登记用田间药效小区试验及药效评价。

3.《农药田间药效试验准则（二） 第 71 部分：杀虫剂防治大豆食心虫》（GB/T 17980.71—2004）

国家质量监督检验检疫总局和国家标准化管理委员会于 2004 年 3 月 3 日发布了《农药田间药效试验准则（二） 第 71 部分：杀虫剂防治大豆食心虫》（GB/T 17980.71—2004）。GB/T 17980.71—2004 规定了杀虫剂防治大豆食心虫田间药效小区试验的方法和基本要求，适用于杀虫剂防治大豆食心虫登记用田间药效小区试验及药效评价。

（三）除草剂田间药效试验相关标准

1.《农药田间药效试验准则（二） 第 125 部分：除草剂防除大豆地杂草药效试验（GB/T 17980.125—2004）》

国家质量监督检验检疫总局和国家标准化管理委员会于 2004 年 3 月 3 日发布

了《农药田间药效试验准则（二） 第 125 部分：除草剂防除大豆地杂草药效试验》（GB/T 17980.125—2004）。GB/T 17980.125—2004 规定了除草剂防治大豆田杂草田间药效小区试验的方法和基本要求，适用于除草剂防治夏播大豆和春播大豆田杂草的登记用田间药效小区试验及药效评价。其他田间药效试验参照执行。

（四）生长调节剂药效试验相关标准

1.《农药田间药效试验准则（二） 第 147 部分：大豆生长调节剂药效试验》（GB/T 17980.147—2004）

国家质量监督检验检疫总局和国家标准化管理委员会于 2004 年 3 月 3 日发布了《农药田间药效试验准则（二） 第 147 部分：大豆生长调节剂药效试验》（GB/T 17980.147—2004）。GB/T 17980.147—2004 规定了用于调节大豆生长的植物生长调节剂的田间药效小区试验的方法和基本要求。GB/T 17980.147—2004 适用于调节夏大豆和春大豆生长的植物生长调节剂的登记用田间药效小区试验和药效评价。其他田间药效试验参照执行。

五、防治技术类标准

2020 年 5 月 1 日起施行的《农作物病虫害防治条例》从防治责任、防治制度、防治服务、防治技术等多个方面对农作物病虫害防治行为作出规定，明确防治责任，规范防治规程和防治方式，为全面实施规范防治提供了法律保障。国家标准、行业标准、地方标准的发布和实施，有助于我国大豆病虫草害防控技术的标准化、绿色化、高效化、精准化，提高病虫草害防控工作水平，推动大豆植保水平提升。

（一）病害防治技术类标准

1.《大豆主要病害防治技术规程》（NY/T 2159—2012）

农业部于 2012 年 6 月 6 日发布了《大豆主要病害防治技术规程》（NY/T 2159—2012），NY/T 2159—2012 规定了大豆主要病害的综合防治技术，适用于全国大豆主产区大豆病害的防治。NY/T 2159—2012 涵盖了术语、定义、分类、指标分级，以及通用的技术条件、技术程序等，确保防治技术类标准体系的一致性。该标准按照大豆真菌病害、细菌病害、病毒病害、线虫病害等类别，规定了大豆主要病害的综合防控技术及其具体措施，可操作性强，适用于全国大豆主产区大豆病害防治。

2.《大豆霜霉病防治技术规程》（DB22/T 2142—2014）

吉林省质量技术监督局于 2014 年 11 月 25 日发布了《大豆霜霉病防治技术规程》

（DB22/T 2142—2014）。DB22/T 2142—2014 规定了大豆霜霉病诊断及其防治，适用于大豆霜疫霉（*Peronospora manschurica*）的诊断与防治。

3.《大豆灰斑病防治技术规程》（DB22/T 2431—2016）

吉林省质量技术监督局于 2016 年 3 月 21 日发布了《大豆灰斑病防治技术规程》（DB22/T 2431—2016）。DB22/T 2431—2016 规定了大豆灰斑病防治的病害诊断、防治原则和防治措施，适用于大豆灰斑病（*Cercospora sojina* Hara）的诊断和防治。

4.《作物疫病防控技术规范》（DB35/T 1682—2017）

福建省质量技术监督局于 2017 年 10 月 24 日发布了《作物疫病防控技术规范》（DB35/T 1682—2017）。DB35/T 1682—2017 规定了作物疫病的防控术语和定义、防治原则、指标、措施和方法，适用于农作物生产过程中由疫霉菌（*Phytophthora* spp.）侵染引起的作物疫病的防控。

5.《大豆孢囊线虫综合防治技术规程》（DB23/T 2494—2019）

黑龙江省市场监督管理局于 2019 年 12 月 2 日发布了《大豆孢囊线虫综合防治技术规程》（DB23/T 2494—2019）。DB23/T 2494—2019 规定了大豆孢囊线虫（*Heterodera glycines* Ichinche）病综合防治技术的防治原则、农业防治措施、化学防治和生物防治措施，适用于大豆孢囊线虫病综合防治。

6.《嘧菌酯悬浮剂防治大豆锈病施用限量》（T/CCPIA 166—2021）

中国农药工业协会于 2021 年 8 月 25 日发布了《嘧菌酯悬浮剂防治大豆锈病施用限量》（T/CCPIA 166—2021）。T/CCPIA 166-2021 规定了嘧菌酯悬浮剂在大豆上防治锈病的施用限量标准。该标准适用于典型施药场景下嘧菌酯悬浮剂在大豆上防治锈病的科学安全施用。

7.《大豆根腐病防治技术规程》（DB2308/T 094—2021）

佳木斯市市场监督管理局于 2021 年 9 月 1 日发布了《大豆根腐病防治技术规程》（DB2308/T 094—2021）。DB2308/T 094—2021 规定了由尖孢镰刀菌（*Fusarium oxysporum*）为主的多种镰刀菌，多种腐霉菌（*Pythium Aphanidermatum*）和立枯丝核菌（*Rhizoctonia solani*）以及疫霉根腐病（*Phytophathora sojae*）等菌株引起的根部症状为主的大豆病害的防治技术措施。该标准适用于佳木斯地区大豆种植。

8.《大豆灰斑病防治技术规程》（DB2308/T 095—2021）

佳木斯市市场监督管理局于 2021 年 9 月 1 日发布了《大豆灰斑病防治技术规程》

（DB2308/T 095—2021）。DB2308/T 095—2021 规定了由 Cercospora sojina 引起的大豆灰斑病防治技术措施。该标准适用于佳木斯地区大豆种植。

（二）虫害防治技术类标准

各地区根据大田虫害发生特点制订了相应的防治技术标准。此外，仓贮害虫防治不同于大田虫害防治，一般遵循谷物或豆类的技术标准。

1.《谷物和豆类储存　第1部分：谷物储存的一般建议》（GB/T 29402.1—2012）

国家质量监督检验检疫总局和国家标准化管理委员会于 2012 年 12 月 31 日发布《谷物和豆类储存　第1部分：谷物储存的一般建议》（GB/T 29402.1—2012）。GB/T 29402.1 给出了谷物储存的一般性指导建议，适用于谷物的储存。

2.《谷物和豆类储存　第2部分：实用建议》（GB/T 29402.2—2012）

国家质量监督检验检疫总局和国家标准化管理委员会于 2012 年 12 月 31 日发布《谷物和豆类储存　第2部分：实用建议》（GB/T 29402.2—2012）。GB/T 29402.2 给出了选择谷物和豆类储存方法的指导，以及应用选定的方法进行安全储存的实用建议，适用于谷物和豆类的储存。

3.《谷物和豆类储存　第3部分：有害生物的控制》（GB/T 29402.3—2012）

国家质量监督检验检疫总局和国家标准化管理委员会于 2012 年 12 月 31 日发布《谷物和豆类储存　第3部分：有害生物的控制》（GB/T 29402.3—2012）。GB/T 29402.3 给出了谷物和豆类储存中有害生物控制的指导原则，适用于谷物和豆类的储存。

4.《辐照豆类、谷类及其制品卫生标准》（GB 14891.8—1997）

卫生部于 1997 年 6 月 16 日发布了《辐照豆类、谷类及其制品卫生标准》（GB 14891.8—1997）。GB 14891.8—1997 规定了辐照豆类、谷类及其制品的辐照剂量、卫生要求和检验方法，适用于以杀虫为目的，采用 ^{60}Co 或 ^{137}Cs 产生的 γ 射线，或能量低于 10MeV 的电子束照射处理的豆类、谷类及其制品。

5.《豆类、谷类电子束辐照处理技术规范》（NY/T 1895—2010）

农业部于 2010 年 7 月 8 日发布了《豆类、谷类电子束辐照处理技术规范》（NY/T 1895—2010）。NY/T 1895—2010 规定了供人类食用的豆类、谷类电子束辐照前、辐照中、辐照后要求，以及贮运、标签、重复辐照等内容，适用于以电子束辐照处理为手段，用于豆类、谷类辐照杀灭害虫为目的的加工过程控制。

6.《东北高油大豆栽培技术规范》（NY/T 1216—2006）

农业部于 2006 年 12 月 6 日发布了《东北高油大豆栽培技术规范》（NY/T 1216—2006）。NY/T 1216—2006 规定了东北高油大豆生产的产地环境条件、选茬、整地、施肥、播种、化学除草、中耕管理、田间灌溉、化学调控、病虫害防治、收获等技术，适用于黑龙江、吉林、辽宁三省和内蒙古自治区东四盟地区高油大豆的生产。

7.《黄淮海地区高蛋白夏大豆栽培技术规程》（NY/T 1293—2007）

农业部于 2007 年 4 月 17 日发布了《黄淮海地区高蛋白夏大豆栽培技术规程》（NY/T 1293—2007）。NY/T 1293—2007 规定了高蛋白夏大豆生产的产品质量、产量目标、品种选用、产地条件、播种、田间管理、收获等技术要求，适用于黄淮海地区京津以南的河北省中部、南部，河南、山东两省，山西南部，安徽、江苏两省的淮河以北平原地区的夏播大豆生产。

8.《大豆麦茬免耕覆秸精量播种技术规程》（NY/T 3681—2020）

农业农村部于 2020 年 8 月 26 日发布了《大豆麦茬免耕覆秸精量播种技术规程》（NY/T 3681—2020）。NY/T 3681—2020 规定了大豆麦茬免耕覆秸精量播种技术的术语和定义、种子准备、播种、施肥、田间管理，其中包括了除草、地下病虫害和地上害虫防治技术。

9.《夏大豆主要病虫害综合防治技术规程》（DB1309/T 230—2020）

沧州市市场监督管理局于 2020 年 6 月 11 日发布了《夏大豆主要病虫害综合防治技术规程》（DB1309/T 230—2020）。DB1309/T 230—2020 规定了夏大豆主要病虫害综合防治的术语和定义、防治原则、调查方向、防治对象及防治方法，适用于夏播大豆主要病虫害的综合防治。

10.《山东省大豆有害生物安全控制技术规程》（DB37/T 1550—2010）

山东省质量技术监督局于 2010 年 2 月 9 日发布了《山东省大豆有害生物安全控制技术规程》（DB37/T 1550—2010）。DB37/T 1550—2010 规定了山东省辖区范围内大豆有害生物综合治理技术及大豆有害生物治理过程中农药的使用要求。

11.《夏播大豆蚜虫综合防治技术规程》（DB37/T 3503—2019）

山东省市场监督管理局于 2019 年 1 月 29 日发布了《夏播大豆蚜虫综合防治技术规程》（DB37/T 3503—2019）。DB37/T 3503—2019 规定了夏播大豆蚜虫的防治原则和防治技术，适用于山东省大豆生产区大豆蚜虫的综合防治。

12.《夏播大豆烟粉虱综合防治技术规程》（DB37/T 3504—2019）

山东省市场监督管理局于 2019 年 1 月 29 日发布了《夏播大豆烟粉虱综合防治技术规程》（DB37/T 3504—2019）。DB37/T 3504—2019 规定了夏播大豆烟粉虱综合防治原则和防治技术，适用于山东省夏播大豆田烟粉虱的防治。

13.《大豆病虫安全控害技术规程》（DB21/T 1319—2004）

辽宁省质量技术监督局于 2004 年 5 月 1 日发布了《大豆病虫安全控害技术规程》（DB21/T 1319—2004）。DB21/T 1319—2004 规定了大豆健身栽培、病虫草鼠害安全控害技术规程，适用于露地春大豆安全生产。

14.《食用大豆生产技术规程》（DB15/T 1822—2020）

内蒙古自治区市场监督管理局于 2020 年 1 月 10 日发布了《食用大豆生产技术规程》（DB15/T 1822—2020）。DB15/T 1822—2020 规定了内蒙古食用大豆生产的选地与轮作、整地、播前准备、播种、施肥、病虫草害防治、收获、贮藏等技术规范，适用于内蒙古呼伦贝尔市、兴安盟、通辽市、赤峰市、乌兰察布市及呼和浩特市等大豆产区食用大豆生产。贵州地区鲜食大豆的主要害虫包括蚜虫、小地老虎、卷叶螟、豆荚螟、大豆食心虫等。

15.《贵州鲜食大豆高产栽培技术规程》（DB52/T 1412—2019）

贵州省市场监督管理局于 2019 年 7 月 15 日发布了《贵州鲜食大豆高产栽培技术规程》（DB52/T 1412—2019）。DB52/T 1412—2019 规定了贵州种植鲜食大豆的产地环境条件、种子要求、播种、施肥、田间管理、病虫害防控、采收等，适用于贵州鲜食大豆产量水平达鲜荚角 620kg/667m^2（或鲜籽粒 320kg/667m^2）以上的大田生产。

16.《高效氯氟氰菊酯乳油防治大豆食心虫施用限量》（T/CCPIA 165—2021）

中国农药工业协会于 2021 年 8 月 25 日发布了《高效氯氟氰菊酯乳油防治大豆食心虫施用限量》（T/CCPIA 165—2021）。T/CCPIA 165—2021 规定了高效氯氟氰菊酯乳油在大豆上防治食心虫的施用限量。该标准适用于典型施药场景下高效氯氟氰菊酯乳油在大豆上防治食心虫的科学安全施用。

（三）草害防治技术类标准

1.《大豆除草剂土壤残留障碍消减技术规程》（DB23/T 1612—2015）

黑龙江省质量技术监督局于 2015 年 1 月 23 日发布了《大豆除草剂土壤残留障碍消减技术规程》（DB23/T 1612—2015）。DB22/T 1612—2015 规定了大豆除草剂土壤残留障碍消减技术的术语、定义、要求和技术。适用于大豆生产中土壤残留的除草剂导致后茬作物生长发育障碍的消减技术。

2.《无公害食品　大豆田主要杂草综合防治技术规程》（DB42/T 1141—2016）

湖北省质量技术监督局于 2016 年 1 月 20 日发布了《无公害食品　大豆田主要杂草综合防治技术规程》（DB42/T 1141—2016）。DB42/T 1141—2016 规定了无公害食品大豆田主要杂草综合防治技术的防治原则、主要防治对象、防治技术措施及要点。适用于湖北省区域无公害食品大豆生产中主要杂草的综合防治。

3.《嫩江流域保护性耕作大豆田杂草综合控制技术规范》（DB15/T 580—2013）

内蒙古自治区质量技术监督局于 2013 年 9 月 5 日发布了《嫩江流域保护性耕作大豆田杂草综合控制技术规范》（DB15/T 580—2013）。DB15/T 580—2013 规定了嫩江流域保护性耕作大豆田杂草综合控制技术的除草剂选择种类、施用时间及方法，人工除草的时间及要求，机械浅松除草的机具种类、防除时间及机具操作等技术规范。适用于嫩江流域保护性耕作大豆田杂草防除。

第三节　国内外大豆病虫草害相关标准比较

一、国外大豆病虫草害相关标准

（一）检验检疫类标准

进境大豆检验检疫应遵守《中华人民共和国进出境动植物检疫法》《中华人民共和国进出境动植物检疫法实施条例》等法律及相关缔约国之间签署的国际公约、协议和议定书。《国际植物保护公约》（International Plant Protection Convention，IPPC）是一个国际植物健康协定，于 1952 年建立，此公约旨在通过防止有害生物的传入和扩散，保护栽培植物和野生植物。缔约方共有包括中国在内的 172 个国家签署加入了《国际植物保护公约》（截至 2009 年 11 月 30 日）。国际植物检疫措施标准（ISPM）是在《国际植物保护公约》（IPPC）秘书处主持下与在《国际植物保护公约》范围内运作的区域组织合作制定的国际标准。IPPC 是由 WTO-SPS 协定认可的制定国际植物检疫措施标准的机构。继 1993 年首项国际植物检疫措施标准《关于植物保护和在国际贸易中应用植物检疫措施的植物检疫原则》（ISPM01）发布以来，截至 2020 年 11 月，IPPC 共发布了 43 项国际植物检疫措施标准、29 项诊断规程和 33 种植物检疫处理方法，且其中大部分标准已修订。针对进境植物及其产品的查验，IPPC专门制定了《限定有害生物清单》（ISPM19）、《限定性有害生物诊断规程》（ISPM27）、《有害生物的植物检疫处理》（ISPM28）等国际标准进行规范。《限定性有害生物诊断规程》（ISPM27）标准包括有害生物的基本信息、分类地位、检测、鉴定、相关资料的联系方式、参考资料各个方面的注意事项。标准中规定鉴定应该使用一种或多种方法进行有害生物的确认，并详述各种鉴定方法（包括所需的仪器设备、试剂和耗材等），确保鉴定结果的再现性和可追溯性。国外标准优先制定基础类型的标准，要求通用性强，覆盖面广。随后再制定其配套的标准，要求系统性强。

（二）田间药效试验类标准

截至2020年11月，欧洲及地中海植物保护组织（EPPO）制定了有关植物保护产品药效评价标准（PP1）共计323个。主要包括通用标准和针对某一种植物保护产品的相关标准（如杀菌剂、杀虫剂、除草剂、植物生长调剂等）。内容主要包括田间药效试验小区设计方案、最低致死剂量的确定、试验记录的编写要求和有关葡萄、棉花、向日葵、烟草、谷物、甜菜等有害生物的田间药效测定及评价标准，如《谷物土传病害真菌》（PP1/019）、《植物防御诱导剂药效评价原则》（PP1/319）、《大豆田除草剂》（PP1/305）、《土壤杀菌剂》（PP1/148）、《谷物蚜虫杀虫剂》（PP1/020）等。与规定田间药效试验的国家标准相比较，EPPO田间测试标准的准则要求田间药效试验承担单位具备优秀的实验操作（Good Experimental Practice，GEP），确保试验的准确性和可比性。要求试验人员的专业素质较高，能够安排试验（小区分布、试验处理等）、翔实的记录田间数据（气象数据、土壤数据、试验统计数据等）、试验过程中严格执行相关标准等。

（三）防治技术类标准

1967年，联合国粮农组织（FAO）提出有害生物综合治理（Integrated Pest Management，IPM），其定义为，要从生态学的角度看待害虫防治，并要应用各种综合性的措施，这不仅要求简单的把各种防治方法配合起来使用，应以突出重点、分区治理、因地制宜、分类指导为原则，采取科学预防与应急防控相结合（监测预警技术）、当前控害与持续治理相结合（维持生态平衡，减小人为干预对农田生态系统的影响）、关键措施与综合防控技术相结合的策略，最大程度发挥各项防治技术的功效。

二、我国大豆病虫草害标准体系建设现状

与国外大豆病虫草害相关标准相比，我国大豆病虫草害相关标准存在标准体系结构尚不完善、标准更新相对滞后、标准执行需要宣传与扶持等问题。

（一）标准体系结构尚不完善

现有标准的性质多数为推荐性标准，推荐性标准基本遵循自愿性原则，实施效果和力度明显不够，而强制性标准的制定，对强化检疫技术、加强检疫管理、规范检疫行为等方面具有重要作用。标准内容大多为技术类标准，在建立完善检疫技术类标准的同时，需要加强开展基础类、检疫管理类、监测预报类等标准的制订。

（二）标准更新相对滞后

标准已成为国际经济竞争的重要手段和工具。我国缺少大豆病虫草害相关的企业标准，企业也缺少标准竞争意识，在发展目标上，标准的更新意识也更为薄弱。标准也是农技推广部门解决农民在大豆生产过程中问题的依据。由于病虫草害发生及危害有其特定规律，相关标准的版本更新周期较长。虽然制定、修订标准的工作量大，工作要求高，耗费时间长，需要投入大量的人力物力，但是鉴于标准更新对相关行业发展的推动和促进作用，其潜在的社会经济效益是巨大的。

（三）标准执行需要宣传与扶持

我国目前的大豆生产者多属于自给型，缺少规模化生产，限制了病虫草害相关标准的推广和实施。大豆生产者的文化水平普遍偏低，在新技术的实施方面存在诸多问题，自身思想转变也存在困难。农业农村部办公厅印发关于《2019年农业农村绿色发展工作要点》的通知，提出大力扶持发展植保专业服务组织，提高防控组织化程度，强化示范引领和技术培训，提高统防统治覆盖率和技术到位率。通过大力扶持推进标准化工作，现有一些植保专业服务组织已开始成为农作物病虫害专业化统防统治的有生力量，植保飞防等标准化专业服务正逐步被农户认可和接受。

三、我国大豆病虫草害标准体系建设相关建议

（一）检疫检验技术标准需要适时调整

根据历年进口大豆质量分析，在进口大豆检验检疫中，存在着品质不合格率高、有害生物疫情复杂、有毒有害物质种类多等问题。目前，大豆上的危险性有害生物种类已经发生了变化，检验检疫技术也有了发展和提高，原有一些规程已不适应大豆生产发展的需要，例如《大豆种子产地检疫规程》（GB 12743—2003），应遵循国家相关法律法规及政策要求，及时调整检疫性有害生物名单及相关检疫检验标准。有害生物检测技术的更新随着科学的进步，新的检测技术层出不穷，但并未全部应用于大豆有害生物检测与监测标准的制定中。例如，一些检疫性有害生物种类难于通过形态特

征鉴定，需要借助分子生物学技术进行快速鉴定。环介导等温扩增（LAMP）技术是2000年报道的一种等温核酸扩增技术，该技术操作简单，不需使用热循环仪器等设备，反应时间短，LAMP检测体系中基因的扩增和产物的检测可一步完成，扩增效率高，特异性较高。稳定、高效、快速和适用于田间的LAMP检测方法，可促进田间大豆有害生物检测和监测相关标准更快、更科学地制定。重组酶聚合酶扩增（RPA）是2006年报道的一种恒温扩增的检测技术，与LAMP技术相比，RPA反应温度只需恒定控制在37℃～42℃之间，反应时间通常只需10min～20min。RPA反应快速、简便易操作、灵敏度高，能够实现田间的现场检测。目前该技术已应用于农业、渔业和食品安全等领域，可见RPA技术的发展将促进相关有害生物检测与监测标准的制定。

（二）测报及田间调查技术标准需要升级和扩充

田间调查及预测预报是制定害虫综合治理方案的重要依据。一些重要害虫或新发性害虫，例如点蜂缘蝽、筛豆龟蝽、豆荚螟等，还需要制定测报及田间调查技术标准。现行标准规定的病虫害田间调查主要依靠人工调查获得虫情数据，预测预报多采用数理统计、综合分析等方法。随着性诱剂、自动虫情测报灯和高空测报灯等新型测报设备的普及，以及利用Real-time PCR检测和监测菌源量，检测杀菌剂抗性，可以为病虫害的早期和高通量监测提供了强有力的工具，这些新技术手段能够克服传统田间调查方法的弊端，但相应技术标准亟需制定和实施。利用现代信息技术和分子生物学技术，加强重大害虫防控与监测力度，构建害虫防控监测体系，补充完善田间调查及预测预报标准，构建统一的数据库标准，可以实现国家或部分省市监测预警系统的信息共享，促进全国范围内大豆病虫害信息的收集、整合，推进植保数字化信息网络建设，提高我国大豆病虫害监测预测预报的时效性和准确性，将为科学指导生产及早开展病虫害防治提供重要技术支撑。

（三）抗性鉴定技术标准需要规范和制订

现有的抗性鉴定标准覆盖了大豆主要病虫害，一般结合大豆病虫害的发生及危害特点进行鉴定和评价，为了更加简便、准确地评价抗性以及提高抗评价效率，需要抗性鉴定方法和抗性评价标准的通用标准来规范一般流程、病（虫）源质量、接病（虫）方式、大豆材料（品种、品系）等内容和方法，为大豆抗性品种选育提供更为科学的评价方法。

（四）田间药效试验标准需要补充与更新

农药药效的测定一般经过室内活性测定证明有效后，然后进行田间小区试验，在小区试验的基础上，药效比较好的品种还需要田间大区试验，进一步明确其药效和推广价值，所以农药登记用田间大区药效试验准则标准亟待出台。由于种植结构调整和气候变化、大豆田病虫害种类也在随之发生变化，一些重要害虫或新发性害虫需要制定田间药效试验准则。已实施十多年的田间效试验标准 GB/T 17980.71、GB/T 17980.88、GB/T 17980.89 等需要及时修订。

（五）防治技术标准有待修订与完善

现有标准规定的大田病虫草害防治仍以传统的化学药剂防治为主，新兴的绿色防控技术标准，例如赤眼蜂生物防治、灯光诱杀、有色黏板诱杀、无人机喷药等技术缺少统一规范的技术标准。现有标准（如 NY/T 1293—2007）中推荐使用的一些高毒农药未来将被列为禁用品种。对于仓储害虫，采用化学药剂防治，有的药剂会带来残毒，故有些情况下采用物理防治法较为理想；远红外线辐射杀虫法、低温冷冻法等技术标准也需要规范。利用化学药品进行检疫处理进境大豆类产品时，必须首先考虑到药剂对有害生物有效而不影响产品质量且对人体、环境安全。大豆病虫草害防治技术还需要与栽培、土肥、机械、育种等领域的核心技术融合配套形成标准种植技术体系，使大豆生产快速向轻简化、机械化、精准化、信息化、智能化发展，为大豆生产持续增产增效提供技术支撑。

四、展望

构建符合我国大豆振兴和农业绿色发展需求的现代化标准体系，是我国大豆病虫草害相关标准的发展方向。该现代化标准体系需要从育种、检疫、生产、收获到储藏等过程衔接配套，需要覆盖重要的已发的或应检疫的病虫草害，需要紧跟技术创新发展的时代步伐，需要符合轻简化、机械化、绿色化、智能化等农业发展理念；在标准管理体系上，努力构建协同、权威的强制性国家标准，协调配套、简化高效的推荐性标准，市场自主制定的团体标准和企业标准，更好地满足市场竞争、创新发展的需要。我国现阶段大豆对外依存度高，大豆进口量逐年攀升，中美贸易冲突中突显了大豆在国际外交中的战略重要性，构建完善大豆病虫草害相关的现代化标准体系，有助于提高我国的大豆生产水平，振兴我国大豆产业发展，保障国家粮食安全、农业生产安全、环境生态安全及农业经济贸易稳定。

参考文献

［1］白旭光.储藏物害虫与防治（第2版）［M］.北京：科学出版社，2008.

［2］高威芳，朱鹏，黄海龙.重组酶聚合酶扩增技术：一种新的核酸扩增策略［J］.中国生物化

学与分子生物学报，2016，32（6）：627-634.

［3］李潇楠，王晓亮，杨清坡，等.加强一带一路沿线国家植物检疫合作策略探讨［J］.中国植保导刊，2020，40（8）：84-90，107.

［4］李琼，张晓明.病虫害对5个大豆主产国大豆产量影响的概述［J］.农学学报，2018，8（4）：23-27.

［5］罗宝君.齐齐哈尔稻田杂草群落演替及影响因子分析［J］.中国农学通报，2017，33（23）：89-94.

［6］吕燕，郭立新，张慧丽，等.2009—2019年中国进口大豆中检疫性有害生物截获情况分析［J］.大豆科学，2021，40（2）：257-264.

［7］秦国勋，刘翔，谌运清，等.连云港局在全国口岸首次从进口巴西大豆中截获大豆茎象［J］.植物检疫，2012，26（2）：63.

［8］孙万华.东北地区农田杂草防治措施［J］.现代农业科技，2013（17）：180.

［9］史树森.大豆害虫综合防控理论与技术［M］.长春：吉林出版集团有限责任公司，2013.

［10］王福祥.国际植保公约重点工作及国际植物检疫发展趋势［J］.植物检疫，2020，34（5）：1-5.

［11］王晓红，刘大军.沈阳地区水稻田杂草群落演替及成因［J］.杂草科学，2004（4）：31-33.

［12］王险峰，刘友香.水稻、大豆、玉米田杂草发生与群落演替及除草剂市场分析［J］.现代化农业，2014（11）：1-3.

［13］许艳丽.大豆病虫害发展态势分析与思考［J］.大豆科技，2013（1）：1-4.

［14］叶文武，郑小波，王源超.大豆根腐病监测与防控关键技术研究进展［J］.大豆科学，2020，39（5）：804-809.

［15］张慧丽，王文众，曲力涛，等.东北地区农田主要杂草种类及其地理分布［J］.沈阳农业大学学报，2000（6）：565-569.

［16］张文君，刘学，张宏军，等.农药登记药效试验标准化技术体系构建与应用［J］.植物保护，2011，37（1）：169-170.

［17］张生芳，陈洪俊，薛光华.储藏物甲虫彩色图鉴［M］.北京：中国农业科学技术出版社，2008.

［18］谌运清，刘翔，秦国勋，等.连云港局从进口大豆中首次截获重要检疫性害虫—白缘象甲［J］.植物检疫，2011（2）：74.

［19］Alexander S，Luckew，Silvia R，et al. Screening Method for Distinguishing Soybean Resistance to *Fusarium virguliforme* in Resistant × Resistant Crosses［J］. Crop Science，2012，52（5）：2215-2223.

［20］Amanda J. Bakken. Integrated pest management procedure manual［M］. Texas A&M University，2018.

［21］Carvajal-Yepes M，Cardwell K，Nelson A，et al. A global surveillance system for crop diseases [J]. Science, 2019, 364（6447）.

[22] Edward B R, William D H, Rafael E C. Integrated pest management: concepts, tactics, strategies and case studies [J]. Cambridge University Press, Cambridge, UK, 2009.

[23] Gao Y, Shi S S, Xu M L, Cui J. Current research on soybean integrated pest management in China [J]. Oil Crop Science, 2018, 3（4）: 215-227.

[24] Niblack T L, Gregory L T, Arelli P, et al. A Standard Greenhouse Method for Accessing Soybean Cyst Nematode Resistance in Soybean: SCE08（Standarddized Cyst Evaluation 2008）[S]. Plant Health Progress, 2009.

[25] Ragsdale D W, Landis D A, Brodeur J, et al. Ecology and management of the soybean aphid in North America [J]. Annual Review of Entomology, 2011, 56（1）: 375-399.

[26] Rutledge C E, O' Neil R J, Fox T B, et al. Soybean aphid predators and their use in integrated pest management [J]. Annals of The Entomological Society of America. 2004, 97（2）: 240-248.

[27] Shi S S, Cui J, Zang L S. Development, survival, and reproduction of *Megacopta cribraria*（Heteroptera: Plataspidae）at different constant temperatures [J]. Journal of Economic Entomology. 2014, 107（6）: 2061-2066.

[28] Silas P. Childs, James W. Buck, Zenglu Li. Breeding soybeans with resistance to soybean rust（*Phakopsora pachyrhizi*）[J]. Plant Breeding, 2018, 137（3）: 250-261.

[29] Stewart S, Robertson A E. A modified method to screen for partial resistance to *phytophthora sojae* in soybean [J]. Crop Science, 2012, 52（3）: 1-10.

第三章 大豆生产机械化相关标准

近年来，随着植物油脂和动物饲料需求增长，国内对大豆的需求也随之迅速增加。由于目前大豆生产机械化水平低、劳动量大，种植收益较差，在经济利益驱动下，大豆种植面积小，自给严重不足。发展大豆生产全程机械化技术，可有效提高农作物产量、降低成本，对提升我国大豆竞争力具有积极推动作用。

第一节 国内外大豆生产机械化产业现状

一、国内大豆全程机械化发展现状

"十三五"以来，我国大豆生产呈现较大幅度的恢复性增长。2016年，大豆播种面积为1.05亿亩，总产1310万t。2019年种植面积上升到1.4亿亩，产量1810万t，增幅分别达到33.3%和38.2%。随着大豆振兴计划深度实施，2020年大豆种植总面积超过1.4亿亩。根据对近40个大豆生产合作社和家庭农场调研数据显示，2020年除安徽、黑龙江部分地区受洪涝灾害影响大豆产量有所下降外，其余未受自然灾害影响的大豆产区亩产量稳中有增，总产量1750万t。目前，我国大豆机械化现状呈现以下几方面的特点。

（一）机耕机种水平整体提升

由于三大产区所处地理环境、种植规模、经济发展水平等不同，大豆全程机械化水平相差较大。相较"十二五"末期，目前我国大豆生产在整地和播种作业环节基本实现了机械化，根据《中国统计年鉴2020》，2020年我国大豆生产整体机耕水平超过85%，机播水平超过76%。

（二）机收水平南北差异大

我国大豆机械化收获总体仍比较落后，三大产区发展不平衡。以北方春大豆区为例，各省份略有不同，我国东北地区，尤其是国营大型农场，主要采用国外大型联合收获机,诸如克拉斯、凯斯、约翰迪尔收获机,基本解决了该地区的大豆机收问题,机收水平达到95%以上。与往年相比,2019年黄淮海地区大豆机收水平超过60%,2020年进一步提升,但机收水平依然是建立在高损失、高破碎的基础上。我国南方大豆产区机械化收获环节基本属于无机可用状态,该地区的大豆机收水平总体在35%左右。与"十二五"末期相比较,北方大豆产区和黄淮海大豆产区机械化收获水平明显提升,但南方地区大豆机收水平增速较慢。

(三) 全程机械化技术模式发展较快

近年来,农机农艺相互结合,培育了一批适合于机械化作业的技术模式。东北地区大豆大垄高台全程机械化生产模式、黄淮海地区麦茬夏大豆免耕覆秸全程机械化生产模式、内蒙古东部大垄高台宽窄行大豆全程机械化生产模式、西南丘陵山地大豆间套作种植技术模式等大豆全程机械化技术模式得到推广应用,提高了大豆产量,提升了大豆全程机械化作业的适应性。

(四) 新机具投入市场

大豆垄上精量播种机、大豆免耕覆秸播种机、大豆植保机、大豆收获机等大豆生产新机具研制并成功投入市场,作业水平稳步提升,解决了大豆生产关键环节作业机具从无到有的难题。近几年,大豆耕种收综合机械化水平每年保持约2%的速度增长,2020年我国大豆综合机械化率达到75%,其中耕、种、收机械化率分别达到85%、76%、70%。

二、国内大豆机械化主要存在的问题

大豆机械化发展总体比较缓慢,大豆主产区之间发展不平衡。相比水稻、玉米、小麦,我国大豆综合机械化水平仍较低,大豆机械化生产耕种收环节,东北、黄淮海、南方大豆产区之间发展不平衡。北方在先进技术的支撑下,大豆机械化率高达95%以上,南方产区机械化率不足30%,很多地区仍无机可用。

农机农艺深度融合不够,适于当地实际需求的大豆生产机械化作业新技术推广力度不够。经过近几年的发展,大豆机械化的发展逐步重视农机农艺融合,但深度不够,品种、栽培、机械化技术相互融合不够,适合于机械化作业的大豆品种有待培育,适合于全程机械化作业的种植模式有待提升。近几年出现的新技术、新机具需加大推广应用,提升大豆生产机械化水平。

在我国农机化全程、全面发展的过程中,大豆生产机械化仍存在许多薄弱环节,适合于北方大面积作业的机具可靠性不高、作业质量有待完善,适合于黄淮海地区小麦、大豆轮作模式下的大豆播种机具、收获机具在性能、形式等方面还有许多短板,适合于南方小田块、丘陵地区的大豆作业机具仍短缺，青毛豆采摘机具仍是短板，小区播种、小区收获机具缺乏，大豆生产机械化技术仍需突破。

大豆机械化生产智能化水平仍处于起步阶段。随着智慧农业的发展，大豆生产智能化技术逐步得到重视，当前主要在东北产区部分农场以导航和自动驾驶为基础实现大豆生产信息化管理，大豆作业机具作业质量在线检测以及播种、植保、收获作业过程的智能化是研究难点。在大豆生产机械化的基础上，逐步发展智能化技术，提升作业质量，减轻劳动强度是当前大豆生产智能化技术的发展需求。

三、国外大豆生产机械化研发技术现状

美国、巴西、阿根廷、印度等是世界大豆主要生产大国，其大豆机械化生产研发情况如下。

（一）美国

美国有 29 个州开展大豆规模化种植，贯穿全境的密西西比河西岸拥有广阔的大平原，土壤肥沃，土地连片耕作，是世界三大黑土带之一，气候非常适合种植大豆。2000—2020 年，除了 2003 年和 2007 年有两个产量的低谷，美国的大豆产量一直都呈稳中有升的态势，长期居世界第 1 位。美国已经建立了多个长期轮作试验用以观察玉米和大豆连作、轮作或与其他作物轮作对各自产量的影响。目前，美国的农业机械化主要朝着几个方面发展：提高作业质量、提高乘驾舒适性、操作安全性和方便性；实现自动化和自动控制。

（二）巴西

20 世纪 40 年代巴西开始种植大豆，最初是在南部的南里奥格兰德州试种。随后，全球畜牧业发展带动了大豆和豆粕的需求，巴西大豆生产迅速扩张。巴西大豆的品质与美国大豆相当，价格稍低，在国际市场上具有很强的竞争力，目前已成为巴西出口量最多的农产品。到 20 世纪 80 年代末，巴西农业已基本实现农业机械化。庄园农场是巴西生产的基本单元，20% 的农场主各自占有规模几万甚至几十万公顷的大庄园，主要从事大豆、可可等出口农产品的生产；80% 的自给性小农庄则主要从事木薯、黑豆等生产。巴西的主要农产品已经基本实现机械化生产，大型、高效农机作业机具已得到较为普遍的使用。另外，巴西的保护性耕作水平较高。巴西大豆栽培有传统的机械化栽培方法和免耕法，后者比前者具有不破坏土壤、蓄水、提高土壤有机质含量、减少投入提高产量的优势。因此，免耕法在巴西不断地扩大，目前已有 65% 的大豆采用免耕法栽培。

（三）阿根廷

阿根廷大豆生产发展源于 20 世纪 60 年代。目前，阿根廷的大豆播种面积居各大作物之首。阿根廷种植的大豆大部分属于转基因大豆。阿根廷国产播种机和喷药机械质量很好，可满足本国大豆生产需要，而联合收割机和拖拉机则以进口产品为主，进口农机多数来自巴西，少数来自美国。20 世纪 60 年代引入的免耕种植体系，已经得到普遍的认同。目前，阿根廷的大农场从耕地、播种、施肥、撒药、收割、加工到运输的过程全部实行机械化生产。

（四）印度

由于土壤肥沃、水资源充足，印度很多地方都适合大豆栽培，大豆生产发展的潜力巨大。近年来印度的大豆产量稳步上升，连续多年位居全球第 5 位。耕作栽培措施的改进为扩大大豆生产规模创造了客观条件，大豆轮作制的作用越来越重要。印度政府正在大力推进以"推广和采用农艺现代科学技术"为核心的"第二次绿色革命"。印度的大豆农业机械化水平大幅提高。

（五）国外大豆生产机械化主要特点

一是农机农艺融合，大豆机械化生产全程、全面发展。发达国家大豆生产机械化的发展充分考虑当地大豆种植模式，生产机具与农艺措施相互配套，为大豆机械化发展提供了全程、全面的作业机具。欧美国家主要以大型作业机具为主，在大豆耕整地、播种、植保、收获各个环节，研发了适合当地种植模式的大型联合耕整地、耕作播种复式作业机具、大型高地隙喷杆喷雾机、大型智能化大豆联合收获机。日本以小地块、丘陵地区为主，研发了适合于丘陵、小地块为主的大豆机械化作业机具，小型大豆联合收获机、青毛豆采摘机等当地种植模式配套，全面满足了当地大豆机械化作业实际需求。另外，注重大豆场上作业机具、小区作业机具的研发，为科研单位提供了实用的小区播种、小区收获、场上脱粒、单株脱机机具。

二是重视大豆生产机具与其他生产机具通用，一机多用，提升效益。大豆机械化作业机具与其他谷物类作业机具在作业原理、机械结构等方面具有许多共性技术，发达国家在耕作、播种、植保、收获等作业机具研究设计方面充分考虑不同作物的通用性，播种机可便捷更换适合于玉米、大豆等作物播种的排种器，收获机脱粒清选参数可便捷调整以适合于稻麦、大豆等作物收获作业。针对不同农艺需求、不同作物作业需求，作业机具作业部件快速更换、作业参数便捷调整技术得到飞速发展，谷物类作业机具平台可一机多用，实现大豆生产机械化的需求，提升效益。

三是机电液结合，大豆机械化生产向智能化方向转变。随着电液技术的进步，大豆机械化技术逐步向智能化方向发展，大豆作业机具作业状态参数、作业质量参数能够实现实时采集，耕作机具耕深，播种机播量，植保机具压力、流量，收获机具损失率、破碎率、含杂率、水分、谷物流量等能够实现实时采集。融合大豆作物属性、机具作业质量、机具结构参数等多源信息融合，基本实现大豆生产机具田间作业智能化，播种机单体仿形、变量播种、变量施药、割台仿形、脱粒清选参数自适应调节、一键便捷卸粮等智能化技术提升了大豆机具作业质量，提升了驾驶员操作舒适性。以自动导航、信息智能自动获取等技术为基础的机械化大数据平台得到重视，大大提升了大豆生产管理信息化水平。

第二节　国内农业机械化通用标准

一、耕整地机械化相关标准

（一）铧式犁相关标准

铧式犁的农业技术要求因地域、种植作物和土壤条件而异，主要通过 3 个指标来衡量：耕深、覆盖、碎土。

1.《铧式犁》（GB/T 14225—2008）

国家质量监督检验检疫总局和国家标准化管理委员会于 2008 年 6 月 3 日发布了《铧式犁》（GB/T 14225—2008）。GB/T 14225—2008 规定了铧式犁的型式与参数、技术要求、安全要求、试验方法、检验规则、交货、标志、包装、贮存和运输，适用于额定牵引力不小于 5kN 的拖拉机配套的普通用途的水、旱田铧式犁、特殊用途的铧式犁（如林业、沼泽地、草原、深耕、土壤改良及带复式作业部件的铧式犁）及额定牵引力小于 5kN 的拖拉机配套的普通用途的水、旱田铧式犁可参照执行。

2.《铧式犁作业质量》（NY/T 742—2003）

农业部于 2003 年 12 月 1 日发布了《铧式犁作业质量》（NY/T 742—2003）。NY/T 742—2003 规定了铧式犁作业质量的评定指标、检测方法和检验规则，适用于普通用途的铧式犁田间作业质量评定。特殊用途的铧式犁（如林业、沼泽地、深耕、土壤改良和带复式作业部件的铧式犁）可参照执行。

（二）秸秆还田机相关标准

按照作业形式，秸秆残茬管理机具可分为两大类：秸秆粉碎还田机具和根茬粉碎还田机。秸秆粉碎还田机具主要包括秸秆粉碎机、与联合收获机配套的粉碎装置等；根茬粉碎还田机，主要包括单轴式根茬粉碎机、秸秆粉碎与根茬粉碎联合作业机、双轴式根茬粉碎旋耕机等。

1.《保护性耕作机械　秸秆粉碎还田机》（GB/T 24675.6—2009）

国家质量监督检验检疫总局和国家标准化管理委员会于 2009 年 11 月 30 日发布了《保护性耕作机械　秸秆粉碎还田机》（GB/T 24675.6—2009）。GB/T 24675.6—2009 规定了保护性耕作机械秸秆粉碎还田机的性能指标、技术要求、安全要求、试验方法、检验规则和标志、包装、运输、贮存，适用于以粉碎玉米、小麦、水稻、高粱、棉花等作物秸秆为主的秸秆粉碎还田机。

2.《秸秆粉碎还田机　质量评价技术规范》（NY/T 1004—2020）

农业农村部于 2020 年 7 月 27 日发布了《秸秆粉碎还田机　质量评价技术规范》（NY/T 1004—2020）。NY/T 1004—2020 规定了秸秆粉碎还田机的基本要求、质量要求、检测方法和检验规则，适用于以粉碎玉米、高粱、小麦、水稻、棉花等作物秸秆为主的秸秆粉碎还田机的质量评定。

3.《秸秆粉碎还田机　作业质量》（NY/T 500—2015）

农业部于 2015 年 2 月 9 日发布了《秸秆粉碎还田机 作业质量》（NY/T 500—2015）。NY/T 500—2015 规定了秸秆粉碎还田机作业的质量要求、检测方法和检验规则，适用于麦类、水稻、玉米、棉花等作物秸秆还田作业的质量评定。

4.《保护性耕作机械　根茬粉碎还田机》（GB/T 24675.5—2009）

国家质量监督检验检疫总局和国家标准化管理委员会于 2009 年 11 月 30 日发布了《保护性耕作机械　根茬粉碎还田机》（GB/T 24675.5—2009）。GB/T 24675.5 规定了保护性耕作机械根茬粉碎还田机的性能指标、技术要求、安全要求、试验方法、检验规则和标志、包装、运输和贮存，适用于与拖拉机配套的用于粉碎作物根茬的根茬粉碎还田机。

（三）旋耕机相关标准

1.《旋耕机》（GB/T 5668—2017）

国家质量监督检验检疫总局和国家标准化管理委员会于 2017 年 9 月 29 日发布了《旋耕机》（GB/T 5668—2017）。GB/T 5668—2017 规定了旋耕机的型式、基本参数、技术要求、安全要求、试验方法、检验规则、使用说明书、标志、包装、运输和贮存，适用于拖拉机（手扶拖拉机除外）配套的卧式旱田旋耕机。旋耕联合作业机具的旋耕部分可参照执行。

旋耕机碎土充分、耕后地表平整，广泛用于大田和保护性作业。

（四）圆盘耙相关标准

1.《保护性耕作机械　圆盘耙》

圆盘耙是旱地整地主要机械之一。

国家质量监督检验检疫总局和国家标准化管理委员会于 2009 年 11 月 30 日发布了《保护性耕作机械　圆盘耙》）（GB/T 24675.4—2009）。GB/T 24675.4 规定了保护性耕作用圆盘耙的术语和定义、型号与参数、要求、试验方法、检验规则和交货、标志、包装、运输与贮存，适用于与拖拉机配套的保护性耕作用圆盘耙。

（五）耕整机相关标准

1.《耕整机　第 1 部分：技术条件》（JB/T 9803.1—2013）

工业和信息化部于 2013 年 4 月 25 日发布了《耕整机　第 1 部分：技术条件》（JB/T 9803.1—2013）。JB/T 9803.1—2013 规定了耕整机的技术要求，试验方法，检验规则，标志、包装、运输、贮存，适用于功率不大于 7.5kW、用于水、旱田（土）的犁耕和整地作业的耕整机械。

2.《耕整机　第 2 部分：试验方法》（JB/T 9803.2—2013）

工业和信息化部于 2013 年 4 月 25 日发布《耕整机　第 2 部分：试验方法》（JB/T 9803.2—2013）。JB/T 9803.2—2013 规定了耕整机的试验方法，适用于功率不大于 7.5kW、用于水、旱田的犁耕和整地的耕整机。

（六）耕地质量相关标准

1.《旱田秋季耕整地机械化作业质量规范》（DB22/T 402—2015）

吉林省质量技术监督局于 2015 年 4 月 7 日发布了《旱田秋季耕整地机械化作业质量规范》（DB22/T 402—2015）。DB22/T 402—2015 规定了旱田秋季耕整地机械化作业质量、检查方法、判定规则，适用于旱田秋耕机械化旋耕机、灭茬机、联合耕整地机、铧式犁等的作业质量检查验收。

2.《农业机械旱田耕整地作业质量评定方法》（DB34/T 536—2005）

安徽省质量技术监督局于 2005 年 10 月 26 日发布了《农业机械旱田耕整地作业质量评定方法》（DB34/T 536—2005）。DB34/T 536—2005 规定了农业机械旱田耕整地作业的质量指标、试验检测方法、检验规则，适用于犁耕、旋耕、起垄、耙地作业。

二、播种机械化相关标准

（一）精密播种机相关标准

1.《单粒（精密）播种机试验方法》（GB/T 6793—2005）

国家质量监督检验检疫总局和国家标准化管理委员会于 2005 年 10 月 24 日发布了《单粒（精密）播种机试验方法》（GB/T 6973—2005）。GB/T 6973—2005 规定了单粒（精密）播种试验方法，从而实现在不同地区和不同气候条件下进行可重复性试验，并使各种型号机具的试验有可比性。

（二）免耕播种机相关标准

1.《免（少）耕施肥播种机》（GB/T 20865—2017）

国家质量监督检验检疫总局和国家标准化管理委员会于 2017 年 12 月 29 日发布了《免（少）耕施肥播种机》（GB/T 20865—2017）。GB/T 20865—2017 规定了免耕或少耕施肥播种机的技术要求、性能指标、安全技术要求、主要零部件技术要求和试验方法与检验规则、标志、包装与贮存，适用于机械式、气力式免耕或少耕施肥播种机。

2.《免耕播种机　质量评价技术规范》（NY/T 1768—2009）

农业部于 2009 年 4 月 23 日发布了《免耕播种机　质量评价技术规范》（NY/T 1768—2009）。NY/T 1768—2009 规定了免耕播种机的质量指标、检验方法和检验规则，适用于小麦免耕条播机和玉米免耕条播机、精播机、穴播机的质量评定，其他作物免耕播种机的质量评定可参照执行。

（三）施肥播种机相关标准

1.《变量施肥播种机控制系列》（GB/T 35487—2017）

国家质量监督检验检疫总局和国家标准化管理委员会于 2017 年 12 月 29 日发布了《变量施肥播种机控制系统》（GB/T 35487—2017）。GB/T 35487—2017 规定了变量施肥播种机控制系统的术语和定义、技术要求、试验方法、检验规则、标志、包装、运输和贮存，适用于变量施肥播种机控制系统。

（四）铺膜播种机相关标准

1.《铺膜播种机》（JB/T 7732—2006）

国家发展和改革委员会于 2006 年 8 月 16 日发布了《铺膜播种机》（JB/T 7732—2006）。JB/T 7732—2006 规定了铺膜播种机的基本参数、要求、试验方法、检验规则、标志、运输和贮存，适用于铺膜机和包括穴播、条播、精量播种在内的铺膜播种机。

三、植保机械化相关标准

（一）无人机施药相关标准

1.《植保无人飞机　质量评价技术规范》（NY/T 3213—2018）

农业部于 2018 年 3 月 15 日发布了《植保无人飞机质量评价技术规范》（NY/T 3213—2018）。NY/T 3213—2018 规定了植保无人飞机的型号编制规则、基本要求、质量要求、检测方法和检验规则，适用于植保无人飞机的质量评定。

2.《农用航空器　电动多旋翼植保无人机》（DB50/T 638—2015）

重庆市质量技术监督局于 2015 年 12 月 10 日发布了《农用航空器　电动多旋翼植保无人机》（DB50/T 638—2015）。DB50/T 638—2015 规定了农用航空器电动多旋翼植保无人机的一般要求、飞行性能要求、喷洒系统要求、安全性要求、试验方法、检验规则、标志、包装、运输和贮存的要求，适用于电动多旋翼植保无人机（其喷洒系统不含药液搅拌任务装置）。

3.《低空低量遥控无人施药机　第 2 部分：田间作业技术规范》（DB37/T 2876.2—2016）

山东省质量技术监督局于 2016 年 12 月 6 日发布了《低空低量遥控无人施药机　第 2 部分：田间作业技术规范》（DB37/T 2876.2—2016）。DB37/T 2876.2—2016 规定了低空低量遥控无人施药机田间喷洒农药时的作业条件、作业准备、作业要求、安全要求和机具的维护与保养，适用于低空低量遥控无人施药机进行常规用水稀释的农药制剂和超低容量制剂的农林航空喷洒作业，公共卫生防疫中的低空低量无人施药机喷洒作业可参照执行。

4.《农用旋翼植保无人机安全及作业规程》（DB41/T 1520—2018）

河南省质量技术监督局于 2018 年 1 月 3 日发布了《农用旋翼植保无人机安全及作业规程》（DB41/T 1520—2018）。DB41/T 1520—2018 规定了农用旋翼植保无人机安全及作业的总体要求、作业前准备要求、农药、喷雾时间选择、现场作业要求、作业后工作要求、操控员及辅助作业人员要求和紧急事故处理等。主要适用于起飞全重≤200kg、相对地面飞行速度≤15m/s、飞行真高≤20m 的农用旋翼植保无人机进行田间植保作业时使用。

（二）地面植保机具作业相关标准

1.《保护性耕作植保机械作业技术规范》（DB12/T 332—2007）

天津市质量技术监督局于 2007 年 7 月 19 日发布了《保护性耕作植保机械作业技术规范》（DB12/T 332—2007）。DB12/T 332—2007 规定了保护性耕作作业过程中使用喷杆式喷雾机喷洒农药的技术规范，规定了行走速度计算公式以确定机组行走速度，指出一般控制相应的拖拉机作业挡位在 3km/h～8km/h，适用于大豆植保作业。

2.《黑土区大豆玉米轮作下减量施用化肥技术规范》（DB23/T 1841—2017）

黑龙江省质量技术监督局于 2017 年 2 月 6 日发布了《黑土区大豆玉米轮作下减量施用化肥技术规范》（DB23/T 1841—2017）。DB23/T 1841—2017 规定了黑土地大豆玉米轮作下减量施用化肥技术规范的术语和定义、技术、要求，适用于 NY/T 309 规定的黑龙江省黑土型耕地类型区的大豆玉米轮作化肥减量植保作业。

3.《高地隙喷雾机 田间作业技术规程》（DB21/T 2507—2015）

辽宁省质量技术监督局于 2015 年 7 月 17 日发布了《高地隙喷雾机田间作业技术规程》（DB21/T 2507—2015）。DB21/T 2507—2015 用于指导高地隙喷雾机进行高科作物中后期防治病虫害作业，规定了作业条件、作业时间、作业质量要求、安全、维护与存放等相关要求，适用于大豆植保作业。

4.《自走式喷雾机旱田作业技术规范》（DB22/T 1788—2013）

吉林省质量技术监督局于 2013 年 4 月 1 日发布了《自走式喷雾机旱田作业技术规范》（DB22/T 1788—2013）。DB22/T 1788—2013 规定了自走式喷杆喷雾机喷洒液剂作业质量标准的技术规范，适用于旱田田间作业，适用于大豆植保作业。

5.《自走式高地隙喷杆喷雾机安全操作规范》（DB32/T 3131—2016）

江苏省质量技术监督局于 2016 年 9 月 20 日发布了《自走式高地隙喷杆喷雾机安全操作规范》（DB32/T 3131—2016）。DB32/T 3131—2016 适用于自走式高地隙喷杆喷雾机，规定了自走式高地隙喷杆喷雾机作业前准备、田间作业和维护保养，适用于大豆植保作业。

（三）植保机械试验方法相关标准

1.《植物保护机械 喷雾设备 第 1 部分：喷雾机喷头试验方法》（GB/T 20183.1—2006）

国家质量监督检验检疫总局于 2006 年 4 月 3 日发布了《植物保护机械 喷雾设备 第 1 部分：喷雾机喷头试验方法》（GB/T 20183.1—2006）。GB/T 20183.1—2006 规定了评定喷雾机用液力喷头喷雾精确性的试验程序和方法，仅适用于植物保护和施肥用的农业喷雾机的液力喷头。

2.《植物保护机械 喷雾飘移的田间测量方法》（GB/T 24681—2009）

国家质量监督检验检疫总局和国家标准化管理委员会于 2009 年 11 月 30 日发布了《植物保护机械 喷雾飘移的田间测量方法》（GB/T 24681—2009）。GB/T 24681—2009 规定了植物保护机械喷雾飘移的田间测量方法，适用于大田作物用悬挂式、牵引式和自走式农用喷雾机（喷杆式喷雾机）与灌木和乔木作物（包括葡萄、啤酒花、水果）用悬挂式、牵引式和自走式农用喷雾机（包括风送式喷雾机），也适用于手持式喷雾机或航空喷雾设备，但本标准规定的技术规范不包含这些设备试验的详细方案。

四、收获机械化相关标准

（一）收获机械作业状态检测相关标准

1.《谷物联合收割机 噪声限值》（GB 19997—2005）

国家质量监督检验检疫总局和国家标准化管理委员会于 2005 年 11 月 29 日发布了《谷物联合收割机 噪声限值》（GB 19997—2005）。GB 19997—2005 规定了谷物联合收割机动态环境噪声和操作者位置处噪声限值，适用于各类自走式谷物联合收割机。

2.《收获机械 制动性能测定方法》（GB/T 14248—2008）

国家质量监督检验检疫总局于 2008 年 6 月 10 日发布了《收获机械 制动性能测定方法》（GB/T 14248—2008）。GB/T 14248—2008 规定了自走式收获机械制动试验仪器设备及参数测量准确度、试验条件、行车制动试验、驻车制动试验，适用于轮式、履带式收获机械。

3.《自走式收获机械 噪声测定方法》（JB/T 6268—2005）

工业和信息化部于 2015 年 10 月 10 日发布了《自走式收获机械 噪声测定方法》（JB/T 6268—2005）。JB/T 6268—2005 规定了自走式收获机械动态环境噪声和驾驶员耳位噪声的测定方法。本标准适用于自走式收获机械。

4.《谷物联合收割机 可靠性评定试验方法》（JB/T 6287—2008）

国家发展和改革委员会于 2008 年 6 月 16 日发布了《谷物联合收割机 可靠性评定试验方法》（JB/T 6287—2008）。JB/T 6287—2008 规定了谷物联合收割机产品可靠性评定试验的基本要求、抽样规则、试验时间、故障统计判定原则、故障分类、数据处理和可靠性指标以及试验报告内容，适用于批量生产的联合收割机产品可靠性评定试验，试制样机的可靠性试验也可参照执行。

（二）收获机械技术条件相关标准

1.《农业机械作业规范 自走式小麦联合收割机》（DB11/T 1360—2016）

北京市质量技术监督局于 2016 年 10 月 19 日发布了《农业机械作业规范 自走式小麦联合收割机》（DB11/T 1360—2016）。DB11/T 1360—2016 规定了小麦联合收割机作业的作业条件、作业准备、一般安全要求、作业规范、维护保养、作业质量和检测方法，适用于自走轮式小麦联合收割机。该标准中的一般安全要求、作业规范、维护保养、作业质量和检测方法等内容也适用于大豆联合收割机。

（三）收获机械作业质量相关标准

1.《谷物（小麦）联合收获机械 作业质量》（NY/T 995—2006）

农业部于 2006 年 1 月 26 日发布了《谷物（小麦）联合收获机械 作业质量》（NY/T 995—2006）。NY/T 995—2006 规定了谷物（小麦）联合收获机械作业质量、检测方法和检测规则，适用于全喂入式、半喂入式和梳脱式谷物（小麦）联合收获机械作业质量的评定。

2.《谷物脱粒机械作业质量评定标准》（DB34/T 433—2004）

安徽省质量技术监督局于 2004 年 5 月 24 日发布了《谷物脱粒机械作业质量评定标准》（DB34/T 433—2004）。DB34/T 433—2004 规定了谷物脱粒机械作业的质量指标、检测方法、检验规则，适用于全喂入和半喂入机动脱粒机作业。

（四）收获机械试验方法相关标准

1.《收获机械 联合收割机 试验方法》（GB/T 8097—2008）

国家质量监督检验检疫总局和国家标准化管理委员会于 2008 年 6 月 10 日发布了《收获机械 联合收割机 试验方法》（GB/T 8097—2008）。GB/T 8097—2008 规定了联合收割机的术语和定义、技术特征、田间功能试验、生产能力试验,适用于自走式、背负式、直接收获或捡拾收获多种作物的联合收割机的田间功能试验和生产能力试验。

第三节　大豆机械化专用标准

一、大豆生产技术规程标准

1.《大豆生产技术规程标准》(DB11/T 261—2005)

北京市质量技术监督局于 2005 年 3 月 28 日发布了《大豆生产技术规程》(DB11/T 261—2005)。DB11/T 261—2005 规定了大豆生产的环境条件、品种选择、栽培措施、病虫草害防治、收获贮藏、产品质量的技术要求,适用于北京地区春播、夏播、间套作大豆的生产。

二、大豆收获机械技术条件标准

1.《大豆联合收割机》(JB/T 11912—2014)

工业和信息化部于 2014 年 5 月 6 日发布了《大豆联合收割机》(JB/T 11912—2014)。JB/T 11912—2014 规定了大豆联合收割机的安全要求、技术要求、试验方法、检测规则、标志、包装、运输和贮存;适用于自走式大豆联合收割机,也适用于配套大豆割台收获大豆籽粒的联合收割机。该标准对大豆黄熟期、大豆晚熟期和作物倒伏程度进行了规定。

三、大豆机械化作业质量标准

1.《大豆联合收割机　作业质量》(NY/T 738—2020)

农业农村部于 2020 年 7 月 27 日发布了《大豆联合收割机机械作业质量》(NY/T 738—2020)。NY/T 738—2020 规定了大豆联合收割机械作业质量指标、质量评定、检测方法和检验规则,适用于大豆联合收割机作业的质量评定。该标准规定了作业质量指标,包括作业条件和质量指标;提出作业质量检测方法,从总损失率、含杂率和破碎率对作业质量进行检测。该标准提出:大豆收割应在作物完熟期、植株不倒伏的条件下进行,籽粒含水率为 13%～18%,最低结荚高度不低于 8cm。提出作业质量要求:损失率≤5%,含杂率≤3%,破碎率≤5%,茎秆切碎长度合格率≥85%,收割后的田块,应无漏收现象。

2.《大豆生产机械作业质量》（DB 23/T 813—2004）

黑龙江省质量技术监督局于 2004 年 5 月 24 日发布了《大豆生产机械作业质量》（DB23/T 813—2004）。DB23/T 813—2004 规定了大豆种植机械化作业的质量指标、检测方法，适用于大豆整地、施肥、播种、田间管理、收获作业。该标准规定了采用深松机械对土壤进行疏松而不是翻转耕层的耕作方式，松土深度以破碎犁底层为原则，一般耕深为 25cm～30cm，超深松耕不小于 30cm，深度误差 ±1cm。播种机的排种器能够精确排种，保证株距、播量和播深一致，平播地块深松行距为 30cm～50cm。提出机械收获要求：大豆处于黄熟期，豆叶全部脱落；割茬高度以不留底茬为准，一般为 5cm～6cm，不丢枝，不炸荚。综合损失率不大于 3%，破碎率不大于 5%，泥花率不大于 5%，清洁率不小于 95%。

四、大豆"垄三"栽培技术标准

以深松、深施肥和精量播种三项技术为核心的大豆"垄三"栽培技术是我国最近几年的主推技术。这项技术推广深松耕法的成功经验，使精播技术与深松耕法有机结合起来，而形成的大豆综合高产栽培技术。

1.《大豆深施肥机作业质量规范》（DB22/T 1020—2003）

吉林省质量技术监督局于 2003 年 12 月 20 日发布了《大豆深施肥机作业质量规范》（DB22/T 1020—2003）。DB22/T 1020—2003 规定了机械深施肥作业、作业质量检查方法，适用于大豆机械深施肥作业质量检查评定。该标准规定了对机械耕地深施底肥、机械播种同时深施肥和机械中耕深追肥作业提出技术要求和工作规范；阐述了作业质量检测对象的抽样方法，施肥深度的测定和计算方法。

2.《大豆带状深松栽培技术规程》（DB23/T 2694—2020）

黑龙江省市场监督管理局于 2020 年 9 月 29 日发布了《大豆带状深松栽培技术规程》（DB23/T 2694—2020）。DB23/T 2694—2020 规定了大豆带状深松栽培技术的术语和定义、环境条件、选茬、前茬作物收获及秸秆处理、深松灭茬整地、品种选择及种子处理、播种、施肥、田间管理、病虫草害防治、大豆收获、田间档案，适用于前茬为垄作或平作的旱田垄作大豆生产。该规程规定了秸秆粉碎还田作业时，要求土壤含水量≤25%，粉碎后秸秆长度≤10cm，秸秆粉碎长度合格率≥85%，留茬高度≤10cm，粉碎后的秸秆应均匀抛撒覆盖地表。采用深松灭茬整地机沿着垄台进行带状深松、灭茬，深松深度 30cm～35cm，灭茬宽度 30cm～35cm，灭茬深度 10cm～

12cm，达到土壤细碎、疏松。在大豆成熟期采取机械联合收获。割茬高度以不留底荚和不出现"泥花脸"为准，不丢枝、不炸荚，损失率≤3%。秸秆还田时，秸秆粉碎均匀抛撒，秸秆长度≤10cm。

五、大豆带状复合种植技术标准

我国南方大豆产区主要采用的生产技术模式是大豆带状复合种植技术。2020年中央一号文件指出，加大对玉米、大豆间作新农艺推广的支持力度。要求因地制宜在黄淮海和西南、西北地区示范推广玉米、大豆带状复合种植技术模式，拓展大豆生产空间。为提高玉米大豆间作新农艺关键技术，发挥玉米大豆带状复合种植技术的增产增收优势，我国各地根据不同生态区气候和生产特点，制定了玉米大豆带状复合种植技术指导意见。

1.《玉米－大豆带状复合种植全程机械化技术规程》（DB51/T 2475—2018）

四川省质量技术监督局于2018年4月18日发布了《玉米－大豆带状复合种植全程机械化技术规程》（DB51/T 2475—2018）。DB51/T 2475—2018规定了玉米－大豆带状复合种植全程机械化的术语、定义及整地、播种、施肥、病虫草害防治和收获操作技术规程；适用于四川省玉米－大豆带状复合种植生产。提出分为玉米－大豆带状间和套作两种模式。提出针对单行作业的一套独立完整的播种系统，由仿形机构、排种部件、开沟器、覆土器、镇压轮等组成，实现种子穴播或单粒精播作业。选用履带式自走式大豆联合收获机，割幅小于1.4m，喂入量不低于2kg/s，机具总宽小于1.6m，重心低，稳定性好，作业质量优良的机具。

2.《淮北地区玉米－大豆带状复合种植机械化技术规程》（DB34/T 3277—2018）

安徽省市场监督管理局于2018年12月29日发布了《淮北地区玉米－大豆带状复合种植机械化技术规程》（DB34/T 3277—2018）。DB34/T 3277—2018规定了玉米－大豆带状复合种植机械化技术，适用于淮北地区玉米－大豆带状复合种植机械化技术。该标准提出：采用带秸秆切割抛撒装置的小麦联合收获机收获与灭茬同步。选择玉米－大豆免耕施肥播种机播种。大豆选用自走式大豆收获机。

六、大豆轮作、秸秆还田技术标准

长期以来，农业生产中重施化肥、轻施有机肥，重施氮磷钾肥、轻施中微量肥，普遍存在"重用轻养"现象；同时，广大农户多年来一直应用小马力农机旋耕作业，造成耕层厚度变浅，耕地质量退化。秸秆还田是增加土壤有机质、提高土壤肥力的最直接、有效的途径，也是全面禁止秸秆焚烧、减少环境污染的最有力的技术保障。

自2012年起，在黑龙江省大豆连作土壤（如北部高寒黑土区等）上开展了玉米大豆轮作下秸秆全量还田技术的试验、示范，以消减大豆连作障碍问题，为了更好的保护利用黑土地，目前已在东北旱地黑土区进行了大面积的示范与应用。

1.《黑土区大豆玉米轮作下秸秆还田技术规范》（DB23/T 1842—2017）

黑龙江省质量技术监督局于2017年2月6日发布了《黑土区大豆玉米轮作下秸秆还田技术规范》（DB23/T 1842—2017）。DB23/T 1842—2017提出秸秆破碎率≥90%，抛撒不均匀度≤25%，根茬清除率≥99%，秸秆覆盖率≥75%，翻耕深度20cm～25cm。采用联合收割机与大中拖拉机配套秸秆破碎还田。

2.《黑土区大豆玉米轮作下减量施用化肥技术规范》（DB23/T 1841—2017）

黑龙江省质量技术监督局于2017年2月6日发布了《黑土区大豆玉米轮作减量施用化肥技术规范》（DB23/T 1841—2017）。DB23/T 1841—2017规定了黑土区大豆玉米轮作下减量施用化肥技术规范的术语和定义、技术、要求，适用于NY/T 309规定的黑龙江省黑土型耕地类型区，适用于黑龙江省大豆玉米轮作条件下化肥减量施用的技术。

3.《黑龙江省北部大豆小麦轮作机械化秸秆还田技术规程》（DB23/T 2046—2017）

黑龙江省质量技术监督局于2017年12月29日发布了《黑龙江省北部大豆小麦轮作机械化秸秆还田技术规程》（DB23/T 2046—2017）。DB23/T 2046—2017规定了黑龙江北部大豆小麦轮作机械化秸秆还田技术的术语和定义、环境条件、轮作、工艺流程、平作小麦种植、生产档案的技术要求，适用于黑龙江省北部地区大豆采用垄作、小麦采用平作的大豆小麦轮作生产地块。

4.《大兴安岭南麓区大豆秸秆粉碎翻压还田技术规程》（DB15/T 1809—2020）

内蒙古自治区市场监督管理局于2020年1月3日发布了《大兴安岭南麓区大豆秸秆粉碎翻压还田技术规程》（DB15/T 1809—2020）。DB15/T 1809—2020规定了大豆秸秆粉碎翻压还田技术的术语、定义和田间作业流程，适用于内蒙古大兴安岭南麓区及类似地区的大豆秸秆粉碎翻压还田技术及其质量标准。

内蒙古垦区主要实行玉米－大豆－小麦的轮作方式，其秸秆粉碎覆盖还田作业，主要是在上茬作物收获时，收获机械配带秸秆粉碎机直接把作物秸秆粉碎后抛撒到地表，将作物秸秆覆盖还田，到播种前，采用深松深翻技术，用180以上马力拖拉机配带大型深松机深松30cm，采用免耕播种技术进行免耕播种。逐渐推广实施了以玉米秸秆粉碎翻压还田技术为核心、米豆轮作、增施有机肥等多项技术配套实施的技术模式。该技术规程指出，用翻转犁将大豆秸秆全面翻埋入土，深度为 25cm～30cm，及时进行镇压。

七、大豆免耕覆秸精播技术标准

在黄淮海流域，农民一般是在夏季收获小麦后接着种大豆，等到大豆在秋天收获后又轮种小麦，形成一年两熟的种植周期。长期以来困扰大豆播种的一个难题是，前茬作物小麦收获后留在地里的秸秆量很大，导致大豆播种后出苗率低，而焚烧秸秆又污染环境。大豆免耕覆秸精量播种机实现了一次作业同步完成秸秆清理、精量播种、侧深施肥、覆土镇压、封闭除草、秸秆覆盖等作业环节，实现了秸秆全量均匀覆盖还田，显著提高大豆出苗率，解决了秸秆焚烧问题。

1.《大豆麦茬免耕覆秸精量播种技术规程》（NY/T 3681—2020）

农业农村部于 2020 年 8 月 26 日发布了《大豆麦茬免耕覆秸精量播种技术规程》（NY/T 3681—2020）。NY/T 3681—2020 规定了大豆麦茬免耕覆秸精量播种技术的术语和定义、种子准备、播种、施肥、田间管理，适用于大豆麦茬免耕覆秸精量播种作业。

该标准规定了侧深施肥、精量播种、封闭除草、秸秆覆盖等核心技术概念。指出利用播种机在不对小麦麦秸、麦茬进行任何处理的条件下，直接进行播种。播种机前部为一个横向拔草装置，在拖拉机牵引播种机前进的过程中，将播种带上的全部秸秆和部分麦茬横向向左边拨出，紧接着进行侧深施肥和精量播种，等播种机回头播种下一行时，将拨出的秸秆均匀覆盖在已经播种完毕的播种带上。麦茬地免耕覆秸栽培技术正在黄淮海地区大面积推广应用，推动大豆生产的发展的同时，提升小麦产量和品质水平，实现了粮豆均衡、持续、安全、绿色生产。

第四节　大豆生产机械化相关标准建议

总的来看，目前农业机械化基础标准、管理标准相对比较完善，农业机械产品、维修、作业质量标准有了比较好的基础，但是机械化生产的作业规范、农机配置规范、信息化技术等标准相对较少，特别是农机作业基础条件等标准几乎处于空白。问题主要表现在：一是基础研究薄弱。在我国农业生产进入机械化主导的新阶段后，现有标准体系框架下已不能满足新形势机械化发展需求，需开展深入研究，提出进一步优化和完善的方案。二是机械化生产标准滞后。农机农艺融合不紧密，没有形成比较完备的机械化生产技术体系。各地主要农作物栽培模式不一，影响机械的适应性与作业效率。三是标准宣贯实施有待加强。标准宣传力度不够，个别标准实施效果不明显，相关配套政策措施不到位，尚未形成协同推动工作格局。

　　标准化是实现机械化的基础和前提。加快推进我国机械化转型升级，不仅要加大农业机械化标准制修订工作，还需要以机械化为核心，系统梳理影响机械化生产的其他相关标准，形成共同促进、协调发展的格局。下一步，在农业机械化标准制修订方面，需要重点开展以下三方面工作。一是全面梳理现行农业机械化领域标准，研究制订"十四五"规划，构建新型农业机械化标准体系。重点推进主要粮食作物全程机械化生产和薄弱环节机械化生产技术规范标准的制修订，加强绿色高效新机具新技术应用标准、农机作业基础条件标准、农机社会化服务标准的制修订工作。二是加强基础研究，提出机械化生产技术要求，引领作物育种、栽培（养殖）模式创新，推进高标准农田技术、丘陵山区宜机化改造，促进种植设施、养殖设施提档升级。三是根据农机化标准发布情况，结合农机化技术推广，及时组织开展标准宣贯培训活动，有效推动标准宣贯实施；探索建立农机化标准化示范基地，推动标准推广应用。

参考文献

［1］王祺，栗震霄，田斌.国内外农业机械化新技术的现状与发展［J］.农机化研究，2006（05）：7-9.

［2］谭元昊.国内外播种机械的技术现状及发展趋势［J］.科技风，2018（03）：139.

［3］丁元法，肖继军，张晓辉.精密播种机的现状与发展趋势［J］.山东农机，2001（06）：3-5.

［4］赵军平.国内外农机装备发展现状及发展趋势［J］.河北农机，2012（02）：31-32.

［5］佘大庆.我国播种机械的发展与创新［J］.农业工程，2017，7（03）：12-14+40.

［6］史永博.我国播种机研发现状与发展趋势［J］.农机使用与维修，2019（04）：25-26.

［7］余佳佳.气力式油菜精量排种器结构解析与排种过程仿真研究［D］.华中农业大学，2013.

［8］吴亚芳.多自由度振动种盘内种群分布状态及运动规律研究［D］.江苏大学，2016.

［9］许剑平，谢宇峰，陈宝昌.国外气力式精量播种机技术现状及发展趋势［J］.2008，（12）：203-206.

［10］Singh R C，Singh G，Saraswat D C. Optimization of design and operational parameters of apneumatic seed metering device for planting cotton seeds［J］. Biosystems Engineering，2005，92（4）：429-438.

［11］Prasanna Kumar B S D S. Modeling and optimization of parameters of flow rate of paddyrice grains through the horizontal rotating cylinfric al drum of drum seeder［J］. 2009，65：26-35.

［12］魏海明.气吸式水稻精量直播排种器设计与试验研究［D］.青岛理工大学，2018.

［13］邹奇睿，张伟.玉米播种机排种器的研究现状和发展趋势［J］.农业机械，2015，（1）：

95-98.

[14] 赵大为, 孟媛. 机械化精量播种技术发展研究 [J]. 农业科技与装备, 2010, 192 (06): 58-60.

[15] 龚智强. 气吸振动盘式精量排种装置理论与试验研究 [D]. 镇江: 江苏大学, 2013.

[16] 翟建波. 气力式水稻芽种精量穴直播排种器设计与试验研究 [D]. 武汉: 华中农业大学, 2015.

[17] 牟忠秋. QYP-1 型气吸式玉米精量排种器性能试验研究 [D]. 黑龙江八一农垦大学, 2019.

[18] 陈立东, 何堤. 论精量排种器的现状及发展方向 [J]. 农机化研究, 2006, (4): 16-18.

[19] 袁月明. 气吸式水稻芽种直播排种器的理论及试验研究 [D]. 长春: 吉林大学, 2005.

[20] 史嵩. 气压组合孔式玉米精量排种器设计与试验研究 [D]. 北京: 中国农业大学, 2015.

[21] 岳志刚, 吴伟成. 并联气吸式排种器的研究与试验 [J]. 农业技术与装备, 2020 (01): 27-28.

[22] Gerber W A, Misener G C, Campbell A J. Instrumentation system for the measurement of performance parameters of a no-till seeder [J]. Canadian Agricultural Engineering, 1994, 36 (2): 79-84.

[23] Wrobel V. Microcomputer-controlled seeder [J]. Computer Design, 1977, 16 (6): 184-186.

[24] 并河清. 气动精密排种器的研究 [J]. 日本农业机械学会志, 1990 (6): 35-43.

[25] 许剑平, 谢宇峰, 陈宝昌. 国外气力式精密播种机技术现状及发展趋势 [J]. 农机化研究, 2008 (12): 203-206.

[26] Haase W C. Pioneer I-a planter computer system. ASAE, 1986 (1): 135-145.

[27] Taghinezhad J, Alimardani R, Jafari A. Design a capacitive sensor for rapid monitoring of seedrate of seed rate of sugarcane planter [J]. Agricultural Engineering International: The CIGR Journal, 2013, 15 (4): 23-29.

[28] Leemans V, Destain M F. A computer-vision based precision seed drill guidance assistance [J]. Computers and Electronics in Agriculture, 2007 (11): 1-12.

[29] 张继成, 陈海涛, 欧阳斌林, 等. 基于光敏传感器的精密播种机监测装置 [J]. 清华大学学报 (自然科学版), 2013, 53 (02): 265-268+273.

[30] 纪超, 陈学庚, 陈金成, 等. 玉米免耕精量播种机排种质量监测系统 [J]. 农业机械学报, 2016, 47 (8): 1-6.

[31] 史智兴, 高焕文. 排种监测传感器的试验研究 [J]. 农业机械学报, 2002, 33 (2): 41-43.

[32] 吴南, 林静, 李宝筏, 等. 免耕播种机排种器性能监控系统设计与试验 [J]. 农业机械学报, 2016, 47 (增刊): 69-76.

[33] 贾洪雷, 路云, 齐江涛, 等. 光电传感器结合旋转编码器检测气吸式排种器吸种性能 [J]. 农业工程学报, 2018, 34 (19): 28-39.

［34］张晓辉，赵百通．播种机自动补播式监控系统的研究［J］．农业工程学报，2008，24（7）：119-123.

［35］穆武超．精密排种器排种性能检测系统研究［D］．西北农林科技大学，2008.

［36］周利明，张小超，苑严伟．小麦播种机电容式排种量传感器设计［J］．农业工程学报，2010，26（10）：99-103.

［37］王平岗，杨德义，吴东林．基于计算机视觉的气吸滚筒式密排种器控制系统［J］．农机化研究，2019，41（07）：208-212.

［38］刘选伟，王景立．免耕播种机发展现状及存在问题浅析［J］．农业与技术，2014，34（1）：203-204.

［39］邱添，胡志超，吴惠昌，等．国内外免耕播种机研究现状及展望［J］．江苏农业科学，2018，46（04）：7-11.

［40］林静，钱巍，牛金亮．玉米垄作免耕播种机新型切拨防堵装置的设计与试验［J］．沈阳农业大学学报，2015，46（6）：691-698.

［41］姜铁军．免耕播种机轮齿式破茬机构设计与试验研究［D］．长春：吉林大学，2013

［42］刘恩宏，吴家安，高明宇．我国精密播种机械的现状及发展趋势［J］．现代化农业，2016（10）：60-61.

［43］齐明．黑龙江省优质大豆的无公害植保新技术研究［J］．南方农机，2017，48（6）：59.

［44］洪丹．优质大豆无公害植保新技术推广探究［J］．农民致富之友，2016（13）：103.

［45］彭继锋．大豆综合植保技术试验示范效果［J］．现代化农业，2015（10）：8-9.

［46］孙颖娟．黑龙江省优质大豆无公害植保新技术的应用探讨［J］．农业开发与装备，2019（5）.

［47］林蔚红，孙雪钢，刘飞，等．我国农用航空植保发展现状和趋势［J］．农业装备技术，2014，40（01）：6-11.

［48］耿爱军，李法德，李陆星．国内外植保机械及植保技术研究现状［J］．农机化研究，2007（04）：189-191.

［49］范力更．我国植保机械和施药技术的现状、问题及对策［J］．农业开发与装备，2018（02）：28.

［50］周志艳，姜锐，罗锡文，兰玉彬，宋灿灿，李克亮．液位监测技术在植保无人机中的应用分析［J］．农业机械学报，2017，48（04）：47-55.

［51］周志艳，臧英，罗锡文，Lan Yubin，薛新宇．中国农业航空植保产业技术创新发展战略［J］．农业技术与装备，2014（05）：19-25.

［52］林蔚红，孙雪钢，刘飞，等．我国农用航空植保发展现状和趋势［J］．农业装备技术，2014，40（01）：6-11.

［53］张文基．韩国利用航空病虫害防治现状［R］．沈阳农业大学工程学院，2010.

［54］施鹏，薛新宇，王振龙，朱梅，张玲．果园动力底盘喷雾机的发展现状［J］．中国农机化

学报，2013，34（06）：27-31.

[55] 杨秀丽，陈林，程登发，孙京瑞.毫米波扫描昆虫雷达空中昆虫监测的初步应用.植物保护，2008，34（2）：31-36

[56] 刘占宇.水稻主要病虫害胁迫遥感监测研究［D］.杭州：浙江大学，2008.

[57] 周志艳，臧英，罗锡文，等.中国农业航空植保产业技术创新发展战略［J］.农业工程学报，2013，29（24）：1-10.

[58] 吴崇友，肖圣元，金梅.油菜联合收获与分段收获效果比较［J］.农业工程学报，2014，30（17）：10-16.

[59] 姬江涛，徐龙姣，庞靖，耿令新，王升升.微型谷物联合收割机割台最小振幅点分析及挂接点优化［J］.农业工程学报，2017，33（12）：28-33+315.

[60] 万星宇，舒彩霞，徐阳，等.油菜联合收获机分离清选差速圆筒筛设计与试验［J］.农业工程学报，2018，34（14）：27-35.

[61] 宁小波，陈进，李耀明，王坤，王一帆，王学磊.联合收获机脱粒系统动力学模型及调速控制仿真与试验［J］.农业工程学报，2015，31（21）：25-34.

[62] Qian Z，Jin C，Zhang D. Multiple frictional impact dynamics of threshing process between flexible tooth and grain kernel［J］. Computers and Electronics in Agriculture，2017，141：276-285.

[63] 付乾坤，付君，陈志，等.玉米摘穗割台刚柔耦合减损机理分析与试验［J］.农业机械学报，2020，51（04）：60-68.

[64] 付建伟，张国忠，谢干，等.双通道喂入式再生稻收获机研制［J］.农业工程学报，2020，36（03）：11-20.

[65] 任述光，焦飞，吴明亮，等.油菜联合收获机结构参数对割台振动的影响［J］.农机化研究，2018，40（11）：38-43.

[66] 樊晨龙，崔涛，张东兴，杨丽，屈哲，李玉环.低损伤组合式玉米脱粒分离装置设计与试验［J］.农业机械学报，2019，50（04）：113-123.

[67] 熊永森，王金双，陈德俊，等.小型全喂入双滚筒轴流联合收获机设计与试验［J］.农业机械学报，2011，42（S1）：35-38.

[68] 李磊，李耀明.新型斜置切纵流联合收获机脱粒分离装置［J］.农机化研究，2016，38（04）：84-89.

[69] 李洋，徐立章，梁振伟.双出风口四风道清选装置内部气流场仿真及试验［J］.农机化研究，2018，40（07）：7-12.

[70] 王立军，冯鑫，郑招辉，等.玉米清选组合孔筛体设计与试验［J］.农业机械学报，2019，50（05）：104-113.

[71] 徐立章，李洋，李耀明，等.谷物联合收获机清选技术与装置研究进展［J］.农业机械学报，2019，50（10）：1-16.

［72］杨丹，朱满德．我国大豆生产格局与区域比较优势演变探析［J］．国土与自然资源研究，2020（01）：58-64.

［73］大豆全程机械化水平整体提升［J］．农机质量与监督，2020（03）：9+19.

［74］倪有亮，金诚谦，陈满，等．我国大豆机械化生产关键技术与装备研究进展［J］．中国农机化学报，2019，40（12）：17-25.

［75］杨光明，江红，孙石．巴西大豆生产与科研现状分析［J］．中国食物与营养，2014（12）：27-30.

［76］杨光明．大豆科研实力的国际比较［D］．中国农业科学院，2014.

［77］崔宁波．我国大豆生产技术及应用的经济分析［D］．东北农业大学，2008.

［78］陈俊宝，王欣．国内外收获机械标准对比分析［J］．机械工业标准化与质量，2011（7）：20-21.

［79］尚项绳，王欣．国内外拖拉机标准对比分析［J］．机械工业标准化与质量，2011（7）：19-19.

［80］韩晓增，邹文秀，陆欣春．美国、巴西施肥－轮作－耕作方式对大豆产量影响最新研究进展［J］．大豆科技，2015（3）：14-15.

［81］石彦国．调整产业结构确保大豆产业健康持续发展［J］．中国食品学报，2010，10（4）：1-7.

［82］李纪岳，陈志，杨敏丽．粮食作物生产机械化系统动力学建模与仿真［J］．农业机械学报，2013，44（2）：30-33.

［83］李顺萍．世界大豆生产布局及中国大豆对外依存度分析［J］．世界农业，2018（11）：108-112.

［84］杨成平．价格因素对我国自美国大豆进口量的影响－贸易战背景下的协整检验和VEC模型［J］．长沙理工大学学报，2018，33（6）：91-98.

［85］王琦琪，陈印军，易小燕，等．东北冷凉区粮豆轮作模式探析［J］．农业展望，2018，14（6）：48-52.

［86］查霆，钟宣伯，周启政，等．我国大豆产业发展现状及振兴策略［J］．大豆科学，2018，37（3）：X58-X63.

［87］徐雪高，孟丽．2012年大豆市场形势分析与2013年展望［J］．农业展望，2013，9（1）：20-25.

［88］杨俊彦，陈印军，王琦琪．东北三省区耕地资源与粮食生产潜力分析［J］．土壤通报，2017，48（5）：1055-1060.

［89］董非非，刘爱民，封志明，等．大豆传统产区种植结构变化及影响因素的定量化评价－以黑龙江省嫩江县为例［J］．自然资源学报，2017，32（1）：10-19.

［90］陈学庚，赵岩．新疆兵团农业机械化现状与发展趋势［J］．华东交通大学学报，2015，32（2）：1-7.

［91］信桂新，杨朝现，邵景安，等．基于农地流转的山地丘陵区土地整治技术体系优化及实证［J］．农业工程学报，2017，33（6）：246-256.

［92］张绪恒．大豆生产全程机械化技术［J］．农业机械，2018（6）：68-70.

［93］夏利颖．濉溪县大豆生产机械化技术应用探讨［J］．农民致富之友，2016，（16）：210.

［94］常志强，何超波，蔡海涛．安徽省秸秆还田技术模式及完善措施［J］．农机科技推广，2017（8）：39-42.

［95］周美华．濉溪县主要粮食作物全程机械化推进现状及对策［J］．农家参谋，2017（7）：45.

［96］刘立晶，尹素珍．黄淮海地区夏大豆生产机械化现状及发展趋势［J］．现代农业研究，2016（1）：16-19.

［97］宁新杰，金诚谦，印祥，等．谷物联合收割机风筛式清选装置研究现状与发展趋势［J］．中国农机化学报，2018，39（9）：5-10.

第四章　大豆加工制品标准体系

近年来，随着研究不断深入，大豆的营养价值和保健功能越来越明确，以大豆为原料开展初加工和精深加工也逐渐受到各国的重视，相关豆制品及精深加工产品已达到 2 万余种。中国是大豆生产和加工的主要国家之一，大豆及其加工制品的质量和卫生安全对于广大民众的日常与健康有着重大的影响。

第一节　大豆加工产业现状概述

大豆因其较高的综合营养价值而在食品行业中占重要地位，主要体现在以下几个方面：①蛋白质含量高且品质好，新鲜大豆中总蛋白质含量约为 40%，为优质的植物蛋白质资源，是其他粮食作物的 2~5 倍；大豆蛋白除蛋氨酸含量略显不足外，接近全价蛋白，其氨基酸评分较高，约为 0.6~0.7，是较理想的植物蛋白；②脂肪含量高，一般情况下，其含量为 16%~22%，由脂肪酸、磷脂和不皂化物组成，磷脂含量 1.1%~3.2%，不饱和脂肪酸含量最高，在 80% 以上，其中以亚油酸和油酸为主，其占比分别高达 60% 和 50%；③碳水化合物含量占比为 20%~30%，其中半乳糖约占 22%、蔗糖 27%、阿戊糖 18%、水苏糖 16%、纤维 18%、淀粉 0.4%~0.9%；④矿物质和维生素含量与谷物类相似，钙少磷多，以 B 族维生素为主，维生素 B_1 和维生素 B_2 的含量略高于谷物类。

大豆加工的历史悠久，经历了手工操作、半机械化加工及自动化生产线等阶段。大豆除以整个籽粒为主制作食品外，还利用其主要成分进行油脂加工和蛋白质加工。除此之外，大豆加工制品及其副产物在饲料加工中也有较大应用价值。

一、大豆加工产品

我国的大豆加工经历了数千年的历史，加工制品包括豆浆、豆腐、豆豉等全豆加工产品及大豆油脂、蛋白等营养成分相关产品。

（一）全脂大豆加工产品

全脂大豆加工产品以精选的脱皮大豆加工处理而成，产业化应用涉及大豆冰激凌、风味豆奶、豆浆粉、内酯豆腐、大豆炼乳、豆腐粉等产品。大豆自身带有的豆腥味和大豆蛋白易变质影响大豆制品保质期的产业问题一直是生产环节的关键技术问题。近年来，全脂大豆加工在关键技术和设备上取得了很大的突破，包括加工工艺的完善、相关技术的成熟和加工设备的创新。随着各科研机构对大豆相关科技的不断投入和研究的不断深入，行业内通过加热或发酵的方式，将大豆脂肪氧化酶在植物豆奶等加工过程中失活，实现去除豆腥味的目的；也推出了超高温瞬时杀菌、无菌灌装、利乐包等先进加工技术手段，使其加工的豆制品保质期能达到2个月至2年不等。

虽然全脂大豆加工产业在我国具有悠久的历史，但依旧存在一些问题：①加工过程中未有效消除抗营养因子和产生一些不良风味物质，使得产品所适应的人群具有局限性；②传统加工豆制品由于包装和运输等问题，局限了产品的货架期，因此需要在包装材料和运输环境等方面加大研究力度；③基于全脂大豆营养和功能特性，消费者对其加工制品的营养品质和健康诉求不断提升，相关产品的市场发展空间非常大，例如，"富贵病"所带来的糖尿病等代谢类疾病和亚健康人群不断增多，针对这一情况，靶向特殊人群开发富含大豆低聚糖且速溶的豆粉类产品的市场仍属短缺，因此针对糖尿病、三高等特殊慢性病人群的需求，仍然需要科研人员加速开发特殊用途大豆食品的步伐。

（二）大豆油脂类产品

油脂加工与利用是大豆加工产业发展的主要领域，目前主要有3种类型的大豆油脂加工产品：①大豆油是主要的大豆加工制品，主要有热榨法和冷榨法两种方式，主要产品有毛油、水化油、色拉油、烹调油、起酥油、奶油等，具有品种多、产量大的特点。近年来，油脂粉末作为一种新兴油脂产品而备受市场青睐，采用微胶囊包埋技术生产的油脂产品，具有速溶性好、油脂含量高、抗氧化性强，以及运输方便等优点；②大豆磷脂是大豆油精炼过程中的副产物之一，主要包括磷脂酰胆碱、磷脂酰乙醇胺、磷脂酰肌醇等成分，对保护细胞膜、提高记忆力、抗衰老、降血脂、防治脂肪肝等方面都有良好的效果。大豆磷脂是近年来开发产品数量最多的营养保健品，其产品包括浓缩磷脂、高纯磷脂、双改性磷脂、卵磷脂冲剂、卵磷脂软胶囊、磷脂脂肪乳等，被广泛应用于糖果食品工业、医药等；③大豆甾醇是油脂精炼过程中的一种微量活性成分，含量约为大豆油的 0.1%～0.8%，是人体比较重要的生理活性物质，可有效降低高血压、冠心病等心血管疾病的发生，在医药领域中的用途极广；④大豆还富含油酸、亚油酸、α-亚麻酸等功能活性成分，开发相应的大豆加工制品也有较好的市场发展空间。虽然大豆油的提取工艺得到了较大的突破，但是大豆油精深加工的技术、方法和产品的研究亟需开展。

（三）大豆蛋白制品

大豆蛋白制品多以低温脱脂豆粕为原料，经过不同程度的提纯及再加工而成。这类制品主要有浓缩蛋白、组织蛋白、分离蛋白、乳清蛋白、大豆肽、蛋白粉、大豆蛋白膨化饲料等，进而应用在菜肴、方便食品、休闲食品、素食食品等食品行业中。

大豆蛋白是我国民众所需的重要优质植物蛋白原料，具有很高的营养价值和经济特性，其精深加工产品可代替部分肉，降低原材料的成本。并且大豆蛋白具有较好的乳化性、凝胶性、粘附性以及吸油性，可以得到广泛应用。由于我国消费人群的饮食习惯，无法像发达国家那样更多的发展动物蛋白，补充对蛋白需求。因此，如何高效利用大豆蛋白资源将是改善国民整体的营养平衡，提高植物蛋白质的摄入量和增强国民体质的重要举措。

二、国内外大豆加工产业发展现状及存在问题

（一）我国大豆加工业发展现状

1. 大豆市场需求快速增长

大豆是我国食用油的首要来源。21世纪以来，国内市场对豆油和豆制品需求快速增长，带动了大豆市场的高速发展。近年来，豆油产量和消费量均呈现上升趋势，2019年，大豆压榨量达到8856万t，占大豆总量的84.07%，而豆粕作为榨油的加工副产物，主要用于家禽和生猪饲料。为应对猪瘟对中国养猪业的影响，国家各部委出台了关于促进生猪养殖、稳产保供的"一揽子"政策，保障人民群众"菜篮子"稳定，必将带动生猪豆粕饲料的增量需求。

2. 企业组织逐渐规模化及多样化

我国大豆深加工技术不断提升，加工企业的规模不断扩大，以油脂加工企业最为明显。大豆压榨企业规模已经从小企业逐渐转变升级为大企业、大集团，占据大豆产业主导地位。而大豆加工企业已经由原有的国有企业转变为私有、民营、中外合资及国外企业收购独资等多种形式并存的格局。特别是近几年来，外资企业已逐渐成为我国大豆加工企业中发展最迅猛的一支力量，并逐渐占据主导地位。

3. 我国大豆产业布局基本形成

随着东部沿海地区新建大豆加工企业不断增多，大豆加工产业布局已从单一以产

区为主转变为主产区、沿海港口并存，且后者呈现区域主导的格局。目前我国已形成了以黑龙江、吉林为主的东北压榨圈，以河北秦皇岛、天津、大连为主的环渤海压榨圈，以青岛、烟台为主的黄淮海压榨圈，以张家港、南通、宁波为主的长三角压榨圈，以东莞为主的珠三角压榨圈，以四川、陕西为主的内陆压榨圈等6大油脂加工区。在大豆蛋白加工方面，生产企业重点分布在山东、黑龙江等地区。

4. 工艺技术与设备发展迅速

我国大豆及相关食品加工的工艺技术和设备已发生了转型和升级，由传统手工作坊式发展为半机械化和自动化控制。目前我国大豆加工的自动、半自动生产流水线已达1000余条，大部分为我国自主研发生产的设备，但也引进了国外的先进加工设备和工艺技术。

通过"引进来、走出去"以及挖掘、钻研、更新、改造等方式，我国大部分大豆加工技术、装备水平已达到或接近世界先进水平。工艺技术与设备的革新推动了大豆加工业的发展：脱皮膨化浸出、混合溶剂萃取及低温萃取技术的创新，增强了大豆油的营养品质；天然抗氧化剂的开发与使用，提高了油脂产品的稳定性；利用超滤膜分离方法，有效改善了大豆蛋白产品功能特性；通过工艺优化和副产物利用，促进了大豆异黄酮和卵磷脂的分离提取及纯化技术的进步，并建立了标准的产业化示范生产线。而且部分大豆传统制品的专用设备与加工生产线，已开始出口国外。

5. 产品结构不断优化、档次不断提高

大豆制品可分为传统豆制品、新兴豆制品和油脂类豆制品（详见表4-1）。我国消费主体主要以传统豆制品和大豆油为主，但随着大豆产业链的不断发展，开始向新兴豆制品和油脂类豆制品发展。通过现代保鲜和包装技术的应用、大豆产品营养的强化以及大豆功能性产品的开发，产品结构得到进一步优化，产品档次不断提高，逐渐与国际加工制品接轨，也更加顺应当代消费人群对营养功能和感官品质的双需求。

表4-1　大豆加工制品分类

分类		系列	主要产品
传统豆制品	发酵豆制品类	豆酱系列	豆酱、酱油、豆豉、纳豆、天贝等
		腐乳系列	红腐乳、白腐乳、臭豆腐等
	非发酵豆制品类	豆腐系列	水豆腐、冻豆腐、复水豆腐、内酯豆腐、无渣豆腐、菜汁豆腐、豆花、豆腐粉等
		豆干系列	腐竹、千张、豆皮、豆筋、豆片等
		素制品系列	豆腐泡、豆腐卷、素虾、豆什锦、素火腿、素牛排、辣干、熏素鸡等

（续）表 4-1

分类		系列	主要产品
新兴豆制品	蛋白制品	冲调饮用系列	速溶豆粉、豆奶粉、豆奶、豆腐晶、豆乳、大豆炼乳、冰淇淋等
		添加剂系列	分离蛋白、浓缩蛋白、组织蛋白、全酯大豆粉、脱脂大豆粉、活性蛋白粉、半活性蛋白粉、水解蛋白粉、大豆蛋白肽、乳清蛋白粉、大豆发泡粉、大豆食用纤维、功能性蛋白粉等
	磷脂制品类	基础产品系列	浓缩磷脂等
		中间产品系列	精制卵磷脂、脑磷脂、肌醇磷脂、粉状磷脂、膏状磷脂、液状磷脂、氢化磷脂、酵素磷脂、改性磷脂等
		终端产品系列	磷脂胶囊、磷脂软胶丸、磷脂片、磷脂冲剂、磷脂脂肪营养乳、磷脂乳化炸药、磷脂饲料、磷脂洗发香波等
	副产物加工制品类	食品系列	大豆低聚糖、大豆皂肽、大豆异黄酮、大豆膳食纤维等
		医药系列	大豆Ⅱ价铁、大豆干酪素、大豆维霉素等
		精细化工系列	大豆活性炭、大豆脱模剂、大豆干酪素等
油脂类豆制品	单一制品类		毛油、水化油、机榨油、色拉油、烹调油、起酥油、人造奶油、固体油脂、粉末油脂、植脂末、代可可脂、固化油、环氧油等
	复合制品类		调和油、强化油、生物柴油等

（二）国外大豆加工产业发展现状

大豆作为一种全球消费性的农产品，长期以来一直是国际市场上最重要的商品之一。众所周知，大豆主产区目前主要为美国、巴西与阿根廷，地处美洲，气候等基本具备适合大豆生产的自然条件，生产了全球80%的大豆，出口规模占全球的85%以上，其中美国是世界上最大的大豆生产国和大豆出口国。

在美国、巴西、阿根廷等国家，大豆从育种、种植、流通、加工、商业销售、信息服务按市场需求进行专业划分，同时，各行业的利润比例基本稳定。企业有良好的质量控制体系，他们从经营、产品开发、生产、人员组织、文化等每一个层面非常重视创新，并能得到国家的支持。美国作为农业强国，大豆加工业不但加工规模大、技术先进，而且企业专一性强、工作效率高，主导着国际大豆交易市场，全球市场占有率达30%以上。近几十年，美国、日本等国家成功培育脂肪氧化酶全缺失体大豆品种，从根本上解决了"豆腥味"的产生，并已产业化种植；与此同时，大豆及其营养成分的加工利用得到了大幅发展，如70年代有美国"大豆蛋白热"，80年代中国"大豆浸出油热"，90年代东南亚"大豆磷脂热"，21世纪美国、日本、中国等国家无不追赶大豆生理功能因子（大豆异黄酮、大豆低聚糖等）的开发热潮，大豆加工业的发展已不容忽视。

(三) 我国大豆加工业存在问题

近年来，随着全球经济一体化进程的加快和我国加入WTO，在国际市场价格、品质、技术贸易措施等多方面的影响下，我国大豆加工产业发展面临着前所未有的挑战。进口大豆的激增已经严重挤压国产大豆的市场空间。在大型外资榨油企业的垄断控制之下，我国大豆行业"拉美化"态势凸显，大豆行业无序发展、恶性竞争局面尤为凸显，东北等大豆主产区已开始出现"卖豆难"现象，严重影响了我国大豆主产区农民增收和农业增效。目前我国大豆加工产业发展中面临的问题主要体现在以下几个方面。

1. 大豆原料供应不足

大豆原料是影响大豆制品加工特性和产品品质的决定性因素，目前我国大豆供给主要通过国内自产与进口两种方式。自加入WTO以来，2001—2015年间，国内大豆种植面积、大豆产量整体呈现"双下降"趋势，大豆种植面积由2001年的1.42亿亩下降到2015年的0.98亿亩，大豆产量由2001年的1540.56万t下降到2015年的1178.50万t，使得大豆原材料在加工方面存在着严重的短缺问题。自"十三五"以来，由于国家政策提倡粮豆轮作、引导减少玉米种植面积，使得大豆种植面积、产量在2016—2020年间连续明显增加，但国内大豆仍旧以进口为主，由于中美贸易摩擦、国内经济下行压力和非洲猪瘟导致肉禽消费需求下降，从而饲用蛋白需求和豆粕需求下降，以及国产大豆政策性供应明显增加等因素影响，大豆进口量自2011年以来首次下降，但仍达8806万t。但是，大豆进口量占国内消费量的比重由2001年的47.92%上升到2018年的84.73%。显然，中国大豆属于生产不足型农产品，国内需求面临巨大供给缺口，需要由进口大豆填补。同时，国内大豆品种大多数为高油品种，专用特用大豆优质品种较少，使得国内大豆加工产业多以粮油加工为主，由于缺少不同加工用途的特定品种，酸豆乳、腐竹、豆干等特定产品的发展也会受限。

2. 大豆加工产业链条尚不成熟

就目前来说，中国大豆加工产业链布局非常不合理，种植、深加工和销售未能有机结合，这大大降低了销售环节的运行效率，也增加了不必要的物流成本。同时未形成大豆小微企业集群，我国的大豆生产多为小农模式，与大豆企业缺少紧密的联系，没有形成从收储、运输、加工到贸易这一成熟的产业链经营模式，导致一些企业因缺乏原料而开工不足，一些企业因产能过剩而使产品出现滞销，对我国大豆生产与经营造成了严重制约。目前，我国大豆加工产业链主要存在以下几个问题。

（1）产业链条较短

大豆加工企业主要生产豆油、饲料用豆粕等初加工产品。大豆加工企业存在加工层次低、产品附加值低、初加工产能过剩、加工转化率低等问题。企业规模小、产业化水平低，是制约大豆加工产业发展的重要因素。进而无法推动大豆产购储加销"五优联动"、从田间到餐桌的"全产业链"的构建，无法形成一二三产业融合的局面。由国际大豆加工企业发展经验可知，有实力的企业是规模化、集团化的，应在主打品牌的带领下，派生出大豆加工系列产品，从粗加工到深加工再到综合利用，延长加工链条，提高产品附加值。

（2）大豆精深加工能力欠缺

结合目前市场分析，我国初具规模的大豆加工企业有 4300 余家，其中大部分都是油脂企业，而大豆及相关产品精深加工的企业占比仅为 22%。同时油脂加工产能严重过剩，部分地区出现了发展不平衡、布局不合理的情况，即"一地多厂""一港多厂"的现象。原材料供应与生产加工企业之间结合不紧密，加工过程对于副产物不能充分利用，如油脂类产品仅为大豆食用油的生产，创新型加工产品大部分企业也仅停留在大豆蛋白的加工阶段，导致大豆肽、多糖、磷脂、维生素等功能性活性产品没能很好地发挥其作用，造成了加工副产品的浪费。与此同时还存在着产品品质不稳定、缺乏行业相关标准等亟需解决的问题，使得我国大豆加工业的发展空间有限，因而在国际市场上的竞争力明显不足。

（3）科研投入较少、科技创新能力不足

大豆原料方面，由于缺少规模化、标准化种植，良种种植面积有限，我国大豆单产一直处于较低水平。同时，我国南北方的气候存在明显差异，由于地域自然条件的差异，大豆种植品种也有所不同。在油脂加工方面，大豆油作为我国大豆主要加工制品，但该领域关键设备还要依靠进口，大多数企业没有实现现代化、智能化控制，同时出现豆粕过剩的现状，豆粕蛋白、豆粕膳食纤维等产品的开发利用率极低，科技投入不足，缺乏专业型的研发和创新。建议以企业为纽带，将科研工作者与农民结合起来，通过"企业＋科研单位＋农户＋基地"的订单模式，形成互相促进之格局，并建立产品专用品种种植及其相关方法，提高生产与加工的针对性，同时也提高产品质量和生产效益，并且政府出台相关鼓励和支持政策，保证大豆生产、加工的一体化顺利运行。

（4）物流成本较高

我国大豆区域化布局和大豆企业建设未有效结合起来，企业产品运输大部分采用公路运输方式，运输费用比较高。建议根据我国大豆生产布局情况建立大豆生产、销售、加工等网络，从而节约运输成本；或积极发展"互联网＋粮食"营销模式，加快推动国内大豆交易中心运营，打造中国大豆电子交易核心平台，营建大豆产业的产、运、销生态链。

3. 外资企业所占比重过高

目前我国大豆加工产业的关键设备和技术主要掌握在世界领先的跨国大豆加工企业手中。国内油脂加工企业中外资企业占比 70%，大豆油大部分市场被外资控制。由于外资占比过高，垄断了我国进口大豆的采购权和定价权，同时也压缩了内资加工企业的发展空间。考虑到可持续发展，应该由国家来主导整个产业的发展。我国的大豆加工企业尚处于成长期，缺乏国际竞争力，需要国家政策的扶持和引导。

4. 缺乏相关追踪溯源体系

大豆及其制品的安全性主要来自于农药残留，因此对于产品追踪溯源体系的建立是极为重要的。在美国，大豆在育种、培育等阶段都会记录农药使用的具体情况，因此，日本大豆加工企业及消费者对北美大豆的安全性比较认可。然而我国大豆种植区域相对广泛，气候条件等存在明显差异，根据不同地区特殊的环境条件，所使用的必须农药是必不可少的，虽然用药量低于其他国家，但我国大豆生产农药厂商较多，标准不统一，使用情况不透明等；我国整个产业链条没能进行严格的生产管理，并且市场销售网络错综复杂，不能确保大豆的安全性。应规范农药的使用，尝试建立整体健全的溯源追踪体系。

5. 原料采购缺乏政府指导

放眼国际市场，大豆主要产地北美、南美，其价格可根据芝加哥期货市场变化推测大豆原料售价。但在我国，只有特殊品种大豆在播种前签订栽培合同，从而确定价格；普遍存在"大豆不收割，农民不知道卖多少钱"的现象，这使进口国及厂家购买时无法定价，使得我国大豆采购与定价不能同步，成为我国大豆不能及时出口的重要原因之一。同时，随着我国大豆进口量的增加，进口大豆的成本不断提高，甚至在国内市场已经饱和的状况下，大豆价格仍然虚升，国内大豆市场存在较大的隐患。

第二节　大豆加工制品相关标准

美国、阿根廷、巴西是世界上的大豆主产国和主要出口国，均已建立了完善的大豆质量标准体系和质量检验体系，在 WTO 框架下，纷纷利用"标准"这把利器提高本国大豆质量和国际市场竞争力。而欧盟和日本作为大豆的主要进口国，为保障本国或本地区的食品安全和大豆加工业发展，建立了各自的大豆制品质量标准体系。

随着我国经济的快速发展，人民生活质量的稳步提升，大豆作为主要植物蛋白来源，全国消费总量快速增长，我国大量进口国际大豆的现状仍将持续。针对这一现象，本章致力于解读已有大豆原料及其制品的相关标准，通过对国际上主要大豆出口国和进口国的相关标准体系的跟踪研究，明确我国大豆及其制品标准与国际标准之间的差距，从标准角度提出保障我国大豆加工产业健康发展的具体措施和建议，为研究制定符合我国国情的大豆及其制品的标准奠定基础，最终达到提高我国大豆及其制品国际竞争力，振兴我国大豆加工产业的目的。

一、大豆食品术语相关标准

（一）大豆食品工业术语相关标准

1.《大豆食品工业术语》（SB/T 10686—2012）

商务部于 2012 年 3 月 15 日发布《大豆食品工业术语》（SB/T 10686—2012）。SB/T 10686—2012 规定了大豆食品加工中常用的术语和定义，适用于大豆食品生产、加工、贸易、管理、科研和教学工作。

内容包括原辅料术语、中间产品术语、产品术语、豆制品加工工艺术语、豆制品设备术语等。

（1）原辅料术语

原辅料术语给出了大豆、豆粕、豆饼、凝固剂、消泡剂、卤汤、红曲米醪、酒酿卤、酒酿汁、酒酿糟、腐乳汤料、固体菌种、纳豆菌的定义，并将大豆分为黄大豆、青大豆、黑大豆、其他大豆、混合大豆、非转基因大豆、转基因大豆、专用大豆8 种，其中，专用大豆包括高蛋白大豆、高油大豆和其他专用大豆 3 种。高蛋白质大豆的粗蛋白质含量要求不低于40%，高油大豆的粗脂肪含量要求不低于20%，明确了上述百分含量是指在大豆干基中的占比。凝固剂分为盐卤和食用石膏粉。卤汤包括臭卤和香卤。

（2）中间产品术语

中间产品术语给出了豆糊、生浆、熟浆、干坯子、水坯子、毛坯、盐坯、黄浆水和白边等加工过程中生产产品的定义。

（3）产品术语

产品术语给出了大豆食品、熟制大豆、豆粉、豆浆、豆腐、豆脑花、豆腐干、腌渍豆腐、腐皮、腐竹、膨化豆制品、发酵豆制品、大豆蛋白、毛豆制品、黄豆芽、发芽大豆、大豆炼乳、半脱水豆制品、干制豆制品、豆渣、大豆布丁、大豆果仁酱、大豆棒、大豆冷冻甜点等大豆加工制品的定义。

熟制大豆又分为煮大豆和烘焙大豆两种。豆粉又分为烘焙大豆粉、大豆粉和膨化大豆粉3种，其中大豆粉包括全脂大豆粉、脱脂大豆粉和低脂大豆粉3种。豆浆包括调制豆浆、豆浆饮料和豆浆粉3种，其中豆奶粉也算豆浆粉的一种。豆腐包括充填豆腐、嫩豆腐、老豆腐、油炸豆腐、冻豆腐和无渣豆腐，其中油炸豆腐又分为炸豆腐和豆腐泡两种。豆腐干包括白豆腐干、油炸豆腐干、卤制豆腐干、炸卤豆腐干、熏制豆腐干和蒸煮豆腐干，其中白豆腐干又分为豆腐皮和豆腐丝，素鸡属于蒸煮豆腐干的一种。臭豆腐属于腌渍豆腐。腐竹包括枝竹、扁竹、豆腐棍、甜竹，其中甜竹又包括月片和厚片。发酵豆制品包括腐乳、大豆酱、味噌、天培、豆豉、纳豆、发酵豆浆、大豆起司和霉豆腐，其中腐乳又分为红腐乳、白腐乳、青腐乳、酱腐乳和花色腐乳。大豆蛋白包括大豆蛋白粉、大豆浓缩蛋白、大豆分离蛋白、大豆组织蛋白、大豆蛋白制品，其中大豆组织蛋白又涵盖大豆组织蛋白粉。大豆冰激凌是大豆冷冻甜点的一种。

（4）豆制品加工工艺术语

豆制品加工工艺术语给出了干法生产、半干法生产、湿法生产、提取率、豆浆蛋白质凝固率、大豆蛋白质提取率、大豆蛋白质利用率、豆浆固形物浓度、豆浆可溶性固形物浓度、蛋白质热变性、豆腐保水性、凝固、凝固强度、豆味、麻面、花洞、石膏脚、生浆工艺、熟浆工艺、半熟浆工艺、制浆、磨浆、煮浆、串浆、浆渣分离、均质、薄浆、打膨、点脑、冲浆、跑浆、打花、泼脑、养脑、破脑、三成操作法、出白、前期培菌、后期发酵、搓毛、淹坯、控汤、搓块、配汤、封坛、摆块、倒笼、臭笼、无菌灌装、真空脱臭、揭竹等不同豆制品加工过程中关键操作步骤的定义。

（5）豆制品设备术语

豆制品设备术语给出了大豆输送设备、斗式提升机、L型刮板输送机、风力输送设备、螺旋式输送机、输送泵、真空吸料设备、大豆清杂设备、大豆浸泡设备、磨浆设备、浆渣分离机、煮浆罐、抽浆泵、自动点浆机、豆腐型箱翻板机、压榨机、泼片机、豆腐干压榨机、脱布机、灌封机、自动分割装盒机、封口机、恒温水槽、均质机、板式热交换器、冷热缸、卫生泵、袋灌装机、旋盖机、打花机、百页压机、煮布槽、摊晾机、油炸锅、洗瓶机、脱皮机、真空脱臭机、发酵屉、烘房、切块机、浓缩设备、小型豆浆设备等生产不同豆制品中所用到的设备名称及定义。

其中，大豆清杂设备包括旋水分离器、机械振动筛、比重去石机和磁选机；大豆浸泡设备包括大豆泡料桶和圆盘泡料设备；磨浆设备包括石磨、钢磨、砂轮磨、陶瓷磨、胶体磨；浆渣分离机包括离心式甩浆机、挤压分离机和离心筛滤浆机；煮浆罐分为间歇式煮浆设备和连续式煮浆设备。

（二）大豆食品分类术语相关标准

1.《大豆食品分类》（SB/T 10687—2012）

商务部于 2012 年 3 月 15 日发布《大豆食品分类》（SB/T 10687—2012）。SB/T 10687—2012 规定了大豆食品的分类、定义，适用于大豆食品的管理、生产、检验、科研、教学及其他有关领域。

标准给出了大豆食品的术语和定义。大豆食品（soyfoods），又名大豆制品，是指以大豆为主要原料，经加工制成的食品。按照终端产品形态对大豆食品进行了分类，包括熟制大豆、豆粉、豆浆、豆腐、豆腐脑、豆腐干、腌渍豆腐、腐皮、腐竹、膨化豆制品、发酵豆制品、大豆蛋白、毛豆制品和其他大豆制品。

熟制大豆包括煮大豆和烘焙大豆。豆粉包括烘焙大豆粉、大豆粉、膨化大豆粉，其中大豆粉又分为全脂大豆粉、脱脂大豆粉和低脂大豆粉。豆浆又分为豆浆、调制豆浆、豆浆饮料和豆浆粉。豆腐包括充填豆腐、嫩豆腐、老豆腐、油炸豆腐制品、冻豆腐和其他豆腐，其中油炸豆腐制品又分为炸豆腐和豆腐泡。豆腐干包括白豆腐干、油炸豆腐干、卤制豆腐干、炸卤豆腐干、熏制豆腐干和蒸煮豆腐干，其中白豆腐干又分为豆腐皮和豆腐丝，素鸡属于蒸煮豆腐干的一种。腌渍豆腐包括臭豆腐和其他浸渍豆腐。发酵豆制品包括腐乳、大豆酱、豆豉、纳豆、发酵豆浆和其他发酵大豆制品，其中腐乳又分为红腐乳、白腐乳、青腐乳、酱腐乳和花色腐乳。大豆蛋白分为大豆浓缩蛋白、大豆分离蛋白、大豆组织蛋白和其他大豆蛋白。

二、大豆原料及专用品种相关标准

（一）大豆原料相关标准

1.《大豆》（GB 1352—2009）

国家质量监督检验检疫总局和国家标准化管理委员会发布了《大豆》（GB 1352—2009）。GB 1352—2009 规定了大豆的相关术语和定义、分类、质量要求和卫生要求、检验方法、检验规则、标签标识以及包装、储存和运输要求，适用于收购、储存、运输、加工和销售的商品大豆，不适用于本标准分类规定以外的特殊品种大豆。

GB 1352—2009 代替 GB 1352—1986，与 GB 1352—1986 的主要技术差异如下：对原标准的适用范围进行了修订，修订后的标准适用于收购、储存、运输、加工和销售的商品大豆；对原标准的大豆分类进行了部分修改；对原标准的质量指标项目进行了调整，采用完整粒率进行定等；对标准中的指标作了修订；提出了高油大豆、高蛋白质大豆的质量指标；增加了判定规则和标签要求；附录 A 规定了完整粒、损伤粒、热损伤粒的检测方法。

GB 1352—2009 给出了完整粒、未熟粒、损伤粒（包括虫蚀粒、病斑粒、生芽涨大粒、生霉粒、冻伤粒、热损伤粒）、破碎粒、杂质（包括筛下物、无机杂质、有机杂质）、色泽气味、完整粒率、损伤粒率、热损伤粒率、高油大豆、高蛋白质大豆的术语和定义。规定高油大豆的粗脂肪含量不低于 20%，高蛋白质大豆的粗蛋白质含量不低于 40%。并根据大豆的皮色将大豆分为黄大豆、青大豆、黑大豆、其他大豆和混合大豆。

GB 1352—2009 中的 5.1、7.1 和第 8 章分别对大豆的质量等级、检验规则和标签标识进行了规定，为强制性部分，其余部分为推荐执行。5.1 对大豆质量提出了具体要求，详见表 4-2、表 4-3 和表 4-4。表 4-2 对大豆质量等级进行了规定，高油大豆质量要求应符合表 4-3 的规定，高蛋白质大豆质量要求应符合表 4-4 的规定。7.1 要求产品的检验规则需参照 GB/T 5490—2010 执行。第 8 章要求产品的标签标识除应符合 GB 7718—2011 和 GB 28050—2011 的规定外，还应符合以下条款：①凡标识"大豆"的产品均应符合本标准，②应该在包装物上或随行文件中注明产品的名称、类别、等级、产地、收获年度和月份，③转基因大豆应按国家有关规定标识。

表 4-2　大豆质量指标

等级	完整粒率 /%	损伤粒率 /%		杂质含量 /%	水分含量 /%	气味、色泽
		合计	其中：热损伤粒			
1	≥95.0	≤1.0	≤0.2			
2	≥90.0	≤2.0	≤0.2			
3	≥85.0	≤3.0	≤0.5	≤1.0	≤13.0	正常
4	≥80.0	≤5.0	≤1.0			
5	≥75.0	≤8.0	≤3.0			

表 4-3　高油大豆质量指标

等级	粗脂肪含量（干基）/%	完整粒率 /%	损伤粒率 /%		杂质含量 /%	水分含量 /%	气味、色泽
			合计	其中：热损伤粒			
1	≥22.0						
2	≥21.0	≥85.0	≤3.0	≤0.5	≤1.0	≤13.0	正常
3	≥20.0						

表 4-4 高蛋白大豆质量指标

等级	粗脂肪含量（干基）/%	完整粒率/%	损伤粒率/%		杂质含量/%	水分含量/%	气味、色泽
			合计	其中：热损伤粒			
1	≥44.0						
2	≥42.0	≥90.0	≤2.0	≤0.2	≤1.0	≤13.0	正常
3	≥40.0						

2.《大豆等级规格》（NY/T 1933—2010）

农业部于 2010 年 9 月 21 日发布了《大豆等级规格》（NY/T 1933—2010）。NY/T 1933—2010 规定了大豆的术语和定义、分类、等级规格要求、抽样方法、试验方法、检验规则、标签标识、包装、储存和运输，适用于商品大豆。

NY/T 1933—2010 给出了高油大豆（high-oil soybean）、高蛋白质大豆（high-protein soybean）和百粒重（mass of 100 soybeans）的术语和定义。高油大豆是指粗脂肪含量（干基）不低于 20% 的大豆。高蛋白大豆是指粗蛋白质含量（干基）不低于 40% 的大豆。百粒重是指水分含量为 13% 条件下，每百粒完整大豆的重量。

NY/T 1933—2010 将杂质含量（≤1.0%）、水分含量（≤13%）、气味和色泽（正常）定为对商品大豆的基本要求，在此基础上根据完整粒率和损伤粒率将大豆分为 5 等，对商品大豆的基本要求和等级要求与《大豆》（GB 1352—2009）的规定相同。

在符合等级基本要求的前提下，依据粗脂肪含量、完整粒率和损伤粒率又将高油大豆分为 3 个等级，依据粗蛋白质的含量、完整粒率和损伤粒率将高蛋白质大豆分为 3 个等级，具体等级的规定与 GB 1352—2009 相同。

同时，对规格提出基本要求。每个规格大豆应符合"粒型基本一致，体积大小基本一致"的基本条件。在此基础上，依据百粒重将大豆分为小粒、中小粒、中粒、中大粒、大粒、特大粒 6 个规格（见表 4-5）。

表 4-5 大豆规格划分

规格	小粒	中小粒	中粒	中大粒	大粒	特大粒
百粒重/g	≤10.0	10.1～15.0	15.1～20.0	20.1～25.0	25.1～30.0	> 30.0

（二）专用大豆品种相关标准

专用大豆原料方面的标准有油脂加工、豆制品加工和饲料用大豆相关领域的标准。

大豆加工产业领域规模最大的是油脂加工产业，油脂加工业的主要原料来自进口，国内也对油脂业用大豆制定了标准。

1.《中国好粮油 大豆》（LS/T 3111—2017）

国家粮食局于 2017 年 9 月 15 日发布《中国好粮油 大豆》（LS/T 3111—2017）。LS/T 3111—2017 规定中国好粮油大豆的术语和定义、质量与安全要求、检验规则、标签标识、包装、储存和运输以及追溯信息的要求，适用于中国好粮油的国产食用单品种商品大豆。

LS/T 3111—2017 对大豆的质量和安全做了具体要求，强调符合标准规定的质量和安全要求，生产过程有质控，且提供追溯信息的大豆，可列入"中国好粮油"产品。其中国好粮油大豆的质量要求见表 4-6。

表 4-6　大豆质量指标

项目		指标	
感官	色泽	正常	
	气味		
粗蛋白含量（干基）/%	≥	40.0	
水溶性蛋白含量 /%	≥	28.0	
完整粒率 /%	≥	90.0	
损伤粒率 /%		≤5.0	
		热损伤粒率≤0.2	冻伤粒率≤0.2
杂质含量 /%	≤	0.5	
霉变粒 /%	≤	0.0	
粗脂肪酸价（KOH）/（mg/g）	≤	2.0	
一致性 /%	≥	95	
粗脂肪含量 /%		+	

注："+"为声称指标，即不参与定等，但需要提供给用户参考的重要指标。

2. 豆制品加工专用大豆品种标准

（1）《豆浆用大豆》（LS/T 3241—2012）

国家粮食局于 2012 年 10 月 25 日发布了《豆浆用大豆》（LS/T 3241—2012）。LS/T 3241—2012 规定了豆浆用大豆的术语和定义、技术要求、检验方法、检验规则、标志与标签以及包装、运输、储存要求，适用于家用和类似用途场所制作豆浆用的非转基因商品大豆。

LS/T 3241—2012 中涉及的术语有豆浆用大豆、可溶性膳食纤维、总固形物转移率、蛋白质转移率、完整粒、杂质（包括筛下物、无机杂质和有机杂质）、色泽气味。

LS/T 3241—2012 提出豆浆用大豆的质量应符合表4-7的规定。豆浆用大豆制作的豆浆，其食味品质应符合表4-8的规定。

表4-7　豆浆用大豆质量要求

蛋白质转移率 /%	可溶性膳食纤维含量（干基）/%	总固形物转移率 /%	蛋白质含量（干基）/%	脂肪含量（干基）/%	水分含量 /%	完整粒率 /%	热损伤粒率 /%	杂质含量 /%	色泽、气味
≥25	≥9.0	≥55	≥40	≥19	≤13	≥99	≤0.1	≤0.2	无异色、异味

表4-8　豆浆食味品质要求

要求	A 级	B 级
品质要求	呈现豆浆应有的颜色，有光泽，豆浆浓郁，香气持久，口感爽滑，吞咽顺畅，口感浓度适宜，具有该口味豆浆应有的滋味，味道纯正	呈现豆浆应有的颜色，暗淡无光泽，香气平淡，特色不突出，无其他不良气味，略微有涩嗓子的感觉，口感浓度略低或略高，滋味清淡，无异味
食味品质评分要求	≥85（以100分计）	≥80（以100分计）

（2）《芽用大豆》（DB22/T 1750—2012）

吉林省质量技术监督局于 2012 年 12 月 21 日发布了《芽用大豆》（DB22/T 1750—2012），于 2013 年 1 月 1 日实施。DB22/T 1750—2012 规定了芽用大豆的术语和定义、要求、检验方法、检验规则、标志及标签、包装、运输与贮存，适用于吉林省芽用中小粒大豆生产、收购和销售。

标准中涉及的术语有百粒重、芽用大豆、硬石粒率、发芽势、发芽率。

DB22/T 1750—2012 规定的芽用大豆是指适合豆芽生产的中小粒大豆，在感官上应该是黄种皮、淡色脐、圆粒，籽粒大小均匀。有大豆正常的色泽、气味，无发霉、变质。根据百粒重将芽用大豆分为小粒芽豆、中粒芽豆和大粒芽豆 3 个级别，具体理化指标见表4-9。

表4-9　理化指标

级别	百粒重 /g	水分含量 /%	完整粒率 /%	硬石粒率 /%	杂质含量 /%
小粒芽豆	7.1～9.0				
中粒芽豆	9.1～12.0	≤13	≥95	≤0.2	≤1.0
大粒芽豆	12.1～15.0				

（3）《纳豆用小粒大豆》（DB22/T 1749—2012）

吉林省质量技术监督局于 2012 年 12 月 21 日发布了《纳豆用小粒大豆》（DB22/T 1749—2012），于 2013 年 1 月 1 日实施。DB22/T 1749—2012 规定了纳豆用小粒大豆的术语和定义、要求、检验方法、检验规则、标志及标签、包装、运输与贮存，适用于吉林省纳豆用小粒大豆生产、收购和销售。

DB22/T 1749—2012 中涉及的术语有：完整粒率、百粒重、小粒大豆、纳豆、硬石粒率、杂质。其中小粒大豆是指百粒重≤10g 的大豆。

纳豆用小粒大豆在感官上应为黄种皮、淡色脐、圆粒，籽粒大小均匀，粒径 4mm～5.8mm。有大豆正常的色泽、气味，无发霉、变质。具体理化指标要求见表 4-10。

表 4-10　理化指标

百粒重 /g	水分含量 /%	完整粒率 /%	硬石粒率 /%	杂质含量 /%
8～10	≤13	≥95	≤0.2	≤1

三、大豆加工制品相关标准

（一）豆浆相关标准

1.《植物蛋白饮料　豆奶和豆奶饮料》（GB/T 30885—2014）

国家质量监督检验检疫总局和国家标准化管理委员会于 2014 年 9 月 30 日发布了《植物蛋白饮料　豆奶和豆奶饮料》（GB/T 30885—2014）。GB/T 30885—2014 规定了豆奶和豆奶饮料的定义、产品分类、技术要求、试验方法、检验规则和标签、包装、运输、贮存，适用于以大豆及大豆制品为主要原料，经加工制成的预包装液体饮料。

标准中的豆奶（豆乳）（soymilk），分为原浆豆奶（豆乳）、浓浆豆奶（豆乳）、调制豆奶（豆乳）、发酵原浆豆奶（豆乳）及发酵调制豆奶（豆乳）。原浆和浓浆豆奶（豆乳）是指以大豆为主要原料，不添加食品辅料和食品添加剂，加工制成的产品，后者为大豆固形物含量较高的产品；调制豆奶（豆乳）（formulated soymilk），是指以大豆为主要原料，可添加营养强化剂、食品添加剂、其他食品辅料，加工制成的产品。发酵原浆及发酵调制豆奶（豆乳）（fermented soymilk），又称为酸豆奶（豆乳），是指在本身产品基础上，经发酵制成的产品，前者可添加食糖供微生物的生长。

豆奶（豆乳）饮料（soy beverage），又分为调制和发酵豆奶（豆乳）饮料，是指以大豆、豆粉、大豆蛋白为主要原料，可添加食糖、营养强化剂、食品添加剂、其他食品辅料经加工或发酵制成的，大豆固形物含量较低的产品。其中发酵型产品可根据是否经过杀菌处理分为杀菌（非活菌）型和未杀菌（活菌）型。

对该类制品的技术要求包括原料要求、感官要求、理化要求、乳酸菌活菌数要求及食品安全要求。大豆原料应符合 GB 1352 的有关规定，发酵菌种应使用保加利亚乳杆菌（德氏乳杆菌保加利亚亚种）、嗜热链球菌或国务院卫生行政部门批准的其他菌种。感官要求详见表4-11。理化要求详见表4-12。对于未杀菌（活菌）型产品，出厂时，其乳酸菌活菌数应满足≥1×10^6CFU/mL。食品安全应符合相应的食品安全国家标准的规定。

2.《豆浆类》（SB/T 10633—2011）

商务部于 2011 年 8 月 10 日发布了《豆浆类》（SB/T 10633—2011），2011 年 12 月1 日实施。SB/T 10633—2011 规定了豆浆的术语和定义、技术要求、生产加工过程、检验方法，包装、标识和流通过程的要求，适用于豆浆、调制豆浆和豆浆饮料。

表 4-11　感官要求

项目	要求	
	原浆豆奶、浓浆豆奶、调制豆奶、豆奶饮料	发酵豆奶
色泽	乳白色、微黄色，或具有与原料或添加成分相符的色泽	
滋味和气味	具有豆奶或发酵型豆奶应有的滋味和气味，或具有与添加成分相符的滋味和气味；无异味	
组织状态	组织均匀，无凝块，允许有少量蛋白质沉淀和脂肪上浮，无正常视力可见外来杂质	组织细腻、均匀，允许有少量上清液析出；或具有添加成分特有的组织状态，无正常视力可见外来杂质

表 4-12　理化指标

项目	指标			
	浓浆豆奶	原浆豆奶、调制豆奶、发酵豆奶	调制豆奶饮料	发酵豆奶饮料
总固形物 /（g/100 mL）　≥	8.0	4.0	2.0	
蛋白质 /（g/100 g）　≥	3.2	2.0	1.0	
脂肪 /（g/100 g）　≥	1.6	0.8	0.4	
脲酶活性	阴　性			

SB/T 10633—2011 中豆浆（soymilk）是指大豆（不包括豆粕及豆粉）经脱皮或不脱皮，加水研磨、加热等使蛋白质等有效成分溶出，除去豆渣后所得的总固形物含量在 6.0% 以上的乳状液；调制豆浆（formulated soymilk）是指大豆或食用豆粕经浸泡或

不浸泡、加水研磨使蛋白质等有效成分溶出，除去豆渣后，添加或不添加豆油或其他的植物油脂、糖类、食盐等辅料，添加或不添加食品添加剂、食品营养强化剂，可采用高于巴氏杀菌或超高温灭菌等工艺过程制成的总固形物含量在 6.0% 以上的液体产品；包括调味豆浆和营养强化豆浆。豆浆饮料（soy beverage）是指调制豆浆、大豆蛋白粉（包括大豆豆浆液、豆浆粉、食用豆粕、去除豆渣的大豆植物蛋白粉等），添加或不添加果实的榨汁液（包括果肉及包含了果肉的汁液等）、蔬菜汁、乳及乳制品、其他杂粮谷物粉末等加工成的总固形物含量在 4.0% 以上的乳状产品（风味原料的固形物含量比大豆固形物含量少；添加果实的榨汁液原料的质量比例应小于 10%；不包括经乳酸菌发酵的饮料）。

与 QB/T 2132—2008 相比，SB/T 10633—2011 对豆浆、调制豆浆和豆浆饮料的定义侧重于工艺过程，同时提高了加工制品中的总固形物含量。标准中相关豆制品的感官要求应符合表 4-13 的要求，理化指标应符合表 4-14 的要求。

表 4-13　感官要求

项目	要求		
	豆浆	调制豆浆	豆浆饮料
外观色泽	具有产品固有的色泽，色泽均匀		
气味、滋味	具有豆香味，无异味	应具有该类产品应有的滋味、气味，无异味	
组织状态	呈均匀一致液体，可有少量沉淀物，无异物	呈均匀一致液体，可有与配方相符的辅料的沉淀物，无异物	

表 4-14　理化指标

项目	指标				
	豆浆			调制豆浆	豆浆饮料
	浓型	普通型	淡型		
蛋白质 / (g/100g)　≥	3.8	2.9	2.0	2.0	0.9
总固形物 / (g/100g)　≥	8.0	7.0	6.0	6.0	4.0
脲酶活性	阴　　性				

（二）大豆副产物相关标准

1.《食用大豆粕》（GB/T 13382—2008）

国家质量监督检验检疫总局和国家标准化管理委员会于 2008 年 11 月 4 日发布了《食用大豆粕》（GB/T 13382—2008）。GB/T 13382—2008 规定了食用大豆粕的相关术语和定义、要求、检验方法、检验规则、标签标识以及包装、储存和运输的要求，适用于食品工业用商品大豆粕。

《食用大豆粕》（GB/T 13382—2008）代替了《食用大豆粕》（GB/T 13382—1992），与 GB/T 13382—1992 的区别为：修改了规范性引用文件，取消了产品分类，将原标准的"感官要求"与"理化指标"合并为"质量要求"，修改了检测方法，增加了判定规则、标签标识，取消了对高变性大豆粕水分指标的地域性区分。

《食用大豆粕》（GB/T 13382—2008）中提及的术语有食用大豆粕、杂质和含砂量，明确食用大豆粕（edible soybean meal）是指大豆经浸出法（预榨浸出或直接浸出）去除油脂后制得，适合食品加工用的富含蛋白质的物质。

食用大豆粕的质量应符合表 4-15 的规定。

表 4-15 食用大豆粕质量要求

项目	一级	二级
形状	松散的片状、粉状或颗粒状	
色泽	具有大豆粕固有的色泽	
气味	具有大豆粕固有的气味，无霉味	
水分 /%	≤12.0	
杂质 /%	≤0.10	
粗蛋白质（干基）/%	≥49.0	≥46.0
粗纤维素（干基）/%	≤5.0	≤7.0
粗脂肪（干基）/%	≤2.0	
灰分（干基）/%	≤6.5	
含砂量 /%	≤0.5	

注：食用大豆粕用于加工组织蛋白时，含砂量应≤0.10%。

四、大豆营养功能成分相关标准

（一）大豆油脂相关标准

1.《大豆油》（GB/T 1535—2017）

国家质量监督检验检疫总局和国家标准化管理委员会于 2017 年 12 月 29 日发布了《大豆油》（GB/T 1535—2017）。GB/T 1535—2017 规定了大豆油的术语和定义、分类、质量要求、检验方法及规则、标签、包装、贮存、运输和销售等要求，适用于成品大豆油和大豆原油，大豆原油的质量指标仅适用于大豆原油的贸易。

该标准代替《大豆油》（GB/T 1535—2003）。与 GB/T 1535—2003 相比，主要技术差异如下：修改了分类和定义等；对部分术语定义进行了修改；对质量要求进行了调整，设置了"基本组成和主要物理参数"的章节（见第 5 章）；对质量指标进行了修订；增加了销售要求。

GB/T 1535—2017 中涉及的术语和定义包括大豆原油、成品大豆油、相对密度、脂肪酸、色泽、透明度、水分及挥发物含量、不溶性杂质含量、酸价、过氧化值、溶剂残留量、含皂量、加热试验、冷冻试验和烟点共计 15 个。GB/T 1535—2017 将大豆油分为大豆原油和成品大豆油两类，大豆原油（crud soya bean oil）是指采用大豆制取的符合本标准原油质量指标的不能直接供人体食用的油品，又称大豆毛油；成品大豆油（finished product of soya bean oil）是指经加工处理符合本标准成品油质量指标和食品安全国家标准的可供人体食用的大豆油品。

大豆原油的质量要求见表 4-16，成品大豆油的质量指标见表 4-17。

表 4-16　大豆原油质量指标

项目		质量指标
气味、滋味		具有大豆原油固有的气味和滋味，无异味
水分及挥发物含量 /%	≤	0.2
不溶性杂质含量 /%	≤	0.2
酸价（KOH）/（mg/g）		按照 GB 2716 执行
过氧化值 /（mmol/kg）		
溶剂残留量 /（mg/kg）	≤	100

表 4-17　成品大豆油质量指标

项目		质量指标		
		一级	二级	三级
色泽		淡黄色至浅黄色	浅黄色至橙黄色	橙黄色至棕红色
透明度（20℃）		澄清、透明	澄清	允许微浊
气味、滋味		无异味，口感好	无异味，口感良好	具有大豆油固有气味和滋味，无异味
水分及挥发物含量 /%	≤	0.10	0.15	0.20
不溶性杂质含量 /%	≤	0.05		
酸价（KOH）/（mg/g）	≤	0.50	2.0	按照 GB 2716 执行
过氧化值 /（mmol/kg）	≤	5.0	6.0	按照 GB 2716 执行
加热试验（280℃）		—	无析出物，油色不变	允许微量析出物和油色变深
含皂量 /（%）	≤	—	0.03	

（续）表 4-17

项目	质量指标		
	一级	二级	三级
冷冻试验（0℃储藏 5.5h）	澄清、透明	—	
烟点 /℃　　　　　　≥	190	—	
溶剂残留量 /（mg/kg）	不得检出	按照 GB 2716 执行	

注 1：划有 "—" 者不做检测。
注 2：过氧化值的单位换算：当以 g/100g 表示时，如：5.0mmol/kg=5.0/39.4g/100g ≈ 0.13g/100g。
注 3：溶剂残留量检出值小于 10mg/kg 时，视为未检出。

（二）大豆蛋白及肽粉相关标准

大豆蛋白是大豆的主要营养成分，是优质的植物蛋白质资源，大豆蛋白也是目前我国大豆加工产业中发展较好的产业。

1.《大豆蛋白粉》（GB/T 22493—2008）

国家质量监督检验检疫总局和国家标准化管理委员会于 2008 年 11 月 4 日发布了《大豆蛋白粉》（GB/T 22493—2008）。GB/T 22493—2008 规定了大豆蛋白粉的术语和定义、分类、质量要求、检测规则、标签标识以及包装、储存和运输的要求，适用于作为食品工业原料的商品大豆蛋白粉。

标准涉及的术语包括大豆蛋白粉、热变性大豆蛋白粉、低变性大豆蛋白粉、形态、色泽、气味、氮溶解指数、细度 8 个。大豆蛋白粉是指大豆经清洗、脱皮、脱脂、粉碎等工艺加工而成的蛋白质含量（干基，N×6.25）不低于 50% 的粉状产品，根据产品中蛋白质的变性程度，分为热变性大豆蛋白粉和低变性大豆蛋白粉两类。热变性大豆蛋白粉是指采用热处理后的大豆粕经粉碎等生产工艺加工得到的大豆蛋白粉，低变性大豆蛋白粉是指低温脱溶大豆粕经碾磨等工艺加工得到的氮溶解指数（NSI）不低于 55% 的大豆蛋白粉。标准中有关大豆蛋白粉的质量要求包括感官要求（见表 4-18）、质量指标（见表 4-19）。

表 4-18　大豆蛋白粉的感官要求

项目	质量要求
形态	粉状，无结块现象
色泽	白色至浅黄色
气味	具有大豆蛋白粉固有的气味，无异味
杂质	无肉眼可见的外来物质

表 4-19　大豆蛋白粉质量指标

项目		热变性大豆蛋白粉	低变性大豆蛋白粉
氮溶解指数（NSI）/%	≥	—	55
粗蛋白质（以干基计，N×6.25）/%	≥	50	
水分 /%	≤	10.0	
灰分（以干基计）/%	≤	7.0	
粗脂肪（以干基计）/%	≤	2.0	
粗纤维（以干基计）/%	≤	5.0	
细度（通过直径 0.154mm 筛）/%	≥	95	

2.《大豆肽粉》（GB/T 22492—2008）

国家质量监督检验检疫总局和国家标准化管理委员会于 2008 年 11 月 4 日发布了《大豆肽粉》（GB/T 22492—2008）。GB/T 22492—2008 规定了大豆肽粉的术语和定义、质量要求和卫生要求、检测方法、检验规则、标签标识以及包装、储存和运输要求，适用于以大豆粕或大豆蛋白等为原料，生产的食用大豆肽粉商品。

标准中涉及的术语和定义包括大豆肽粉、肽含量和脲酶（尿素酶）活性。大豆肽粉是指以大豆粕或大豆蛋白等为主要原料，用酶解或微生物发酵法生产的，相对分子质量在 5000 以下，主要成分为肽的粉末状物质。根据理化指标将肽粉分为三个等级，详见表 4-20。

表 4-20　大豆肽粉理化指标

项目	质量指标		
	一级	二级	三级
粗蛋白质（以干基计，N×6.25）/%	≥90.0	≥85.0	≥80.0
肽含量（以干基计）/%	≥80.0	≥70.0	≥55.0
≥80% 肽段的相对分子质量	≤2 000	≤5 000	
灰分（以干基计）/%	≤6.5	≤8.0	
水分 /%	≤7.0		
粗脂肪（干基）/%	≤1.0		
脲酶（尿素酶）活性	阴性		

3.《大豆蛋白制品》（SB/T 10649—2012）

商务部于 2012 年 3 月 23 日发布了《大豆蛋白制品》（SB/T 10649—2012）。SB/T 10649—2012 规定了大豆蛋白制品的术语和定义、分类、原料、辅料和添加剂、技术要求、生产加工的卫生要求、检验方法、检验规则、标签、标志、包装、运输、贮存、销售和召回的要求，适用于定义产品的生产、检验和销售。

大豆蛋白制品（soy protein products），是指以大豆蛋白（或膨化豆制品）为主要原料配以相关的辅料，经浸泡（或不浸泡）、脱水（或不脱水）、斩拌（或搅拌）、滚揉、调味、成型（或不成型）、蒸煮（或油炸）、速冻（或不速冻）、包装、杀菌（或不杀菌）等工艺制成的食品，分为油炸大豆蛋白制品和蒸煮大豆蛋白制品。关于该类型豆制品的技术要求包括感官要求（见表 4-21）和理化指标（见表 4-22）。

表 4-21　感官要求

项目	指标	
	油炸大豆蛋白制品	蒸煮大豆蛋白制品
色泽	具有产品本身的颜色，无焦黑色，色泽基本一致	具有产品本身的颜色，色泽基本一致
组织形态	组织均匀，口感有韧性	
滋味与气味	具有油炸香味，咸甜适中，无焦苦，无哈喇味，无异味	具有该产品特有的香味，咸甜适中，无异味
杂质	无正常视力可见外来杂质	

表 4-22　理化指标

项目		指标	
		油炸大豆蛋白制品	蒸煮大豆蛋白制品
蛋白质（g/100g）	≥	12.0	
氯化钠（以 NaCl 计）（g/100g）	≤	4.0	

（三）大豆碳水化合物相关标准

1.《大豆膳食纤维粉》（GB/T 22494—2008）

国家质量监督检验检疫总局和国家标准化管理委员会于 2008 年 11 月 4 日发布《大豆膳食纤维粉》（GB/T 22494—2008），2009 年 1 月 1 日实施。GB/T 22494—2008 规定了大豆膳食纤维粉的术语和定义、质量要求和卫生要求、检验方法、检验规则、标签标识以及包装、储存和运输的要求，适用于商品大豆膳食纤维粉。

GB/T 22494—2008 涉及的术语包括大豆膳食纤维粉、可溶性膳食纤维、非可溶性膳食纤维和总膳食纤维含量。大豆膳食纤维粉（soy dietary fiber powder）是指大豆加工过程中产生的大豆皮和大豆渣，经提纯、分离、干燥、粉碎（全部通过孔径 0.15mm

筛）等处理而成的产品；可溶性膳食纤维（soluble dietary fiber）是指溶于温水或热水的膳食纤维；非可溶性膳食纤维（insoluble dietary fiber）是指不溶于热水的膳食纤维，包括纤维素、半纤维素、木质素、植物蜡等；总膳食纤维含量（the content of total dietary fiber）是指可溶性和非可溶性膳食纤维的质量占样品的质量分数。

大豆膳食纤维粉以总膳食纤维为定等指标，质量指标见表4-23。

表4-23　大豆膳食纤维粉质量要求

项目	质量指标		
	一级	二级	三级
总膳食纤维 /%	≥80	≥60	≥40
可溶性膳食纤维 /%	≥10	≥5	—
水分 /%	≤10		
灰分 /%	≤5		
色泽	淡黄色或乳白色粉末		
气味、滋味	具有大豆膳食纤维固有的气味和滋味、无异味		

2.《食品安全国家标准　食品添加剂　可溶性大豆多糖》（GB 1886.322—2021）

国家市场监督管理总局和国家卫生健康委员会于2021年2月22日发布《食品安全国家标准　食品添加剂　可溶性大豆多糖》（GB 1886.322—2021），于2021年8月22日实施。GB 1886.322—2021规定了可溶性大豆多糖的范围、主成分结构式、技术要求以及微生物指标要求，适用于以大豆或大豆粕为原料，经脱脂、提取、纯化、灭菌、干燥等工艺生产的的可溶性大豆多糖。

GB 1886.322—2021中并未涉及可溶性大豆多糖、A型可溶性大豆多糖和B型可溶性大豆多糖等具体的术语和定义，但在《可溶性大豆多糖》（LS/T 3301—2005）中有详细描述。GB 1886.322—2021中涉及可溶性大豆多糖的结构式，通过结构式的不同，可区分鼠李糖、半乳糖、半乳糖酸和阿拉伯糖。此外，技术要求中直接提供了相应的检测方法。可溶性多糖的感官要求详见表4-24，理化指标详见表4-25，微生物指标详见表4-26。

表4-24　感官要求

项目	要求	检验方法
色泽	白色至微黄色	适量试样置于清洁、干燥的白磁盘中，在自然光线下观察色泽及状态，并嗅气味
状态	粉末状	
气味	气味正常，无异味	

表4-25　理化指标

项目		要求	检验方法
可溶性多糖，ω/%	≥	60.0	附录A中A.3
水分，ω/%	≤	7.0	GB 5009.3
灰分，ω/%	≤	10.0	GB 5009.4
蛋白质，ω/%	≤	8.0	GB 5009.5
黏度（10%水溶液，20℃±0.5℃）/MPa·s ≤		200	附录A中A.4
成胶性（10%水溶性）		溶于热水和冷水，不形成凝胶	附录A中A.4
pH（1%水溶液）		5.5±1.0	附录A中A.4
铅（Pb）/（mg/kg）	≤	0.5	GB 5009.75 或 GB 5009.12
总砷（以As计）/（mg/kg）	≤	0.5	GB 5009.11

表4-26　微生物指标

项目		要求	检验方法
菌落总数/（CFU/g）	≤	500	GB 4789.2
大肠菌群/（MPN/g）	<	3.0	GB 4789.3
霉菌和酵母计数/（CFU/g）	≤	50	GB 4789.15
沙门氏菌/25g		不得检出	GB 4789.4
金黄色葡萄球菌/25g		不得检出	GB 4789.10

3.《大豆低聚糖》（GB/T 22491—2008）

国家质量监督检验检疫总局和国家标准化管理委员会于2008年11月4日发布了《大豆低聚糖》（GB/T 22491—2008），2009年1月1日实施。GB/T 22491—2008规定了大豆低聚糖的术语和定义、分类、质量要求、检验方法、检验规则、标签标识及包装、储存和运输要求，适用于以大豆及其加工副产品为原料生产的商品大豆低聚糖。

大豆低聚糖（soybean oligosaccharide）是指以大豆、大豆粕或大豆胚芽为原料生产的，含有一定量的水苏糖、棉子糖、蔗糖等低聚糖的产品。大豆低聚糖分为糖浆型和粉末型，主要成分包括水苏糖、棉子糖和蔗糖。

大豆低聚糖的质量要求见表4-27。

表 4-27　大豆低聚糖质量要求

项目	糖浆型	粉末型
色泽、外观	白色、淡黄色或黄色粘稠液体状	白色、淡黄色或黄色粉末状
气味、滋味	气味正常，有甜味，无异味	
杂质	无肉眼可见杂质	
水分 /%	≤25.0	≤5.0
灰分（以干基计）/%	≤3.0	≤5.0
大豆低聚糖（以干基计）/% 其中：水苏糖、棉子糖（以干基计）/%	≥60.0 ≥25.0	≥75.0 ≥30.0
pH（1% 水溶液）	6.5 ± 1.0	

（四）大豆功能成分相关标准解读

大豆除了富含脂肪、蛋白和碳水化合物等基础营养成分，还含有磷脂、皂苷、异黄酮和脂肪酸等特征性功能成分。大豆磷脂相关的标准有《大豆磷脂》（LS/T 3219—2017）、《食品安全国家标准　食品添加剂　改性大豆磷脂》（GB 1886.238—2016）、《食品添加剂　酶解大豆磷脂》（GB 30607—2014）、《饲料添加剂　大豆磷脂》（GB/T 23878—2009）、《食品添加剂　改性大豆磷脂》（LS/T 3225—1990）、《食品添加剂　大豆磷脂》（DB13/T 83—1991）；大豆皂苷相关的标准有《大豆皂苷》（GB/T 22464—2008）；大豆异黄酮相关的标准有《大豆异黄酮》（NY/T 1252—2006）；大豆脂肪酸相关的标准有《油漆和清漆的粘合剂　蒸馏的大豆脂肪酸　要求和试验方法》（DIN 55964—1993）、《蒸馏大豆脂肪酸》（CNS 7431—1981）。以下就用于食品领域的几项主要功能成分相关的标准进行解读。

1.《食品安全国家标准　食品添加剂　改性大豆磷脂》（GB 1886.238—2016）

国家卫生和计划生育委员会于 2016 年 8 月 31 日发布了《食品安全国家标准　食品添加剂　改性大豆磷脂》（GB 1886.238—2016）。GB 1886.238—2016 适用于以天然大豆磷脂为原料，经过适度的乙酰化、羟基化、酰羟化、氢化等单个或多个工序成的食品添加剂改性大豆磷脂。

2.《大豆皂苷》（GB/T 22464—2008）

国家质量监督检验检疫总局和国家标准化管理委员会于 2008 年 11 月 4 日发布了《大豆皂苷》（GB/T 22464—2008）。GB/T 22464—2008 规定了大豆皂苷的术语和定义、质量要求和卫生要求、检验方法、检验规则、标签标识，以及包装、运输、贮存要求，适用于以大豆、大豆粕和大豆胚芽为原料提取的商品大豆皂苷。

大豆皂苷（soybean saponin）是指以大豆、大豆粕或者大豆胚芽为原料生产的，由非极性的三萜苷元（aglycone 或 sapogenol）和低聚糖链（glycones）组成的五环三萜齐墩果型皂苷产品。大豆皂苷产品中主要成分分为 A 类、B 类、E 类或 DDMP 类。大豆皂苷的质量指标见表 4-28。

表 4-28　大豆皂苷质量指标

项　　目		质量指标
色泽、外观		黄色至棕黄色粉末
气味、口味		气味、口味正常，无异味
杂质		无肉眼可见杂质
水分 /%	≤	5.0
灰分（以干基计）/%	≤	3.0
大豆皂苷含量（以干基计）/%	≥	40
pH 值（1% 水溶液）		6.5 ± 1.0

3.《饲料添加剂　大豆磷脂》（GB/T 23878—2009）

国家质量监督检验检疫总局和国家标准化管理委员会于 2009 年 5 月 26 日发布了《饲料添加剂 大豆磷脂》（GB/T 23878—2009）。GB/T 23878—2009 规定了饲料添加剂大豆磷脂产品的技术要求、试验方法、检验规则及标签、包装、运输、贮存，适用于从大豆中提取的用作饲料添加剂的大豆磷脂产品。

4.《食品安全国家标准　食品添加剂　酶解大豆磷脂》（GB 30607—2014）

国家卫生和计划生育委员会于 2014 年 4 月 29 日发布了《食品安全国家标准　食品添加剂　酶解大豆磷脂》（GB 30607—2014）。GB 30607—2014 适用于食用大豆油精炼过程中分离出来的油脚或食用大豆磷脂经过脂肪酶或磷脂酶降解、精制等工艺制取的食品添加剂酶解大豆磷脂。

5.《大豆磷脂》（LS/T 3219—2017）

国家粮食局于 2017 年 10 月 27 日发布了《大豆磷脂》（LS/T 3219—2017），用于代替《磷脂通用技术条件》（LS/T 3219—1994）。LS/T 3219—2017 规定了大豆磷脂的术语和定义、分类、质量要求、检验方法、检验规则、标签、包装、储存和运输的要求，适用于食用商品大豆磷脂。与 LS/T 3219—1994 相比，除编辑性修改外主要技术变化如下：将原标准修订为产品标准，增加了透明磷脂的术语和定义、分类及质量指标；

将原标准感官指标合并到质量要求中；浓缩大豆磷脂删除分级、水合实验质量指标，同时修订了色泽、水分、正己烷不溶物、丙酮不溶物、酸值、过氧化值指标范围；粉末大豆磷脂删除含磷量、乳化稳定性质量指标，增加过氧化值指标要求，同时修订了色泽、水分、正己烷、丙酮不溶物、酸值指标范围；分提大豆磷脂删除乳化稳定性质量指标，增加磷脂酰胆碱指标要求，同时修订了一级乙醇可溶性物的质量指标要求。

标准中涉及到的术语包括大豆磷脂、浓缩大豆磷脂、透明大豆磷脂、粉末大豆磷脂、分提大豆磷脂、正己烷不溶物含量、丙酮不溶物含量和乙醇可溶物含量。

大豆磷脂（soybean lecthin）是指由大豆原油提取的难溶于丙酮的含磷类脂物，是磷脂基脂质的总称。其中大豆水化磷脂（soybean hydratable lecthin）是大豆原油经过水化脱胶、胶分离、脱水后得到的黄色稠状物。大豆磷脂分为浓缩大豆磷脂、透明大豆磷脂、粉末大豆磷脂和分提大豆磷脂。浓酸大豆磷脂（concentrated soybean lecithin）是指由大豆水化磷脂经真空脱水、浓缩、冷却等工序而制成的塑状或粘稠状产品，又称标准大豆磷脂（standard lecthin）；透明大豆磷脂（transparent soybean lecithin）是指由浓缩大豆磷脂经过滤、脱色、脱杂制成的透明状产品；粉末大豆磷脂（soybeanlecithin powder）是指采用浓缩大豆磷脂经脱脂、分离、干燥等工序或者超临界二氧化碳萃取工艺制成的粉末状或颗粒状产品，又称脱油大豆磷脂（deoiled soybean lecithin）；分提大豆磷脂（fractionated soybean lecithin）是指由浓缩大豆磷脂或者粉末大豆磷脂经醇类萃取、层析、分离、干燥等工序制得的富含磷脂酰胆碱的产品，又称大豆卵磷脂。

浓缩大豆磷脂的质量指标见表4-29。透明大豆磷脂的质量指标见表4-30。粉末大豆磷脂的质量指标见表4-31。分提大豆磷脂的质量指标见表4-32。

表4-29　浓缩大豆磷脂质量指标

项目		指标
感官	外观	呈塑状或粘稠状，质地均匀，无霉变
	色泽	浅黄色至棕褐色
	气味	具有磷脂固有的气味，无异味
水分含量 /% ≤		1.0
正己烷不溶物含量 /% ≤		0.3
丙酮不溶物含量 /% ≥		60.0
酸值（以 KOH 计）/（mg/g） ≤		32.0
过氧化值 /（mmol/kg） ≤		5.0
溶剂残留量 /（mg/kg） ≤		50

表 4-30 透明大豆磷脂质量指标

项目		指标
感官	外观	透明，流动性好
	色泽	浅黄色至棕褐色
	气味	具有磷脂固有的气味，无异味
水分含量 /% ≤		0.8
正己烷不溶物含量 /% ≤		0.1
丙酮不溶物含量 /% ≥		50.0
酸值（以 KOH 计）/（mg/g） ≤		32.0
过氧化值 /（mmol/kg） ≤		按照 GB 2716 执行
溶剂残留量 /（mg/kg） ≤		

表 4-31 粉末大豆磷脂质量指标

项目		指标	
		一级	二级
感官	外观	呈粉状或颗粒状，无霉变	
	色泽	浅黄色至浅棕黄色	
	气味	具有磷脂固有的气味，无异味	
正己烷不溶物含量 /% ≤		0.3	
丙酮不溶物含量 /% ≥		95.0	
过氧化值 /（mmol/kg） ≤		5.0	
水分含量 /% ≤		1.0	2.0
酸值（以 KOH 计）/（mg/g） ≤		32.0	36.0

表 4-32 分提大豆磷脂质量指标

项目		指标	
		一级	二级
感官	外观	呈粘稠胶质状、液体状、粉状或蜡状，无霉变	
	色泽	浅黄色至棕色	
	气味	具有磷脂固有的气味，无异味	
磷脂酰胆碱含量（PC）/% ≥		35.0	
水分含量 /% ≤		3.0	
含磷量（以 P 计） ≤		2.70	
乙醇可溶物含量 /% ≥		97.0	90.0
酸值（以 KOH 计）/（mg/g） ≤		30.0	—
碘值（以 I 计）/（g/100g） ≥		85.0	—

6.《大豆异黄酮》（NY/T 1252—2006）

农业部于 2006 年 12 月 6 日发布了大豆异黄酮（NY/T 1252—2006），此标准于 2007 年 2 月 1 日实施。NY/T 1252—2006 规定了大豆异黄酮基本组分的名称、大豆异黄酮的产品定义、分类、技术要求、检验方法、检验规则和标签、标志、包装、运输、贮存。本标准适用于大豆粕为主要原料生产的主要成分为大豆异黄酮的粉状物产品。

标准涉及的术语有大豆异黄酮和大豆皂苷。大豆异黄酮（soybean isoflavone）是指大豆生长过程中形成的一类次生代谢产物，属天然黄酮类物质，具有异黄酮类化合物的典型结构。它是由糖中的羟基与齐墩果稀缩合而成的一类结构复杂的天然皂苷化合物。大豆异黄酮分为大豆异黄酮苷、大豆异黄酮［苷］、大豆异黄酮苷元和大豆异黄酮［苷元］四类。大豆异黄酮苷是大豆苷（daidzin）、大豆黄苷（glycitin）以及染料木苷（genistin）三种苷的统称；大豆异黄酮［苷］是大豆苷（daidzin）、大豆黄苷（glycitin）以及染料木苷（genistin）三种苷的总和；大豆异黄酮苷元是大豆素（daidzein）、大豆黄素（glycitein）以及染料木素（genistein）三种苷元的统称；大豆异黄酮［苷元］是大豆素（daidzein）、大豆黄素（glycitein）以及染料木素（genistein）三种苷元的总和。大豆皂苷（soybean saponin）是大豆生长过程中形成的另一类次生代谢产物，往往存在于大豆异黄酮产品中。

相关产品按照大豆异黄酮组分化学结构分为大豆异黄酮苷（glucosides）和大豆异黄酮苷元（aglycones）两大类。

大豆异黄酮苷类产品主要成分应符合表 4-33 的规定，大豆异黄酮苷元类产品主要成分应符合表 4-34 的规定。

表 4-33 大豆异黄酮苷类产品主要成分表

产品名称		主要成分	特级	Ⅰ级	Ⅱ级	Ⅲ级
大豆异黄酮［苷］（以干基计）/%	≥	大豆异黄酮苷	95	90	70	50
		大豆皂苷	—	—	15	30
大豆异黄酮［大豆苷］（以干基计）/%	≥	大豆苷	95	90	70	50
		大豆黄苷和染料木苷	—	—	15	30
大豆异黄酮［大豆黄苷］（以干基计）/%	≥	大豆黄苷	95	90	70	50
		大豆苷和染料木苷	—	—	15	30
大豆异黄酮［染料木苷］（以干基计）/%	≥	染料木苷	95	90	70	50
		大豆苷和大豆黄苷	—	—	15	30

表 4-34　大豆异黄酮苷元类产品主要成分表

产品名称	主要成分	特级	Ⅰ级	Ⅱ级	Ⅲ级
大豆异黄酮［苷元］（以干基计）/% ≥	大豆异黄酮苷元	95	90	70	50
	大豆异黄酮苷	—	—	15	30
大豆异黄酮［大豆素］（以干基计）/% ≥	大豆素	95	90	70	50
	大豆黄素和染料木素	—	—	15	30
大豆异黄酮［大豆黄素］（以干基计）/% ≥	大豆黄素	95	90	70	50
	大豆素和染料木素	—	—	15	30
大豆异黄酮［染料木素］（以干基计）/% ≥	染料木素	95	90	70	50
	大豆素和大豆黄素	—	—	15	30

五、大豆检测方法相关标准

（一）大豆营养成分检测相关标准

1.《粮油检验　大豆粗蛋白质、粗脂肪含量的测定　近红外法》（GB/T 24870—2010）

国家质量监督检验检疫总局和国家标准化管理委员会于 2010 年 6 月 30 日发布了《粮油检验　大豆粗蛋白质、粗脂肪含量的测定　近红外法》（GB/T 24870—2010）。GB/T 24870—2010 规定了大豆粗蛋白质、粗脂肪含量（干基）近红外测试方法的术语和定义、原理、仪器设备、测定、结果处理和表示、异常样品的确认和处理、准确性和精密度及测试报告的要求，适用于大豆粗蛋白质和粗脂肪含量（干基）的快速测试，不适用于仲裁检验。

该标准的制定参考了美国谷物化学家协会发布的《大豆中蛋白质和脂肪的测定近红外反射法》（AACC 39-20：1999），是建立在经典方法基础上的大豆粗蛋白质、粗脂肪含量的快速测试方法。该标准所依据的测定原理是利用蛋白质或脂肪分子中的 N-H、C-H、O-H、C-O 等化学键的泛频率振动或转动对近红外光的吸收特性，用化学计量学方法建立大豆近红外光谱与其粗蛋白质含量或粗脂肪含量之间的相关关系，从而计算出大豆样品的粗蛋白质含量或粗脂肪含量。

2.《大豆水溶性蛋白含量的测定》（NY/T 1205—2006）

农业部于 2006 年 12 月 6 日发布了《大豆水溶性蛋白含量的测定》（NY/T 1205—2006）。NY/T 1205—2006 规定了大豆中水溶性蛋白含量的测定方法，适用于大豆中水溶性蛋白含量的测定，同时也规定了大豆中水溶性蛋白质含量的测定方法。

该标准测定的原理是用水提取大豆中的水溶性蛋白，硫酸使含氮物转化为硫酸铵，加强碱蒸馏使氨逸出，用硼酸吸收后，用标准盐酸滴定计算含氮量，乘以换算系数计算出大豆中水溶性蛋白的含量，根据该法测定的样品中的水溶性蛋白质含量用质量分数表示。

3.《大豆及其制品蛋白质溶解度的测定》（DB13/T 812—2006）

河北省质量技术监督局于 2006 年 11 月 11 日发布了《大豆及其制品蛋白质溶解度的测定》（DB13/T 812—2006）。DB13/T 812—2006 规定了大豆及其制品中蛋白质溶解度测定的原理、试剂、仪器设备和测定方法，适用于饲料检测单位、饲料企业、养殖场（户）、大中专院校对大豆及其制品加工质量的检测和监控。

这项标准给出了蛋白质溶解度的术语和定义。蛋白质溶解度是指在一定的氢氧化钾溶液中溶解的蛋白质质量占试样中总蛋白质质量的百分数。通常采用氮溶解指数（NSI）和蛋白质分散指数（PDI）来表示，其测定原理是用一定浓度的氢氧化钾溶液提取试样中的可溶性蛋白质，在催化作用下用浓硫酸将提取液中可溶性蛋白质的氮转化为硫酸铵。加入强碱进行蒸馏使氨逸出，用硼酸吸收后，再用盐酸滴定测出试样中可溶性蛋白质含量；同时，测定原始试样中粗蛋白含量，从而计算出试样的蛋白溶解度。

（二）大豆功能成分检测相关标准

1.《食品安全国家标准　食品中磷脂酰胆碱、磷脂酰乙醇胺、磷脂酰肌醇的测定》（GB 5009.272—2016）

国家卫生和计划生育委员会和国家食品药品监督管理总局于 2016 年 12 月 23 日发布了《食品安全国家标准　食品中磷脂酰胆碱、磷脂酰乙醇胺、磷脂酰肌醇的测定》（GB 5009.272—2016），用于代替《大豆磷脂中磷脂酰胆碱、磷脂酰乙醇胺、磷脂酰肌醇的测定》（GB/T 21493—2008）。GB 5009.272—2016 规定了高效液相色谱法测定大豆磷脂、大豆油、菜籽油、花生油、葵花籽油中磷脂酰胆碱、磷脂酰乙醇胺、磷脂酰肌醇三种组分含量的方法，适用于含油大豆磷脂、脱油大豆磷脂、大豆油、菜籽油、花生油、葵花籽油中磷脂酰胆碱（PC）、磷脂酰乙醇胺（PE）、磷脂酰肌醇（PI）的测定，不适用于大豆溶血磷脂酰胆碱及大豆溶血磷脂乙醇胺的测定。

与 GB/T 21493—2008 相比，除名称修改为"食品国家安全标准　食品中磷脂酰胆碱、磷脂酰乙醇胺、磷脂酰肌醇的测定"，另外还统一了标准曲线范围，规定了高效液相色谱法测定大豆磷脂、大豆油、菜籽油、花生油、葵花籽油中磷脂酰胆碱、磷脂酰乙醇胺、磷脂酰肌醇三种组分含量的方法。标准中 3 个组分测定的原理为：试样直接溶解或经三氯甲烷提取，氨基固相萃取柱净化后，高效液相色谱分离，紫外检测器检测，外标法定量。该标准规定的定量限和检出限见表4-35和表4-36。

表4-35　检出限和定量限（大豆磷脂类）

磷脂化合物	检出限/（mg/g）	定量限/（mg/g）
PE	4.7	14.0
PC	1.2	3.6
PI	0.8	2.4
注：按取样量50 mg计。		

表4-36　检出限和定量限（植物油类）

磷脂化合物	检出限/（mg/g）	定量限/（mg/g）
PE	0.38	1.14
PC	0.12	0.36
PI	0.75	2.25

2.《大豆及制品中磷脂组分和含量的测定　高效液相色谱法》（NY/T 2004—2011）

农业部于2011年9月1日发布了《大豆及制品中磷脂组分和含量的测定 高效液相色谱法》（NY/T 2004—2011）。NY/T 2004—2011规定了高效液相色谱法测定大豆及制品中磷脂组分和含量的方法，适用于大豆及制品（豆腐、豆浆、腐乳等）中磷脂酰胆碱、磷脂酰乙醇胺、磷脂酰肌醇的测定。

磷脂组分的测定原理为：试料中的磷脂用氯仿－甲醇混合液提取，经氨基硅胶固相萃取柱纯化后，高效液相色谱分离，外标法定量。

3.《保健食品中大豆异黄酮的测定方法　高效液相色谱法》（GB/T 23788—2009）

国家质量监督检验检疫总局和国家标准化管理委员会于2006年12月6日发布了《保健食品中大豆异黄酮的测定方法　高效液相色谱法》（GB/T 23788—2009）。GB/T 23788—2009规定了保健食品中大豆异黄酮的测定方法，适用于以大豆异黄酮为主要功能性成分的保健食品（胶囊、片剂、口服液、饮料），也可用于保健食品原料中大豆异黄酮含量的测定。

标准中涉及的术语大豆异黄酮，是大豆苷、大豆黄苷、染料木苷、大豆素、大豆黄素和染料木素的总称。标准规定了样品的检出限，即固体、半固体样品中大豆苷、大豆黄苷、染料木苷、大豆素、大豆黄素和染料木素组分的检出限为 5mg/kg，液体样品中大豆苷、大豆黄苷、染料木苷、大豆素、大豆黄素和染料木素组分的检出限为 5mg/L。

4.《粮油检验　大豆异黄酮含量测定　高效液相色谱法》（GB/T 26625—2011）

国家质量监督检验检疫总局和国家标准化管理委员会于 2011 年 6 月 16 日发布了《粮油检验　大豆异黄酮含量测定　高效液相色谱法》（GB/T 26625—2011）。GB/T 26625—2011 规定了高效液相色谱法测定大豆异黄酮（大豆苷、黄豆黄素、染料木苷、大豆黄素、黄豆黄素苷元、染料木素）含量的原理、试剂与材料、仪器与设备、试剂制备与保存、操作步骤、结果计算与表示、精密度的要求，适用于大豆、豆奶粉、豆豉中大豆异黄酮含量的测定，该检测方法的最低检测限为 2.5mg/kg。

其测定的原理是试样用甲醇 - 水溶液超声波振荡提取，提取液经离心、浓缩、定容、过滤，用高效液相色谱仪测定，外标法定量。

5.《大豆中异黄酮含量的测定　高效液相色谱法》（NY/T 1740—2009）

农业部于 2009 年 4 月 23 日发布了《大豆中异黄酮含量的测定　高效液相色谱法》（NY/T 1740—2009）。NY/T 1740—2009 规定了利用高效液相色谱法对大豆中异黄酮化合物分离、检测的方法，适用于大豆籽中异黄酮（黄豆苷、黄豆黄素苷和染料木苷）含量的测定，单个异黄酮化合物的最低检出限为 20mg/kg。

NY/T 1740—2009 测定大豆中异黄酮含量的原理是：试样中的异黄酮经有机溶剂提取后，直接注入反相色谱中，不同的异黄酮化合物在色谱柱上先后流出，经紫外光谱检测后与标准样品对比，进行定性定量分析。

6.《大豆皂苷测定方法》（DB14/T 1506—2017）

山西省质量技术监督局于 2017 年 12 月 10 日发布了《大豆皂苷的测定方法》（DB14/T 1506—2017）。DB14/T 1506—2017 规定了大豆皂苷测定的术语和定义、化学结构、测定原理、试剂、仪器设备、测定步骤、计算结果和重复性，适用于大豆种子、根、茎、叶以及种皮中大豆皂苷的检测。

这项标准给出了大豆皂苷的术语和定义，大豆皂苷是大豆中的一类重要的次生代谢产物，是由大豆皂醇 A 和大豆皂醇 B 两种苷元和 β-D- 葡萄糖、β-D- 半乳糖、β-D- 木糖、β-D- 葡萄糖醛酸、α-L- 阿拉伯糖六种糖基及其乙酰化糖基等组成的五环三萜齐墩果酸型皂苷。该标准测定的原理是大豆皂苷溶液在波长 205nm 处有最大吸收峰，在一定范围内，峰面积与大豆皂醇的浓度呈正比关系。

7.《大豆皂醇的测定方法》（DB14/T 1507—2017）

山西省质量技术监督局于 2017 年 12 月 10 日发布了《大豆皂醇的测定方法》（DB14/T 1507—2017）。DB14/T 1507—2017 规定了大豆皂醇的化学结构、测定原理、试剂与标准品、仪器设备、测定步骤、结果计算和重复性，适用于大豆种子、根、茎、叶以及种皮中大豆皂醇的检测。

该标准中规定了大豆皂醇的术语和定义，大豆皂醇是指大豆生长过程中形成的一类次生代谢产物，在大豆中主要以大豆皂苷形式存在，可由大豆皂苷水解得到，具有五环三萜类典型结构。该标准的测定原理为大豆皂醇溶液在波长 205nm 处有最大吸收峰，在一定范围内，峰面积与大豆皂醇的浓度呈正比关系，测定结果根据相关公式计算即可。

六、大豆加工设备相关标准

大豆磨浆机是制取豆浆的机械，与家用磨浆机有本质的区别，因其加工豆浆效率高、浆渣分离效果好，普遍应用于饭店、豆制品加工厂、单位食堂等。目前，我国制定了系列豆浆机相关标准，用于规范相关领域的产业发展。

1.《大豆磨浆机产品型号编制方法》（SB/T 10234—2011）

商务部 2011 年 7 月 7 日发布了《大豆磨浆机产品型号编制方法》（SB/T 10234—2011）。SB/T 10234—2011 规定了大豆磨浆机的分类和类别代号及型号编制方法，适用于以砂轮为磨片的大豆磨浆机。凡生产此类产品，需统一按该标准编制产品型号，并在产品图样、样本、标牌、目录及有关技术文件中使用，但该标准对带有浆渣分离装置的磨浆机不适用。

2.《大豆磨浆机技术条件》（SB/T 10550—2009）

商务部于 2009 年 12 月 24 日发布了《大豆磨浆机技术条件》（SB/T 10550—2009）。SB/T 10550—2009 规定了大豆磨浆机的术语和定义、技术要求、试验方法及检验规则和标志、包装、运输与贮存，适用于以砂轮为磨片的大豆磨浆机的设计、制造和检验，不适用于非砂轮磨浆机，对一机多用的"多用"部分不作规定。

3.《大豆磨浆机砂轮基本参数》（SB/T 10551—2009）

商务部于 2009 年 12 月 24 日发布了《大豆磨浆机砂轮基本参数》（SB/T 10551—2009）。SB/T 10551—2009 规定了大豆磨浆机用砂轮的基本形状和基本尺寸，主要适用于大豆磨浆机用砂轮的设计和制造。

由于国内制造磨浆机的厂家众多，型号规格及种类也差别较大，为了保证大豆磨浆机产品的质量，我国分别于 2007 年 6 月 14 日和 2014 年 7 月 14 日发布了《大豆磨浆机质量评价技术规范》（NY/T 1414—2007）和《大豆磨浆机　试验方法》（JB/T 6285—2014），这两项标准分别于 2007 年 9 月 1 日和 2014 年 11 月 1 日实施。

4.《大豆磨浆机　试验方法》（JB/T 6285—2014）

工业和信息化部于 2014 年 7 月 14 日发布了《大豆磨浆机　试验方法》（JB/T 6285—2014）。JB/T 6285—2014 规定了大豆磨浆机的试验条件、试验方法以及试验报告，适用于大豆磨浆机。对大豆磨浆机的生产能力、千瓦时产量、噪声、轴承温升、涂漆、电气安全等进行实验测定，通过综合评估得出实验报告。

5.《大豆磨浆机质量评价技术规范》（NY/T 1414—2007）

农业部于 2007 年 6 月 14 日发布了《大豆磨浆机质量评价技术规范》（NY/T 1414—2007）。NY/T 1414—2007 规定了大豆磨浆机产品质量评价指标、检测方法和检验规则，适用于磨浆机产品的质量评定。

标准中涉及的术语和定义有大豆、干大豆、湿大豆、死豆、豆糊、豆浆、普通型磨浆机、分离型磨浆机、湿豆渣、干豆渣和出渣率等，主要从出渣率、小时生产率、千瓦时产量、分离度、噪声、密封性、接触环带、装配质量、外观质量、漆膜附着力等方面对大豆磨浆机质量进行考察评估。

第三节　国内外大豆及其制品相关标准比较

标准是经济社会活动的技术依据，在现代化建设和生产实践中，发挥着基础性、引领性、战略性的作用。标准化水平的高低，反映了一个国家生产保障体制的强弱，直接关系到社会经济的稳定发展。在大豆加工产业现代化的新时代，生产原料的优质化和供给的稳定化已成为大豆市场竞争的必然趋势。近年来，满足过去小作坊和家庭制作要求的大豆加工制品的标准已不能满足大豆食品产业的需求。目前国内大豆产量依旧较低，远远不能满足我国人民的生产和生活需求，不得不依靠大豆的进口，在跨国粮商主导的产业链中，我国已完全丧失了大豆的定价权。因此，建立一个适合我国现代食品产业需求的大豆及其制品的标准体系是十分必要的，也是当今农业生产供给侧结构性改革的必然趋势。建立该标准体系不但能对大豆生产、加工、销售发挥指导作用，满足企业生产高品质大豆产品和控制成本的要求，同时对于完善我国现代大豆产业体系制度，提升国产大豆竞争力具有重要意义。

一、国内相关标准

为加速我国大豆产业发展，我国先后制定了大豆及其产品相关标准，初步形成了大豆质量安全标准体系，但相关标准内容相对陈旧、体系不完善，不能适应当前市场及生产发展。

"十三五"以来，在农业供给侧结构性改革政策的持续推动下，开展了制修定大豆系列标准等重要举措，第一次将大豆系列标准进行规范和整合。

在国家政策的推动下，大豆产量持续增加，与此同时，大豆的压榨消费量稳步增加，食用消费量稳定增加。但我国大豆加工产业依旧是利用原料制取大豆油脂和饲料大豆粕，对制油副产物的下游有益物质，如浓缩磷脂等的加工相对落后，不能串联起整个生产加工流程。因此，无法形成从原料种植到加工、再到市场流通的一个较为完善的产业链。大多数加工企业加工时流程尚不连贯，生产力低，大部分源于生产加工企业之间结合不紧密，核心加工环节被拆分为几条生产线，直接影响生产效率。并且国产大豆加工企业多数为中小型企业，不时夹杂着作坊式企业，加工生产条件参差不齐，这些无不为我国大豆加工生产留下了很大的安全隐患。

二、国外相关标准

目前，国际标准化组织（International Organization for Standardization，ISO）现有涉及大豆及其制品的相关标准77项，由于ISO标准在国际上得到广泛的认可，ISO标准成为大豆及其产品国际市场贸易和流通的依据；国际食品法典委员会（Codex Alimentarius Commission，CAC）标准中与大豆及其制品有关的标准有9项。

美国大豆出口量在国际市场上占居了主导地位，美国油类化学家学会（American Oil Chemists' Society，AOCS）标准主要对大豆及制品质量安全参数的分析进行了详细规定。制定了大豆、大豆饼粕、大豆粉、大豆油脂等产品的128项检测方法。美国的非转基因改良大豆占总产量的6%，其中47%是采用特性保护管理体系的大豆，这些大豆一般作为食品大豆而非榨油用途。许多国家的大豆出口标准都参照美国标准制定，日本已基本实现了大豆原料的专用化，例如豆乳用大豆品种要求粒大且圆、中高蛋白质含量、糖分含量高、亚麻酸成分低等。欧盟是世界上主要大豆消费市场，消费的大豆油中95%依靠进口，具有比较健全的农业标准化法律，并且直接参与ISO、CAC等国际标准的制定。由于ISO、CAC等国际标准涵盖面广，参数设置先进、合理，符合欧盟市场的要求，因此欧盟对ISO、CAC等标准大多直接采用。加拿大一直在大豆成分对加工制品品质影响方面开展研究，目前种植的食品级大豆品种有50多个，但仍在进行开发高品质品种的育种工作。加拿大农业及农业食品部每年对食品级大豆主产区——安大略省和魁北克省不同产区内种植的大豆通过品种试验加以验证，对大豆中的异黄酮、蔗糖、低聚糖、总糖和总可发酵碳水化合物等重要成分进行测定。而且建立了食品级大豆数据库，以在线列表的方式为大豆食品行业专用大豆品种提供了全面的定量信息。

三、问题与展望

随着近年来我国大豆行业的快速发展，质量安全问题的不断涌现，质量标准也由原来重视感官和理化指标转向重视安全性指标。标准体系也正逐步走向科学化、合理化、严格化、实用化。但目前我国大豆及其制品标准体系仍存在着一些问题，现将存在的主要问题概括为以下几个方面。

（一）标准覆盖面不全和重要标准缺失

我国大豆标准虽然数量众多，然而其分布并不均匀，有的产品有多个标准，而有的产品仍未制定相应的标准。由于没有及时制定相关标准，导致部分企业无法办理生产许可证和营业执照。这些问题严重地制约了我国大豆加工行业的发展。

（二）标准之间缺乏系统性和配套性

与国外先进的大豆标准体系相比，我国现有的大豆加工标准体系相对较为混乱，国家标准、行业标准和地方标准之间存在着较为严重的交叉、矛盾或重复的现象。现有的行业标准适用范围局限性强、方法不一、认可度较低，缺乏关于大豆衍生系列产品的行业标准，无法用国家标准、行业标准整体规范各企业研发的大豆制品的合格性。

（三）标准实施力度不够

尽管近年来我国大豆行业得到了快速的发展，然而"作坊式"中、小型企业仍在大豆加工企业中占绝大多数的局面并未改变。这些企业生产规模小、加工设备简陋，没有多余的资金可用于引进先进的生产工艺，以达到国家标准相关要求。而且所制定的标准大多为推荐性标准，不具有强制性，部分企业未能严格执行相关标准。

在大豆加工产业迅速发展的大环境下，国际竞争日益凸显，现有大豆标准已不能满足加工企业、种植者需求，制定全面、统一、针对性强的食品工业专用大豆标准是大豆产业发展形势所需。对大豆原料的评价指标、豆制品加工方式、豆制品评价指标进行标准化，结合现有国家标准和行业标准进一步提高标准范围的准确性，提出针对性更强的规范，为生产种植、科研育种、企业加工、运输销售提供可参考依据，巩固和提升国产大豆的市场竞争力。"十四五"出台的我国粮食安全观的战略转向中，明确指出"从'生产收储环节'转向'全产业链'延伸，增强粮食产业控制力"以及"从

'追求化学产量'转向'藏粮于技、绿色生产',谋求粮食可持续发展"等目标,有利于构建系统高效的集生产、仓储、物流、加工、贸易于一体的大豆全产业链发展模式;国家政策方面,从过去过度追求产量增长,拼资源、拼消耗的发展方式,转移到依靠科技创新提升科技装备水平和劳动者素质的轨道上来,突出高效、优质、安全、绿色导向,实现大豆生产内涵式、集约式增长。

参考文献

［1］李正明,吕宁,俞超,等.无公害安全食品生产技术［M］.中国轻工业出版社,1999:247-251.

［2］周国君.HACCP 在酸奶生产中的应用［J］.中国乳品工业,2005,33(1):42-45.

［3］张菊梅,吴清平,吴慧清,等.食品企业实施 HACCP 存在的主要障碍［J］.食品工业科技,2004,25(10):122-124.

［4］黄万国,洪来明,王连标.HACCP 系统在肉制品加工中的应用［J］.肉品卫生,1999(8):27-28.

［5］张莉.豆制品质量安全监控体系研究［D］.济南:山东大学,2008.

［6］豆制品生产 HACCP 应用规范(GB/T 31115—2014).

［7］豆类辐照杀虫工艺解读(GB/T 18525.1—2001).

［8］大豆储存品质判定规则(GB/T 31785—2015).

［9］朱秀清.国内外大豆加工形势对我国大豆产业发展的启示［C］.全国大豆暨优质油料油脂交易博览会.农业部,2006.

［10］杨忠山.提升大豆产业核心竞争力促进增收增效［N］.粮油市场报,2019-10-12(B01).

［11］左青.美国大豆加工产业链及对我国大豆加工业的几点建议［J］.中国油脂,2001,26(5).

［12］毛一凡.进口大豆对中国大豆产业链的影响研究［D］.河南工业大学,2013.

［13］龙伶俐,薛雅琳.新的《大豆油》和《花生油》产品国家标准颁布实施［J］.中国油脂,2004,29(03):5-8.

［14］胡春芳,李敏,冯改静.河北省药食同源大豆产业发展现状及对策［J］.河北农业科学,2019,23(01):27-31.

第五章　转基因大豆及其制品相关标准

近年来，随着人民生活水平的提高，养殖业迅速发展，人们对大豆的需求不断增长。但是受到耕地资源、生产水平等因素的限制，国产大豆已满足不了国内市场的需求。2013年12月，中央农村工作会议指出，"善于用好两个市场、两种资源，适当增加进口和加快农业走出去步伐，把握好进口规模和节奏。"我国作为大豆起源国和主产国之一，在大豆的国际贸易中，曾是一个净出口国，最高年份大豆的出口量曾经超过百万吨，但从1997年开始出现逆向发展，由大豆净出口国转变为净进口国。据统计，2020年我国进口大豆量为10033万t，大豆需求多依赖于进口。

20世纪90年代，由于转基因耐除草剂大豆的推广种植，农民的耕种能力大幅提高，种植成本大幅下降，美国、巴西和阿根廷把种植目标投向了转基因大豆，成为了转基因大豆主要出口国，并且国际市场上供给的大豆全部为转基因大豆。我国转基因大豆进口数量急剧攀升，这也成为了我国制定转基因安全管理相关法规的重要原因之一。为了加强农业转基因生物安全管理，保障人体健康和动植物、微生物安全，保护生态环境，促进农业转基因生物技术研究，2001年我国颁布了《农业转基因生物安全管理条例》。标准作为履行法规条例的重要技术参考，了解国内外转基因大豆相关标准，可以更好地贯彻转基因安全管理相关法规的执行。

第一节　国内外转基因大豆应用现状

转基因技术是通过现代科技手段将供体生物中分离到的高产量、优品质、抗逆性等目的基因转入到受体生物中，使受体生物增加新的功能特性，培育新的品种，从而在性状、功能、营养等方面更好地满足人类的需要。自1996年转基因作物商业化以来，转基因大豆成为世界上商业化最早、推广应用速度最快、种植面积最大的转基因作物。

一、国内转基因大豆应用现状

我国从1997年开始进口转基因大豆，当年进口总量为288万t，其中从美国进口

237 万 t，大部分是转基因大豆，其余从巴西进口。进入 21 世纪后，随着人民生活水平的提高，我国大豆需求量也与日俱增，年增长速度在 10% 以上。2020 年中国大豆产量 1960 万 t，进口大豆量为 10033 万 t，大豆需求仍多依赖进口满足。目前，我国批准大规模商业化种植的大豆均为非转基因大豆，而国际上可供进口的大豆主要为转基因大豆，美国、巴西和阿根廷是我国进口大豆的主要国家。

随着进口大豆特别是转基因大豆进口量的不断增加，我国相继出台了关于转基因植物及其产品的管理条例和管理办法，加强对转基因大豆进口的安全管理。2001 年 5 月 23 日国务院颁布了《农业转基因生物安全管理条例》，随后 2002 年 1 月 5 日农业部发布了《农业转基因生物进口安全管理办法》，并于 2002 年 3 月 20 日起正式实施，自此我国农业转基因生物进口逐渐规范化，转基因大豆进口管理步入正轨。现行《农业转基因生物安全管理条例》（2017 年 10 月 7 日修订版）和《农业转基因生物进口安全管理办法》（2017 年 11 月 30 日修订版）最核心的部分是开展农业转基因生物安全证书的审批工作，只有经相关部门审核通过获得"农业转基因生物安全证书（进口）"的转基因生物才可以正常进口并用作加工原料或种植。

目前中国对转基因大豆的研究还处于安全性评价的中试和环境释放阶段，尚未开展转基因大豆的商业化生产，近年来主要依靠国际市场供给以保障国内大豆的需求。我国批准用作加工原料的转基因大豆品种较多，自 2004 年我国批准转基因大豆 GTS40-3-2 以来，农业农村部先后为孟山都、拜耳、杜邦、先锋、巴斯夫、先正达和陶氏益农等跨国农业生物技术公司的 19 个转基因大豆品种颁发过 49 份农业转基因生物安全证书（进口），其中尚在有效期内的有 18 份证书（详见表 5-1）。2019 年 12 月，上海交通大学研发的耐除草剂大豆 SHZD3201 获得农业转基因生物安全证书（生产应用），SHZD3201 大豆是利用农杆菌介导法，将 g10-*epsps* 基因转入受体大豆中豆 32 中，经多代筛选后获得的抗草甘膦转基因大豆。2020 年 6 月，中国农业科学院作物科学研究所研发的转 g2-*epsps* 和 *gat* 基因耐除草剂大豆中黄 6106 获得"农业转基因生物安全证书（生产应用）"，安全证书审批号为农基安证字（2020）第 196 号，生产应用区域为黄淮海夏大豆区。中黄 6106 是采用农杆菌介导子叶节法，将含有 g2-*epsps* 和 *gat* 基因表达框的载体转化大豆品种中黄 10，获得的高耐草甘膦转基因大豆新品系。其申报书显示，培育和推广耐草甘膦除草剂大豆新品种，能够有效解决中国常规大豆种植存在的杂草控制问题，对提升大豆田间除草效果、降低生产成本，提高农民种豆积极性和种豆效益，增强国产大豆竞争力具有重要意义。2020 年 12 月，北京大北农生物技术有限公司研发的耐除草剂大豆 DBN9004 获得"农业转基因生物安全证书（生产应用）"，生产应用区域为北方春大豆区。耐除草剂大豆 DBN9004 即为 2020 年 6 月获得中国进口安全证书的 DBN-Ø9ØØ4-6 品种，具备草甘膦和草铵膦两种除草剂抗性。

表 5-1 我国批准且尚在有效期内的转基因大豆情况

审批编号	转基因生物	单位	用途
农基安证字（2018）第 004 号	耐除草剂大豆 SYHT0H2	先正达农作物保护股份公司 巴斯夫种业有限公司（原申请人为拜耳作物科学公司）	加工原料
农基安证字（2018）第 005 号	耐除草剂大豆 DAS-44406-6	陶氏益农公司	加工原料
农基安证字（2018）第 006 号（续申请）	抗除草剂大豆 A2704-12	巴斯夫种业有限公司（原申请人为拜耳作物科学公司）	加工原料
农基安证字（2018）第 012 号（续申请）	抗除草剂大豆 CV127	巴斯夫农化有限公司	加工原料
农基安证字（2018）第 013 号（续申请）	抗虫大豆 MON87701	孟山都远东有限公司	加工原料
农基安证字（2018）第 014 号（续申请）	品质性状改良大豆 MON87769	孟山都远东有限公司	加工原料
农基安证字（2018）第 015 号（续申请）	耐除草剂大豆 MON87708	孟山都远东有限公司	加工原料
农基安证字（2018）第 016 号（续申请）	抗虫耐除草剂大豆 MON87701 × MON 89788	孟山都远东有限公司	加工原料
农基安证字（2018）第 017 号（续申请）	抗除草剂大豆 GTS40-3-2	孟山都远东有限公司	加工原料
农基安证字（2018）第 031 号（续申请）	耐除草剂大豆 FG72	巴斯夫种业有限公司（原申请人为拜耳作物科学公司）	加工原料
农基安证字（2019）第 001 号	抗虫大豆 DAS-81419-2	陶氏益农公司	加工原料
农基安证字（2019）第 004 号（续申请）	抗除草剂大豆 A5547-127	巴斯夫种业有限公司	加工原料
农基安证字（2019）第 005 号（续申请）	抗除草剂大豆 MON89788	孟山都远东有限公司	加工原料
农基安证字（2019）第 006 号（续申请）	品质改良抗除草剂大豆 305423 × GTS40-3-2	先锋国际良种公司	加工原料
农基安证字（2019）第 007 号（续申请）	品质改良大豆 305423	先锋国际良种公司	加工原料
农基安证字（2020）第 001 号	耐除草剂大豆 DBN-Ø9ØØ4-6	北京大北农生物技术有限公司	加工原料
农基安证字（2020）第 002 号	抗虫大豆 MON87751	孟山都远东有限公司	加工原料

（续）表 5-1

审批编号	转基因生物	单位	用途
农基安证字（2020）第 008 号（续申请）	品质性状改良耐除草剂大豆 MON87705	孟山都远东有限公司	加工原料
农基安证字（2019）第 293 号	转 g10evo-epsps 基因耐除草剂大豆 SHZD3201（转基因生物原名 "SHZD32-01"）	上海交通大学	南方大豆区生产应用
农基安证字（2020）第 196 号	转 g2-epsps 和 gat 基因耐除草剂大豆中黄 6106	中国农业科学院作物科学研究所	黄淮海夏大豆区生产应用
农基安证字（2020）第 224 号	转 epsps 和 pat 基因耐除草剂大豆 DBN9004	北京大北农生物技术有限公司	北方春大豆区生产应用

二、国外转基因大豆应用现状

截至 2019 年，全球已有 31 个国家 / 地区批准了 38 个转基因大豆新品种。为了满足实际生产需要，国外已开发的商业化转基因大豆主要有耐除草剂转基因大豆、抗虫转基因大豆、高油转基因大豆和复合性状转基因大豆等类型。

（一）耐除草剂转基因大豆

耐除草剂转基因大豆是转基因作物中开发最早、品种最多的一类产品。1994 年，美国孟山都公司推出的 Roundup Ready 耐草甘膦转基因大豆是世界上最早获得推广的转基因大豆。同年，该公司从矮牵牛花中获得 epsps 抗性基因并导入大豆基因组中，成功培育出了 GTS 40-3-2 耐除草剂转基因大豆，该品种现已获得 28 个国家 / 地区的 57 个批文，在全球广泛应用。此后，各跨国公司又先后培育出多种耐除草剂转基因大豆品种，如美国孟山都公司从矮牵牛花中获得 CP4-epsps 基因并导入大豆基因组中，成功培育出了抗农达® 大豆 GTS40-3-2（Roundup Ready® GTS40-3-2）。同年，被美国食品和药品管理局（FDA）批准，成为世界上最早获得推广的转基因大豆。该品种现已获得 28 个国家 / 地区的 57 个批文，是目前应用最广泛的转基因大豆。此后，各跨国公司又先后培育出多种耐除草剂转基因大豆品种，如美国孟山都公司的 MON89788 耐草甘膦转基因大豆；德国拜耳作物科学公司的 A2704-12、A2704-21、A5547-35、GU262、A5547-127、W62 和 W98 耐草铵膦转基因大豆；德国巴斯夫欧洲公司的 CV127 耐磺酰脲类除草剂转基因大豆等。为增强种子竞争力，一些公司又培育出耐多种除草剂的转基因大豆品种，如美国孟山都公司的 MON87708×MON89788 转基因大豆，既抗草甘膦又能对麦草畏产生耐受性；德国拜耳作物科学公司的 FG72×A5547-127 转基因大豆，可以耐草甘膦、草铵膦和异恶唑草酮 3 种除草剂；美国陶氏益农公司的 DAS68416×MON89788 转基因大豆，可以耐草铵膦、草甘膦和 2，4-D 除草剂；美国杜邦（先锋高科技股份有限公司）的 DP356043 转基因大豆，可以耐草甘膦和磺酰脲类除草剂。

（二）抗虫转基因大豆

许多昆虫会对大豆的生产造成威胁，传统的喷洒药物方法虽然短时间内对病虫有显著的控制效果，但长期使用不仅会提高病虫群体的耐药性，还会对生态环境造成不可逆的破坏，甚至对人体健康造成危害。而抗虫转基因大豆具有两个显著优势，一是转入的 Bt 毒素蛋白最终目的是停止虫害进食从而致其死亡，由于人体中无相关受体，因此对人体无害；二是抗虫转基因大豆不需要额外施加相关农药，所以其生产成本较低。美国孟山都公司成功从苏云金芽孢杆菌菌株 HD73 中提取 *Cry1Ac* 等目的基因，通过遗传转化技术导入大豆基因组，培育出了 MON87701 和 MON87751 抗虫转基因大豆，它们对鳞翅目昆虫都有良好的防治效果。

（三）品质改良转基因大豆

品质改良转基因大豆中应用较广的是高油酸转基因大豆。大豆中的脂肪含量一般为 18%～22%，且多为不饱和脂肪酸，易被人体消化吸收，具有降低胆固醇和血脂等功效。因此，提高大豆脂肪含量是大豆育种改良的重要研究方向。美国杜邦（先锋高科技股份有限公司）培育出 G94-1、G94-19、G168 和 DP305423 高油酸转基因大豆。随着转基因技术的发展，该公司在 2000 年又研发出 Plenish 高油酸转基因大豆，该品种的优点是油酸含量能够达到大豆脂肪含量的 75%，且完全不含反式脂肪酸，提高了大豆的营养品质。另外，美国孟山都公司也推出了 Vistive Gold 高油酸低饱和脂肪酸转基因大豆品种。

（四）复合性状转基因大豆

复合性状转基因大豆是指具有两种以上目的性状的大豆，主要以耐除草剂与抗虫性状为主的品种，也有耐除草剂与高产、耐除草剂与抗逆、抗虫与高产、抗虫与抗逆等性状复合的品种。比如美国孟山都公司研发的含有抗虫基因 *Cry1Ac* 和耐草甘膦基因 *CP4-epsps* 的 MON87701×MON89788 转基因大豆，该品种既能抗虫又能耐除草剂；此外美国孟山都公司还培育出既耐除草剂又含高油酸的 MON87705、MON87769、MON87769×MON89788、MON87705×MON89788 和 MON87705×MON87708×MON89788 品种，耐除草剂且高产的 MON87712 品种；美国杜邦（先锋高科技股份有限公司）开发了含高油酸且耐磺酰脲类除草剂的 DP305423×GTS40-3-2 品种；德国拜耳作物科学公司推出了既耐草铵膦又具抗生素抗性的 GU262 转基因大豆。

目前，转基因大豆已经成为世界大豆的主要来源，种植转基因大豆，不仅扩大了种植面积，降低了生产成本，增加了农民收益，还对大豆的耕作制度产生了深远影响。根据国际农业生物技术应用服务组织（International Service for the Acquisition of Agri-Biotech Applications，简称"ISAAA"）2020 年发布的报告显示，2019 年是转基因作物商业化的第 24 个年头，全球共有 29 个国家种植了 1.904 亿公顷转基因作物，转基因大豆以 9190 万公顷的种植面积居首，占全球转基因作物种植面积的 48%。2019 年种植转基因大豆的 8 个国家有：美国、巴西、阿根廷、加拿大、巴拉圭、南非、玻利维亚和乌拉圭，其中种植面积最多的前三名国家分别为巴西 3510 万 hm^2、美国 3043 万 hm^2 和阿根廷 1750 万 hm^2，其种植应用率均在 94% 以上，出口至南美洲、中国和欧盟等国家，在国际农作物市场中占有重要的地位。

第二节 国内转基因大豆及其制品检测方法相关标准

转基因大豆的成分检测主要有针对核酸的检测和针对蛋白质的检测。其中，核酸检测方法主要包括定性 PCR（聚合酶链式反应）检测方法、定量 PCR 检测方法、环介导等温扩增技术（LAMP）、基因芯片检测技术和生物传感器检测技术等；蛋白质检测方法主要包括酶联免疫吸附法（ELISA）、蛋白质免疫印迹法（Western Blot）、免疫层析法和试纸条法等。

PCR 检测方法是转基因大豆检测的一种常用方法，该方法对材料没有特殊要求，具有灵敏度高、特异性好等优点而被广泛使用。环介导等温扩增技术操作简便，反应时间短，易于判断结果，但对引物设计的要求很高。基因芯片检测技术一次可分析较多的转基因大豆样品，并对其进行定性、筛查、定量，但由于其成本高、数据研究复杂，所以在检测中无法广泛应用。生物传感器检测技术是通过将生物识别技术以及元件转换进行结合的方式来实现的，该技术主要用于转基因食品的检测，在转基因大豆检测方面使用较少。酶联免疫吸附检测法具有操作简单、速度快、成本低等优点，但是不能检出深加工产品中的转基因含量，因此限制了其检测对象范围。试纸条法使用简单、快速、便捷，无需特殊仪器设备，适合最初筛选检测。在实际检测工作中，每种检测方法均有其优劣势，各实验室应根据检测任务的紧急情况和成本，针对不同加工过程中的原料，选择最有效的方法标准对转基因大豆进行检测。

我国的转基因生物安全标准体系包括国家标准、农业行业标准、出入境检验检疫行业标准和地方标准。2003 年，农业部首次发布转基因大豆及其制品检测方法标准即

《转基因植物及其产品检测 大豆定性 PCR 方法》（NY/T 675—2003）。同年，国家质量监督检验检疫总局也发布了《大豆中转基因成分的定性 PCR 检测方法》（SN/T 1195—2003）。截至 2021 年 11 月 15 日，涉及转基因大豆及其制品检测方法的现行有效标准共有 70 项，其中国家标准 10 项，农业行业标准 41 项，出入境检验检疫行业标准 14 项，地方标准 5 项。

一、转基因大豆及其产品检测国家标准

国家标准服务于全国市场质量安全监管，目前涉及转基因的国家标准数量较少，尚未形成有规模的体系。适用于转基因大豆及其产品检测的相关国家标准主要有 10 项，以下对这 10 项标准进行逐一解读。

1.《转基因产品检测 基因芯片检测方法》（GB/T 19495.6—2004）

国家质量监督检验检疫总局和国家标准化管理委员会于 2004 年 4 月 21 日发布了《转基因产品检测 基因芯片检测方法》（GB/T 19495.6—2004）。GB/T 19495.6—2004 规定了转基因产品基因芯片检测方法，适用于用基因芯片对转基因产品的筛选基因、物种结构特异性基因、品系鉴定检测基因和内源基因等的检测。

其中，附录 A 规定了转基因植物及其产品筛选检测的基因芯片检测方法，适用于转基因大豆等植物及其加工产品中转基因成分的定性筛选检测。附录 B 规定了转基因植物及其产品的物种结构特异性基因的基因芯片检测方法，适用于转基因大豆 GTS40-3-2 等作物及其加工产品由单一作物种类组成的物种结构特异性基因的定性检测。附录 C 规定了转基因植物及其产品品系特异性鉴定的基因芯片检测方法，适用于转基因大豆 GTS40-3-2 及其加工产品中转基因成分的品系鉴定检测。以上检测方法均通过多重 PCR 扩增和基因芯片技术的原理实现。

2.《转基因产品检测 蛋白质检测方法》（GB/T 19495.8—2004）

国家质量监督检验检疫总局和国家标准化管理委员会于 2004 年 4 月 21 日发布了《转基因产品检测 蛋白质检测方法》（GB/T 19495.8—2004）。GB/T 19495.8—2004 适用于以检测目标蛋白为基础的转基因产品定性定量检测方法。

此标准对基质、蛋白质变性、抗体、抗原、克隆、交叉反应、单克隆抗体、多克隆抗体、抗体特异性、偶联抗体、蛋白质免疫印迹、酶联免疫吸附分析、检测试剂盒和检测试纸条进行了定义。其原理为从测试样品中按照一定的程序抽提出含有目标蛋白的基质，利用抗体与目标蛋白（抗原）特异性结合的特征，通过偶联抗体与抗原抗体复合物的作用产生可检测的信号。标准附录 A 规定了转基因大豆及其初级加工产品

中 CP4 EPSPS 蛋白的 ELISA 检测方法的原理、操作流程和结果可信度判断的原则。

3.《转基因产品检测　植物产品液相芯片检测方法》（GB/T 19495.9—2017）

国家质量监督检验检疫总局和国家标准化管理委员会于 2017 年 12 月 29 日发布了《转基因产品检测　植物产品液相芯片检测方法》（GB/T 19495.9—2017）。GB/T 19495.9—2017 规定了转基因成分的液相芯片定性检测方法，适用于大豆等转基因植物及其产品 *CaMV* 35S 和 *NOS* 基因的定性检测。其原理是针对通用筛选元件 *CaMV* 35S 启动子和 *NOS* 终止子设计选取特异性引物和探针进行液相芯片检测，并根据检测结果来判定 *CaMV* 35S 启动子和 *NOS* 终止子的外源筛选元件成分。

4.《转基因植物产品数字 PCR 检测方法》（GB/T 33526—2017）

国家质量监督检验检疫总局和国家标准化管理委员会于 2017 年 2 月 28 日发布了《转基因植物产品数字 PCR 检测方法》（GB/T 33526—2017）。GB/T 33526—2017 规定了转基因植物成分检测的数字 PCR 方法，适用于大豆等转基因植物及其产品的转基因成分数字 PCR 检测，该标准所能达到的检测低限为 0.1%（质量分数）。

数字 PCR 方法是对转基因作物进行核酸绝对定量的有效方法。数字 PCR 技术原理是通过将原始 PCR 反应体系进行分割，进而对所有小的反应体系进行扩增并后续检测。通过对反应体系进行有限的分割，从而使整个反应体系可以更加耐受核酸抑制因子，并且更加稳定、准确、快速地对痕量的转基因成分进行精准鉴定，现阶段数字 PCR 的实现形式包括芯片式数字 PCR 和微滴式数字 PCR。该标准针对通用筛选元件 *CaMV* 35S 启动子和 *NOS* 终止子设计选取特异性引物和探针进行数字 PCR 扩增，并根据扩增结果来判定 *CaMV* 35S 启动子和 *NOS* 终止子的外源筛选元件成分。通过芯片式数字 PCR 和微滴式数字 PCR 的协同比对，该标准方法可以在两种平台中达到同样的检测目的。

5.《大豆、油菜中外源基因成分的测定　膜芯片法》（GB/T 35535—2017）

国家质量监督检验检疫总局和国家标准化管理委员会于 2017 年 12 月 29 日发布了《大豆、油菜中外源基因成分的测定　膜芯片法》（GB/T 35535—2017）。GB/T 35535—2017 规定了膜芯片法检测大豆、油菜中外源基因成分的防污染措施、抽样与制样、原理、试剂与标准品、仪器与设备、试验方法和流程、结果判断、确证试验、结果表述，适用于大豆、油菜中外源基因成分的定性检测。

该标准的原理是待检样品经 DNA 模板提取和核酸定量，采用多重 PCR 扩增体系，扩增其中可能含有的转基因大豆、油菜中常见外源基因特异性扩增序列。PCR 扩增产物与固定有目标外源基因特异性探针的膜芯片进行杂交后，检测结果可以用肉眼直接判断，或用芯片识读仪对杂交芯片进行扫描并判定结果。

6.《转基因产品检测　实时荧光定性聚合酶链式反应（PCR）检测方法》（GB/T 19495.4—2018）

国家市场监督管理总局和国家标准化管理委员会于 2018 年 9 月 17 日发布了《转基因产品检测　实时荧光定性聚合酶链式反应（PCR）检测方法》（GB/T 19495.4—2018）。GB/T 19495.4—2018 规定了植物及其加工产品中转基因成分筛选和品系检测实时荧光定性 PCR 检测方法有关的仪器设备、试剂和材料、检测步骤、质量控制、防污染措施以及方法的最低检出限，适用于大豆等植物转基因筛选检测和品系特异性检测。

该标准代替了 GB/T 19495.4—2004《转基因产品检测　核酸定性 PCR 检测方法》，与 GB/T 19495.4—2004 相比，除编辑性修改外，主要技术变化如下：增加了植物内源基因的检测方法；增加了转基因植物筛选基因的检测方法；删除了结构基因检测方法，增加了大豆、玉米、油菜籽、棉花、水稻、马铃薯、亚麻和甜菜等作物的品系特异性检测方法。

7.《转基因产品检测　实时荧光定量聚合酶链式反应（PCR）检测方法》（GB/T 19495.5—2018）

国家市场监督管理总局和国家标准化管理委员会于 2018 年 9 月 17 日发布了《转基因产品检测　实时荧光定量聚合酶链式反应（PCR）检测方法》（GB/T 19495.5—2018）。GB/T 19495.5—2018 规定了大豆等植物及其产品中转基因品系含量的实时荧光定量 PCR 检测方法，适用于大豆等植物及其产品中转基因品系拷贝数百分含量的定量检测。

该标准代替了 GB/T 19495.5—2004《转基因产品检测　核酸定量 PCR 检测方法》，与 GB/T 19495.5—2004 相比，除编辑性修改外，主要技术变化如下：修改了标准的适用范围；增加了分别基于基体标准物质以及质粒标准分子对样品中转基因植物品系进行定量检测的操作规程；增加了大豆、玉米、油菜、棉花、水稻、马铃薯、甜菜和木瓜等转基因植物品系拷贝数百分含量的定量检测方法。

8.《转基因植物品系定量检测数字 PCR 法》（GB/T 38132—2019）

国家市场监督管理总局和国家标准化管理委员会于 2019 年 10 月 18 日发布了《转基因植物品系定量检测数字 PCR 法》（GB/T 38132—2019）。GB/T 38132—2019 规定了转基因植物品系的数字 PCR 定量检测方法，适用于种子及物理加工种子样品中转基因大豆 GTS40-3-2 品系及多种转基因作物品系的数字 PCR 法定量检测，该方法的定量检测限为 0.1%（质量分数）。

为实现转基因植物品系数字 PCR 定量检测，该标准通过数字 PCR 扩增反应直接得出转基因植物外源基因（品系特异序列）和植物内源基因的拷贝数含量。样品 DNA 中的外源基因和内源基因的拷贝数的比值（百分比）即为样品中相应的转基因植物品系的相对百分含量。

9.《转基因产品通用检测方法》(GB/T 38505—2020)

国家市场监督管理总局和国家标准化管理委员会于 2020 年 3 月 6 日发布了《转基因产品通用检测方法》(GB/T 38505—2020)。GB/T 38505—2020 规定了转基因产品的定性检测方法，适用于水稻、玉米、大豆、油菜、马铃薯、甜菜、苜蓿等及其加工产品中转基因成分的实时荧光 PCR 通用检测，该方法的最低检出限为 0.1%（质量分数）。

该标准列出了检测所需的引物和探针，对于不明确是否为转基因产品的样品，应选用标准内列出的所有内源和外源基因进行检测；对于确定物种的转基因样品，应根据标准选用基因或元件进行检测，其中大豆及其加工产品选用的基因或元件包括：内源基因、*CaMV* 35S 启动子、*NOS* 终止子、*pat* 基因、*Pin* Ⅱ 终止子、*E9* 终止子、*RbcS4* 启动子、DP305423 3′ 边界序列、CV127 5′ 边界序列。

10.《植物转基因成分测定　目标序列测序法》(GB/T 38570—2020)

国家市场监督管理总局和国家标准化管理委员会于 2020 年 3 月 11 日发布了《植物转基因成分测定　目标序列测序法》(GB/T 38570—2020)。GB/T 38570—2020 规定了用目标序列测序法测定植物转基因成分的方法，适用于大豆等植物及其产品中的外源基因和转基因品系的定性检测。本方法外源基因的定性检出低限（LOD）为 0.1%（外源基因与内标准基因间的拷贝数比）。

该标准的原理是通过抽样与制样获得待测样品与质控样品，提取并片段化样品基因组 DNA、连接接头序列、PCR 扩增连接产物、探针捕获扩增产物、扩增捕获产物获得测序文库、高通量测序、分析测序数据和进行质量控制并得出检测结论。该方法通过不同的样品条形码识别并控制实验室气溶胶污染；通过外源基因特征片段识别外源基因并区分微生物污染；通过与多种转基因元件匹配的杂交探针同时检测多种转基因成分。

二、转基因大豆及其产品检测农业行业标准

农业部从 2003 年发布 NY/T 2003 系列农业转基因生物安全标准以来，经过 18 年的发展已形成了完善的农业转基因生物安全标准体系框架，在我国农业转基因生物安全管理中发挥着重要作用。农业转基因生物安全检测标准可以划分为 3 类：成分检测

类、环境安全类和食用安全类。目前适用于转基因大豆及其产品检测的农业行业标准中，成分检测标准 25 项，环境安全检测标准 7 项，食用安全检测标准 10 项。

（一）转基因大豆及其产品成分检测标准

成分检测标准可分为通用标准、筛选检测标准、基因特异性标准及转化体特异性标准等。通用标准主要有《转基因检测　通用要求》（NY/T 672—2003）、《转基因植物及其产品成分检测 DNA 提取和纯化》（农业部 1485 号公告 -4-2010）和《转基因植物及其产品成分检测　抽样》（农业部 2031 号公告 -19-2013），这 3 项标准可作为转基因成分检测标准的规范性引用文件。除以上 3 项通用标准外，目前适用于转基因大豆及其产品检测的农业行业标准中，成分检测标准共计 25 项。

1.《转基因检测　通用要求》（NY/T 672—2003）

农业部于 2003 年 4 月 1 日发布了《转基因检测　通用要求》（NY/T 672—2003）。《转基因检测　通用要求》（NY/T 672—2003）规定了转基因植物及其产品检测的通用要求及转基因植物 PCR 检测实验室的操作规范，适用于转基因植物及其产品中转基因成分的检测。

2.《转基因植物及其产品检测　大豆定性 PCR 方法》（NY/T 675—2003）

农业部于 2003 年 4 月 1 日发布了《转基因植物及其产品检测　大豆定性 PCR 方法》（NY/T 675—2003）。NY/T 675—2003 适用于转基因抗草甘膦大豆及其产品的定性 PCR 检测方法，适用于转基因抗草甘膦大豆及其产品、转基因抗草丁膦大豆及其产品、转基因高油酸大豆及其产品，包括大豆种子、大豆、豆粕、大豆粉、大豆油及其他大豆制品中转基因成分的定性 PCR 检测。

该标准的原理是针对转基因抗草甘膦大豆（GTS 40-3-2）含有的 *CaMV* 35S 启动子、*NOS* 终止子、矮牵牛花的 *CTP4*、*Cp4-epsps* 基因以及大豆内标准基因 *Lectin*，设计特异性引物进行 PCR 扩增，以检测试样中是否含有转基因抗草甘膦大豆的成分。转基因抗草丁膦大豆含有调控元件 *CaMV* 35S 启动子基因以及内标准基因 *Lectin*，用相关引物进行 PCR 扩增以检测试样中是否含有转基因抗草丁膦大豆的成分。PCR 引物信息表见表 5-2。结果分析和表述如下：如果在试样和转基因阳性对照的 PCR 反应中，*CaMV* 35S 启动子、*NOS* 终止子、*Cp4-epsps*、*CaMV* 35S 启动子和叶绿体转移肽基因片段（*CaMV* 35S-CTP4）以及内标准 *Lectin* 这五个基因都得到了扩增，且扩增片段与预期片段一致，而在转基因阴性对照中仅扩增出 *Lectin* 基因片段，空白对照中没有任何扩增片段，表明该样品为阳性结果，检出了 *CaMV* 35S 启动子基因、*NOS* 终止子基因、*CaMV* 35S 启动子和叶绿体转移肽基因片段（*CaMV* 35S-CTP4）、抗草甘膦基因。如果在试样和转基因阳性对照的 PCR 反应中，*CaMV* 35S 启动子和内标准 *Lectin* 这两个基因都得到了扩增，且扩增片段与预期片段一致，而在转基因阴性对照中仅扩增出 *Lectin* 基因片段，空白对照中没有任何扩增片段，在对试样的 *CaMV* 35S 启动子扩增片段的酶切鉴定中，扩增片段可以被切成 80 bp 和 115 bp 两个片段，表明该样品为阳性结果，检出 *CaMV* 35S 启动子基因；如果在试样和转基因阴性对照的 PCR 反应中，仅有 *Lectin* 基因片段得到扩增。转基因阳性对照中 *CaMV* 35S 启动子、*NOS* 终止子、*Cp4-epsps*、*CaMV* 35S-CTP4 以及 *Lectin* 基因都得到扩增。空白对照中没有任何扩增片段。表明该样品为阴性结果，未检出 *CaMV* 35S 启动子、*NOS* 终止子、*CaMV* 35S-CTP4、抗草甘膦基因。如果在试样和转基因阴性对照的 PCR 反应中，仅有 *Lectin* 基因片段得到扩增。转基因阳性对照中 *CaMV* 35S 启动子和 *Lectin* 基因都得到扩增。空白对照中没有任何扩增片段。表明该样品为阴性结果，未检出 *CaMV* 35S 启动子基因；如果在试样、转基因阳性和转基因阴性对照的 PCR 反应中，*Lectin* 基因片段均未得到扩增，说明在 DNA 模板制备或 PCR 反应体系中的某个环节存在问题，需查找原因重新检测。如果在转基因阴性对照 PCR 反应中，除 *Lectin* 基因得到扩增外，还有其他外源基因得到扩增。或者空白对照中扩增出了产物片段，则说明检测过程中发生了污染，需查找原因重新检测。

表 5-2 PCR 引物信息表

检测参数	引物名称	引物序列（5′-3′）	预期扩增片段长度 bp
Lectin	Lec-F1	5′-GCCCTCTACTCCACCCCCATCC-3′	118
	Lec-R1	5′-GCCCATCTGCAAGCCTTTTTGTG-3′	
35S-*CTP4* 基因	SC-F1	5′-TGATGTGATATCTCCACTGACG-3′	172
	SC-R1	5′-TGTATCCCTTGAGCCATGTTGT-3′	
Cp4-epsps 基因	CE-F1	5′-CCTTCATGTTCGGCGGTCTCG-3′	498
	CE-R1	5′-GCGTCATGATCGGCTCGATG-3′	
NOS 终止子基因	Pnos-F1	5′-GAATCCTGTTGCCGGTCTTG-3′	180
	Pnos-R1	5′-TTATCCTAGTTTGCGCGCTA-3′	
CaMV 35S 启动子基因	35S-F	5′-GCTCCTACAAATGCCATCATTGC-3′	195
	35S-R	5′-GATAGTGGGATTGTGCGTCATCC-3′	

3.《转基因植物及其产品成分检测 DNA 提取和纯化》(农业部 1485 号公告 -4- 2010)

农业部于 2010 年 11 月 15 日发布了《转基因植物及其产品成分检测 DNA 提取

和纯化》（农业部 1485 号公告 -4-2010）。农业部 1485 号公告 -4-2010 规定了转基因植物及其产品中 DNA 提取和纯化的方法和技术要求，适用于转基因植物及其产品中 DNA 的提取和纯化。

4.《转基因植物及其产品成分检测　耐除草剂大豆 MON89788 及其衍生品种定性 PCR 方法》（农业部 1485 号公告 -6-2010）

农业部于 2010 年 11 月 15 日发布了《转基因植物及其产品成分检测　耐除草剂大豆 MON89788 及其衍生品种定性 PCR 方法》（农业部 1485 号公告 -6-2010）。农业部 1485 号公告 -6-2010 规定了转基因耐除草剂大豆 MON89788 转化体特异性的定性检测方法，适用于转基因耐除草剂大豆 MON89788 及其衍生品种，以及制品中 MON89788 转化体成分的定性 PCR 检测。

MON89788 转化体特异性序列是指 MON89788 外源插入片段 5′ 端与大豆基因组的连接区序列，包括 *FMV* 35S 启动子 5′ 端部分序列和大豆基因组的部分序列。MON89788 转化体特异性序列的引物信息如下：Mon89788-F：5′ -CTGCTCCACTC TTCCTTT-3′，Mon89788-R：5′ -AGACTCTGTACCCTGACCT-3′，预期扩增片段大小为 223 bp。该标准的原理是根据转基因耐除草剂大豆 MON89788 转化体特异性序列设计特异性引物，对试样 DNA 进行 PCR 扩增。依据是否扩增获得预期 223 bp 的特异性 DNA 片段，判断样品中是否含有 MON89788 转化体成分。结果分析和表述如下：*Lectin* 内标准基因和 MON89788 转化体特异性序列均得到扩增，且扩增片段大小与预期片段大小一致，表明样品中检测出转基因耐除草剂大豆 MON89788 转化体成分，检测结果为阳性；*Lectin* 内标准基因片段得到扩增，且扩增片段大小与预期片段大小一致，而 MON89788 转化体特异性序列未得到扩增，或扩增片段大小与预期片段大小不一致，表明样品中未检测出耐除草剂大豆 MON89788 转化体成分，检测结果为阴性；*Lectin* 内标准基因片段未得到扩增，或扩增片段大小与预期片段大小不一致，表明样品中未检测出大豆成分，检测结果为阴性。

5.《转基因植物及其产品成分检测　耐除草剂大豆 A2704-12 及其衍生品种定性 PCR 方法》（农业部 1485 号公告 -7-2010）

农业部于 2010 年 11 月 15 日发布了《转基因植物及其产品成分检测　耐除草剂大豆 A2704-12 及其衍生品种定性 PCR 方法》（农业部 1485 号公告 -7-2010）。农业部 1485 号公告 -7-2010 规定了转基因耐除草剂大豆 A2704-12 转化体特异性的定性 PCR 检测方法，适用于转基因耐除草剂大豆 A2704-12 及其衍生品种，以及制品中 A2704- 12 转化体成分的定性 PCR 检测。

A2704-12 转化体特异性序列是指外源插入片段 5′ 端与大豆基因组的连接区序列，包括大豆基因组部分序列、转化载体部分序列和外源 *pat* 基因部分序列。A2704-12 转化体特异性序列的引物信息如下：A2704-F: 5′-TGAGGGGGTCAAAGACCAAG-3′，A2704-R: 5′-CCAGTCTTTACGGCGAGT-3′，预期扩增片段大小为 239 bp。该标准的原理是根据转基因耐除草剂大豆 A2704-12 转化体特异性序列设计特异性引物，对试样进行 PCR 扩增。依据是否扩增获得预期 239 bp 的特异性 DNA 片段，判断样品中是否含有 A2704-12 转化体成分。结果分析和表述如下：*Lectin* 内标准基因和 A2704-12 转化体特异性序列均得到扩增，且扩增片段大小与预期片段大小一致，表明样品中检测出转基因耐除草剂大豆 A2704-12 转化体成分，检测结果为阳性；*Lectin* 内标准基因片段得到扩增，且扩增片段大小与预期片段大小一致，而 A2704-12 转化体特异性序列未得到扩增，或扩增片段大小与预期片段大小不一致，表明样品中未检测出耐除草剂大豆 A2704-12 转化体成分，检测结果为阴性；*Lectin* 内标准基因片段未得到扩增，或扩增片段大小与预期片段大小不一致，表明样品中未检测出大豆成分，检测结果为阴性。

6.《转基因植物及其产品成分检测 耐除草剂大豆 A5547-127 及其衍生品种定性 PCR 方法》（农业部 1485 号公告 -8-2010）

农业部于 2010 年 11 月 15 日发布了《转基因植物及其产品成分检测 耐除草剂大豆 A5547-127 及其衍生品种定性 PCR 方法》（农业部 1485 号公告 -8-2010）。农业部 1485 号公告 -8-2010 规定了转基因耐除草剂大豆 A5547-127 转化体特异性的定性 PCR 检测方法，适用于转基因耐除草剂大豆 A5547-127 及其衍生品种，以及制品中 A5547-127 转化体成分的定性 PCR 检测。

A5547-127 转化体特异性序列是指外源插入片段 5′ 端与大豆基因组的连接区序列，包括大豆基因组和外源插入 *bla* 基因序列的部分序列。A5547-127 转化体特异性序列的引物信息如下：A5547-F: 5′-CGCCATTATCGCCATTCC-3′，A5547-R: 5′-GCGGTATTATCCCGTATTGA-3′，预期扩增片段大小为 317 bp。该标准的原理是根据转基因耐除草剂大豆 A5547-127 转化体特异性序列设计特异性引物，对试样进行 PCR 扩增。依据是否扩增获得预期 317 bp 的特异性 DNA 片段，判断样品中是否含有 A5547-127 转化体成分。结果分析和表述如下：*Lectin* 内标准基因和 A5547-127 转化体特异性序列均得到扩增，且扩增片段大小与预期片段大小一致，表明样品中检测出转基因耐除草剂大豆 A5547-127 转化体成分，检测结果为阳性；*Lectin* 内标准基因片段得到扩增，且扩增片段大小与预期片段大小一致，而 A5547-127 转化体特异性序列未得到扩增，或扩增片段大小与预期片段大小不一致，表明样品中未检测出耐除草剂大豆 A5547-127 转化体成分，检测结果为阴性；*Lectin* 内标准基因片段未得到扩增，或扩增片段大小与预期片段大小不一致，表明样品中未检测出大豆成分，检测结果为阴性。

7.《转基因植物及其产品成分检测　耐除草剂大豆 356043 及其衍生品种定性 PCR 方法》（农业部 1782 号公告 -1-2012）

农业部于 2012 年 6 月 6 日发布了《转基因植物及其产品成分检测　耐除草剂大豆 356043 及其衍生品种定性 PCR 方法》（农业部 1782 号公告 -1-2012）。农业部 1782 号公告 -1-2012 规定了转基因大豆 356043 转化体特异性的定性 PCR 检测方法，适用于转基因大豆 356043 及其衍生品种以及制品中 356043 转化体成分的定性 PCR 检测。

356043 转化体特异性序列是指外源插入片段 5′ 端与大豆基因组的连接区序列，包括大豆基因组的部分序列和 SCP1 启动子 5′ 端部分序列。356043 转化体特异性序列的引物信息如下：356043-F：5′-CTTTTGCCCGAGGTCGTTAG-3′，356043-R：5′-GCCCTTTGGTCTTCTGAGACTG-3′，预期扩增片段大小为 145 bp。该标准的原理是根据转基因耐除草剂大豆 356043 转化体特异性序列设计特异性引物，对试样进行 PCR 扩增。依据是否扩增获得预期 145 bp 的特异性 DNA 片段，判断样品中是否含有 356043 转化体成分。结果分析和表述如下：*Lectin* 内标准基因和 356043 转化体特异性序列均得到扩增，且扩增片段大小与预期片段大小一致，表明样品中检测出转基因耐除草剂大豆 356043 转化体成分，检测结果为阳性；*Lectin* 内标准基因片段得到扩增，且扩增片段大小与预期片段大小一致，而 356043 转化体特异性序列未得到扩增，或扩增片段大小与预期片段大小不一致，表明样品中未检测出耐除草剂大豆 356043 转化体成分，检测结果为阴性；*Lectin* 内标准基因片段未得到扩增，或扩增片段大小与预期片段大小不一致，表明样品中未检测出大豆成分，检测结果为阴性。

8.《转基因植物及其产品成分检测　调控元件 *CaMV* 35S 启动子、*FMV* 35S 启动子、*NOS* 启动子、*NOS* 终止子和 *CaMV* 35S 终止子定性 PCR 方法》（农业部 1782 号公告 -3-2012）

农业部于 2012 年 6 月 6 日发布了《转基因植物及其产品成分检测　调控元件 *CaMV* 35S 启动子、*FMV* 35S 启动子、*NOS* 启动子、*NOS* 终止子和 *CaMV* 35S 终止子定性 PCR 方法》（农业部 1782 号公告 -3-2012），该标准适用于转基因大豆在内的转基因植物及其产品中调控元件 *CaMV* 35S 启动子、*FMV* 35S 启动子、*NOS* 启动子、*NOS* 终止子和 *CaMV* 35S 终止子的定性 PCR 检测。

该标准还对检测所涉及的规范性引用范围、相关调控元件的术语定义、原理、试剂材料、仪器、操作步骤和结果分析与表达等内容进行了详细规定，并且在附录中列出了普通 PCR 方法引物、实时荧光 PCR 方法引物 / 探针和调控元件核苷酸序列。

9.《转基因植物及其产品成分检测　高油酸大豆 305423 及其衍生品种定性 PCR 方法》（农业部 1782 号公告 -4-2012）

农业部于 2012 年 6 月 6 日发布了《转基因植物及其产品成分检测　高油酸大豆 305423 及其衍生品种定性 PCR 方法》（农业部 1782 号公告 -4-2012）。农业部 1782 号公告 -4-2012 规定了转基因高油酸大豆 305423 转化体特异性的定性 PCR 检测方法，适用于转基因高油酸大豆 305423 及其衍生品种以及制品中 305423 转化体成分的定性 PCR 检测。

我国农业部于 2011 年为先锋国际良种公司的品质改良大豆 305423 品种首次颁发了农业转基因生物安全证书（进口），2012 年农业部科技发展中心和中国农业科学院棉花研究所联合起草了《转基因植物及其产品成分检测高油酸大豆 305423 及其衍生品种定性 PCR 方法》（农业部 1782 号公告 -4-2012）。305423 转化体特异性序列引物信息如下：305423-F：5′-CGTCAGGAATAAAGGAAGTACAGTA-3′，305423-R：5′-GCCCTAAAGGATGCGTATAGAGT-3′，预期扩增片段大小为 235 bp。该标准的原理是根据高油酸大豆 305423 转化体特异性序列设计特异性引物，对试样进行 PCR 扩增，依据是否扩增获得预期 235 bp 的特异性 DNA 片段，判断样品中是否含有 305423 转化体成分。结果分析和表述如下：*Lectin* 内标准基因和 305423 转化体特异性序列均得到扩增，且扩增片段大小与预期片段大小一致，表明样品中检测出转基因高油酸大豆 305423 转化体成分，检测结果为阳性；*Lectin* 内标准基因片段得到扩增，且扩增片段大小与预期片段大小一致，而 305423 转化体特异性序列未得到扩增，或扩增片段大小与预期片段大小不一致，表明样品中未检测出转基因高油酸大豆 305423 转化体成分，检测结果为阴性；*Lectin* 内标准基因片段未得到扩增，或扩增片段大小与预期片段大小不一致，表明样品中未检测出大豆成分，检测结果为阴性。

10.《转基因植物及其产品成分检测　耐除草剂大豆 CV127 及其衍生品种定性 PCR 方法》（农业部 1782 号公告 -5-2012）

农业部于 2012 年 6 月 6 日发布了《转基因植物及其产品成分检测　耐除草剂大豆 CV127 及其衍生品种定性 PCR 方法》（农业部 1782 号公告 -5-2012）。农业部 1782 号公告 -5-2012 规定了转基因耐除草剂大豆 CV127 转化体特异性的定性 PCR 检测方法，适用于转基因耐除草剂大豆 CV127 及其衍生品种以及制品中 CV127 转化体成分的定性 PCR 检测。

CV127 转化体特异性序列是指外源插入片段 5′ 端与大豆基因组的连接区序列，包括来源于拟南芥基因组的部分序列和大豆基因组的部分序列。CV127 转化体特异性序列的引物信息如下：127-F：5′-CCTTCGCCGTTTAGTGTATAGG-3′，127-R：

5′-AGCAGGTTCGTTTAAGGATGAA-3′，预期扩增片段大小为 238 bp。该标准的原理是根据转基因耐除草剂大豆 CV127 转化体特异性序列设计特异性引物，对试样进行PCR 扩增。依据是否扩增获得预期 238 bp 的特异性 DNA 片段，判断样品中是否含有CV127 转化体成分。结果分析和表述如下：*Lectin* 内标准基因和 CV127 转化体特异性序列均得到扩增，且扩增片段大小与预期片段大小一致，表明样品中检测出转基因耐除草剂大豆 CV127 转化体成分，检测结果为阳性；*Lectin* 内标准基因片段得到扩增，且扩增片段大小与预期片段大小一致，而 CV127 转化体特异性序列未得到扩增，或扩增片段大小与预期片段大小不一致，表明样品中未检测出耐除草剂大豆 CV127 转化体成分，检测结果为阴性；*Lectin* 内标准基因片段未得到扩增，或扩增片段大小与预期片段大小不一致，表明样品中未检测出大豆成分，检测结果为阴性。

11.《转基因植物及其产品成分检测　*bar* 或 *pat* 基因定性 PCR 方法》（农业部 1782号公告 -6-2012）

农业部于 2012 年 6 月 6 日发布了《转基因植物及其产品成分检测　*bar* 或 *pat* 基因定性 PCR 方法》（农业部 1782 号公告 -6-2012）。农业部 1782 号公告 -6-2012 规定了转基因大豆在内的转基因植物中 *bar* 或 *pat* 基因定性 PCR 检测方法，适用于含有 *bar* 或 *pat* 基因的转基因植物及其制品中 *bar* 或 *pat* 基因成分的定性 PCR 检测。

bar 基因引物信息如下：*bar*-F：5′-GAAGGCACGCAACGCCTACGA-3′，*bar*-R：5′-CCAGAAACCCACGTCATGCCA-3′，预期扩增片段大小为 262 bp。*pat* 基因引物信息如下：*pat*-F：5′-GAAGGCTAGGAACGCTTACGA-3′，*pat*-R：5′-CCAAAAACCAACATCATGCCA-3′，预期扩增片段大小为 262 bp。该标准的原理是 *bar* 基因和 *pat* 基因表达产物均为 PAT蛋白，两种 PAT 蛋白具有相似的催化能力。商业化生产和应用的转基因 *bar* 或 *pat* 基因大豆等作物中的 *bar* 和 *pat* 基因序列分析比对显示，*bar* 和 *pat* 基因序列具有较高同源性，但不完全相同。针对 *bar* 和 *pat* 基因序列设计了复合引物，对试样进行 PCR 扩增。依据是否扩增获得预期 262 bp 的特异性 DNA 片段，判断样品中是否含有 *bar* 或*pat* 基因成分。结果分析和表述如下：*Lectin* 内标准基因和 *bar* 或 *pat* 基因特异性序列均得到扩增，且扩增片段大小与预期片段大小一致。这表明样品中检测出 *bar* 或 *pat* 基因成分，检测结果为阳性；*Lectin* 内标准基因得到扩增，且扩增片段大小与预期片段大小一致，而 *bar* 或 *pat* 基因特异性序列未得到扩增，或扩增片段大小与预期片段大小不一致。这表明样品中未检测出 *bar* 或 *pat* 基因成分，检测结果为阴性；*Lectin* 内标准基因片段未得到扩增，或扩增片段大小与预期片段大小不一致。这表明样品中未检测出对应植物成分，检测结果为阴性。

12.《转基因植物及其产品成分检测 耐除草剂大豆 GTS 40-3-2 及其衍生品种定性 PCR 方法》（农业部 1861 号公告 -2-2012）

农业部于 2012 年 11 月 28 日发布了《转基因植物及其产品成分检测 耐除草剂大豆 GTS 40-3-2 及其衍生品种定性 PCR 方法》（农业部 1861 号公告 -2-2012）。农业部 1861 号公告 -2-2012 规定了转基因耐除草剂大豆 GTS 40-3-2 转化体特异性的定性 PCR 检测方法，适用于转基因耐除草剂大豆 GTS 40-3-2 及其衍生品种，以及制品中 GTS 40-3-2 转化体成分的定性 PCR 检测。

GTS 40-3-2 转化体特异性序列是指外源插入片段 5′ 端与大豆基因组的连接区序列，包括 *CaMV* 35S 启动子部分序列和大豆基因组的部分序列。GTS 40-3-2 转化体特异性序列引物信息如下：GTS 40-3-2-F: 5′-TTCAAACCCTTCAATTTAACCG AT-3′，GTS 40-3-2-R: 5′-AAGGATAGTGGGATTGTGCGTC-3′，预期扩增片段大小为 370 bp。该标准的原理是根据转基因耐除草剂大豆 GTS 40-3-2 转化体特异性序列设计特异性引物，对试样 DNA 进行 PCR 扩增。依据是否扩增获得预期 370 bp 的特异性 DNA 片段，判断样品中是否含有 GTS 40-3-2 转化体成分。结果分析和表述如下：*Lectin* 内标准基因和 GTS 40-3-2 转化体特异性序列均得到扩增，且扩增片段大小与预期片段大小一致，表明样品中检测出 GTS 40-3-2 转化体成分，检测结果为阳性；*Lectin* 内标准基因片段得到扩增，且扩增片段大小与预期片段大小一致，而 GTS 40-3-2 转化体特异性序列未得到扩增，或扩增片段大小与预期片段大小不一致，表明样品中未检测出 GTS 40-3-2 转化体成分，检测结果为阴性；*Lectin* 内标准基因片段未得到扩增，或扩增片段大小与预期片段大小不一致，表明样品中未检测出大豆成分，检测结果为阴性。该标准方法未确定绝对检测下限，相对检测下限为 1g/kg（含预期 DNA 片段的样品 / 总样品）。

13.《转基因植物及其产品成分检测 *CP4-epsps* 基因定性 PCR 方法》（农业部 1861 号公告 -5-2012）

农业部于 2012 年 11 月 28 日发布了《转基因植物及其产品成分检测 *CP4-epsps* 基因定性 PCR 方法》（农业部 1861 号公告 -5-2012）。农业部 1861 号公告 -5-2012 规定了转基因大豆在内的转 *CP4-epsps* 基因植物中 *CP4-epsps* 基因的定性 PCR 检测方法，适用于含 *CP4-epsps* 基因序列的转基因大豆等植物及其制品中转基因成分的定性 PCR 检测。

CP4-epsps 基因引物信息如下：mCP4ES-F: 5′-ACGGTGAYCGTCTTCCMGT TAC-3′，mCP4ES-R: 5′-GAACAAGCARGGCMGCAACCA-3′，预期扩增片段大小为 333 bp。该标准的原理是商业化生产和应用的转 *CP4-epsps* 基因大豆等作物中的 *CP4-epsps* 基因序列分析比对显示 *CP4-epsps* 基因序列具有较高同源性，但不完全相同。针

对上述 *CP4-epsps* 序列设计了含有兼并碱基的特异性引物，扩增相应的 *CP4-epsps* 基因序列。依据是否扩增获得预期 333 bp 的特异性 DNA 片段，判断样品中是否含有 *CP4-epsps* 基因成分。结果分析和表述如下：*Lectin* 内标准基因和 *CP4-epsps* 基因特异性序列均得到扩增，且扩增片段大小与预期片段大小一致，表明样品中检测出 *CP4-epsps* 基因的成分，检测结果为阳性；*Lectin* 内标准基因得到扩增，且扩增片段大小与预期片段大小一致，而 *CP4-epsps* 基因特异性序列未得到扩增，或扩增片段大小与预期片段大小不一致，表明样品中未检测出 *CP4-epsps* 基因，检测结果为阴性；*Lectin* 内标准基因片段未得到扩增，或扩增片段大小与预期片段大小不一致，表明样品中未检测出对应植物成分，检测结果为阴性。

14.《转基因植物及其产品成分检测　大豆内标准基因定性 PCR 方法》（农业部 2031 号公告 -8-2013）

农业部于 2013 年 12 月 24 日发布了《转基因植物及其产品成分检测　大豆内标准基因定性 PCR 方法》（农业部 2031 号公告 -8-2013）。农业部 2031 号公告 -8-2013 规定了大豆内标准基因 *Lectin* 的定性 PCR 检测方法，适用于转基因植物及其制品中大豆成分的定性 PCR 检测。*Lectin* 基因是指编码大豆凝集素的基因。

该标准的原理是根据 *Lectin* 基因序列设计特异性引物及探针，对试样进行 PCR 扩增。依据是否扩增获得预期的 DNA 片段或典型的荧光扩增曲线，判断样品中是否含有大豆成分。该标准对普通 PCR 方法和实时荧光 PCR 方法进行了描述。当用普通 PCR 方法时，*Lectin* 基因普通 PCR 引物信息如下：lec-1672F: 5′-GGGTGAGGATAGGGTTCTCTG-3′，lec-1881R: 5′-GCGATCGAGTAGTGAGAGTCG-3′，预期扩增片段大小为 210 bp。该标准的普通 PCR 方法和实时荧光 PCR 方法的检出限均为 0.5g/kg。

15.《转基因植物及其产品成分检测　抽样》（农业部 2031 号公告 -19-2013）

农业部于 2013 年 12 月 4 日发布了《转基因植物及其产品成分检测　抽样》（农业部 2031 号公告 -19-2013）。农业部 2031 号公告 -19-2013 规定了转基因植物及产品检测抽样方法，适用于转基因植物及其产品中检测样品的抽取和制样。

16.《转基因植物及其产品成分检测　耐除草剂和品质改良大豆 MON87705 及其衍生品种定性 PCR 方法》（农业部 2122 号公告 -4-2014）

农业部于 2014 年 7 月 7 日发布了《转基因植物及其产品成分检测　耐除草剂和品质改良大豆 MON87705 及其衍生品种定性 PCR 方法》（农业部 2122 号公告 -4-2014）。农业部 2122 号公告 -4-2014 规定了转基因耐除草剂和品质改良大豆 MON87705 转化体特异性定性 PCR 检测方法，适用于转基因耐除草剂和品质改良大豆 MON87705 及其衍生品种，以及制品中 MON87705 转化体成分的定性 PCR 检测。

　　MON87705 为耐除草剂和高油酸复合性状转基因大豆品种。2014 年农业部科技发展中心、山东省农业科学院植物保护研究所和中国农业科学院生物技术研究所联合起草了《转基因植物及其产品成分检测耐除草剂和品质改良大豆 MON87705 及其衍生品种定性 PCR 方法》（农业部 2122 号公告 -4-2014）。MON87705 转化体特异性序列是指外源插入片段 3′ 端的连接区序列，包括外源插入片段 3′ 端部分序列和大豆基因组部分序列。MON87705 转化体特异性序列引物信息如下：MON87705-F：5′-CGCCAAATCGTGAAGTTTCTCATCT-3′，MON87705-R：5′-CAGTGATAACAACACCCTGAGTCT-3′，预期扩增片段大小为 318 bp。该标准的原理是根据耐除草剂和品质改良大豆 MON87705 转化体特异性序列设计特异性引物及探针，对试样进行 PCR 扩增。依据是否扩增获得预期的特异性 DNA 片段，判断样品中是否含有 MON87705 转化体成分。结果分析和表述如下：*Lectin* 内标准基因和 MON87705 转化体特异性序列均得到扩增，且扩增片段大小与预期片段大小一致，表明样品中检测出转基因大豆 MON87705 转化体成分，检测结果为阳性；*Lectin* 内标准基因片段得到扩增，且扩增片段大小与预期片段大小一致，而 MON87705 转化体特异性序列未得到扩增，或扩增片段大小与预期片段大小不一致，表明样品中未检测出转基因大豆 MON87705 转化体成分，检测结果为阴性；*Lectin* 内标准基因片段未得到扩增，或扩增片段大小与预期片段大小不一致，表明样品中未检测出大豆成分，检测结果为阴性。该标准方法的检出限为 1g/kg。

　　17.《转基因植物及其产品成分检测　品质改良大豆 MON87769 及其衍生品种定性 PCR 方法》（农业部 2122 号公告 -5-2014）

　　农业部于 2014 年 7 月 7 日发布了《转基因植物及其产品成分检测　品质改良大豆 MON87769 及其衍生品种定性 PCR 方法》（农业部 2122 号公告 -5-2014）。农业部 2122 号公告 -5-2014 规定了转基因品质改良大豆 MON87769 转化体特异性定性 PCR 检测方法，适用于转基因品质改良大豆 MON87769 及其衍生品种，以及制品中 MON87769 转化体成分的定性 PCR 检测。

　　MON87769 为耐除草剂和高油酸复合性状转基因大豆品种。2014 年农业农村部科技发展中心、天津市农业质量标准与检测技术研究所、吉林省农业科学院和中国农业科学院生物技术研究所联合起草了《转基因植物及其产品成分检测品质改良大豆 MON87769 及其衍生品种定性 PCR 方法》（农业部 2122 号公告 -5-2014）。MON87769 转化体特异性序列是指外源插入片段 3′ 端与大豆基因组的连接区序列，包括外源插入片段 3′ 端的部分序列和大豆基因组部分序列。MON87769 转化体特异性序列引物信息如下：MON87769-F：5′-CCGGACATGAAGCCATTTAC-3′，MON87769-R：5′-TCCTTGGAGGTCGTCTCATT-3′，预期扩增片段大小为 298 bp。该标准的原理是根据转基因品质改良大豆 MON87769 转化体特异性序列设计特异性引物，对试样进行 PCR 扩增。依据是否扩增获得预期的特异性 DNA 片段，判断样品中是否含有 MON87769 转化体成分。结果分析和表述如下：*Lectin* 内标准基因和 MON87769 转化体特异性序列均得到扩增，且扩增片段大小与预期片段大小一致，表明样品中检测出 MON87769 转化体成分，检测结果为阳性；*Lectin* 内标准基因片段得到扩增，且扩增片段大小与预期片段大小一致，而 MON87769 转化体特异性序列未得到扩增，或扩增片段大小与预期片段大小不一致，表明样品中未检测出 MON87769 转化体成分，检测结果为阴性；*Lectin* 内标准基因片段未得到扩增，或扩增片段大小与预期片段大小不一致，表明样品中未检测出大豆成分，检测结果为阴性。该标准方法的检出限为 1g/kg。

18.《转基因植物及其产品成分检测　耐除草剂大豆 MON87708 及其衍生品种定性 PCR 方法》（农业部 2259 号公告 -6-2015）

农业部于 2015 年 5 月 21 日发布了《转基因植物及其产品成分检测　耐除草剂大豆 MON87708 及其衍生品种定性 PCR 方法》（农业部 2259 号公告 -6-2015）。农业部 2259 号公告 -6-2015 规定了转基因耐除草剂大豆 MON87708 转化体特异性定性 PCR 检测方法，适用于转基因耐除草剂大豆 MON87708 及其衍生品种，以及制品中 MON87708 转化体成分的定性 PCR 检测。

MON87708 转化体特异性序列是指外源插入片段 3′ 端与大豆基因组的连接区序列，包括外源插入片段 3′ 端的部分序列和大豆基因组的部分序列。该标准的原理是根据转基因耐除草剂大豆 MON87708 转化体特异性序列设计特异性引物，对试样进行 PCR 扩增。依据是否扩增获得预期的特异性 DNA 片段或典型扩增曲线，判断样品中是否含有 MON87708 转化体成分。该标准对普通 PCR 方法和实时荧光 PCR 方法进行了描述。当用普通 PCR 方法时，*Lectin* 基因普通 PCR 引物信息如下：lec-1672F：5′-GGGTGAGGATAGGGTTCTCTG-3′，lec-1881R：5′-GCGATCGAGTAGTGAGAGTCG-3′，预期扩增片段大小为 210 bp。MON87708 转化体特异性序列引物信息如下：MON87708-F：5′-CCATCATACTCATTGCTGATCCA-3′，MON87708-R：5′-AGCCAATCAATCTCAGAACTGTC-3′，预期扩增片段大小为 233 bp。结果分析和表述如下：*Lectin* 内标准基因和 MON87708 转化体特异性序列均得到扩增，且扩增片段大小与预期片段大小一致，表明样品中检测出 MON87708 转化体成分，检测结果为阳性；*Lectin* 内标准基因片段得到扩增，且扩增片段大小与预期片段大小一致，而 MON87708 转化体特异性序列未得到扩增，或扩增片段大小与预期片段大小不一致，表明样品中未检测出 MON87708 转化体成分，检测结果为阴性；*Lectin* 内标准基因片段未得到扩增，或扩增片段大小与预期片段大小不一致，表明样品中未检测出大豆成分，检测结果为阴性。检出限为 0.1%（含靶序列样品 DNA/ 总样品 DNA）。当用实时荧光 PCR 方法时，*Lectin* 基因实时荧光 PCR 引物和探针信息如下：lec-1215F：5′-GCCCTCTACTCCACCCCCA-3′，lec-1332R：5′-GCCCATCTGCAAGCCTTTTT-3′，lec-1269P：5′-AGCTTCGCCGCTTCCTTCAACTTCAC-3′，预期扩增片段大小为 118 bp。MON87708 转化体特异性序列引物和探针信息如下：MON87708-QF：5′-TCATACTCATTGCTGATCCATGTAG-3′，MON87708-QR：5′-AGAACAAATTAACGAAAAGACAGAACG-3′，MON87708-P：5′-TCCCGGACTTTAGCTCAAAATGCATGTA-3′，预期扩增片段大小为 91 bp。结果分析和表述如下：*Lectin* 内标准基因和 MON87708 转化体特异性序列均出现典型扩增曲线，且 Ct 值小于或等于 36，表明样品中检测出 MON87708 转化体成分，检测结果为阳性；*Lectin* 内标准基因出现典型扩增曲线，且 Ct 值小于或等于 36，而 MON87708 转化体特异性序列无典型性扩增曲线或 Ct 值大于 36，表明样品中未检测出 MON87708 转化体成分，检测结果为阴性；*Lectin* 内标准基因未出现典型扩增曲线，表明样品中未检测出大豆成分，检测结果为阴性。检出限为 0.05%（含靶序列样品 DNA/ 总样品 DNA）。

19.《转基因植物及其产品成分检测　抗虫大豆 MON87701 及其衍生品种定性 PCR 方法》（农业部 2259 号公告 -7-2015）

农业部于 2015 年 5 月 21 日发布了《转基因植物及其产品成分检测　抗虫大豆 MON87701 及其衍生品种定性 PCR 方法》（农业部 2259 号公告 -7-2015）。该标准规定了转基因抗虫大豆 MON87701 转化体特异性定性 PCR 检测方法，适用于转基因抗虫大豆 MON87701 及其衍生品种。

MON87701 转化体特异性序列是指外源插入片段 5′ 端与大豆基因组的连接区序列，包括外源插入片段 5′ 端的部分序列和大豆基因组的部分序列。该标准的原理是根据转基因抗虫大豆 MON87701 转化体特异性序列设计特异性引物及探针，对试样进行 PCR 扩增。依据是否扩增获得预期的特异性 DNA 片段或典型扩增曲线，判断样品中是否含有 MON87701 转化体成分。该标准对普通 PCR 方法和实时荧光 PCR 方法进行了描述。当用普通 PCR 方法时，*Lectin* 基因普通 PCR 引物信息如下：lec-1672F：5′-GGGTGAGGATAGGGTTCTCTG-3′，lec-1881R：5′-GCGATCGAGTAGTGAGAGTCG-3′，预期扩增片段大小为 210bp。

MON87701 转化体特异性序列引物信息如下：MON87701-MF：5'-GCACGCTTAG TGTGTGTGTCAAAC-3'，MON87701-MR：5'-GGATCCGTCGACCTGCAGTTAA C-3'，预期扩增片段大小为 150bp。结果分析和表述如下：*Lectin* 内标准基因和 MON87701 转化体特异性序列均得到扩增，且扩增片段大小与预期片段大小一致，表明样品中检测出转基因大豆 MON87701 转化体成分，检测结果为阳性；*Lectin* 内标准基因片段得到扩增，且扩增片段大小与预期片段大小一致，而 MON87701 转化体特异性序列未得到扩增，或扩增片段大小与预期片段大小不一致，表明样品中未检测出转基因大豆 MON87701 转化体成分，检测结果为阴性；*Lectin* 内标准基因片段未得到扩增，或扩增片段大小与预期片段大小不一致，表明样品中未检测出大豆成分，检测结果为阴性。检出限为 0.1%（含靶序列样品 DNA/ 总样品 DNA）。当用实时荧光 PCR 方法时，*Lectin* 基因实时荧光 PCR 引物和探针信息如下：lec-1215F：5'-GCCCTCTACTCCACCCCCA-3'，lec-1332R：5'-GCCCATCTGCAAGCCTTTTT-3'，lec-1269P：5'-AGCTTCGCCGCTTCCTTCAACTTCAC-3'，预期扩增片段大小为 118 bp。MON87701 转化体特异性序列引物和探针信息如下：MON87701-QF：5'-TGGTGATATG AAGATACATGCTTAGCAT-3'，MON87701-QR：5'-CGTTTCCCGCCTTCAGTTTAAAC-3'，MON87701-P：5'-TCAGTGTTTGACACACACACTAAGCGTGCC-3'，预期扩增片段大小为 89 bp。结果分析和表述如下：*Lectin* 内标准基因和 MON87701 转化体特异性序列均出现典型扩增曲线，且 Ct 值小于或等于 37，表明样品中检测出 MON87701 转化体成分，检测结果为阳性；*Lectin* 内标准基因出现典型扩增曲线，且 Ct 值小于或等于 36，而 MON87701 转化体特异性序列无典型性扩增曲线或 Ct 值大于 37，表明样品中未检测出 MON87701 转化体成分，检测结果为阴性；*Lectin* 内标准基因未出现典型扩增曲线或 Ct 值大于 36，表明样品中未检测出大豆成分，检测结果为阴性。检出限为 0.05%（含靶序列样品 DNA/ 总样品 DNA）。

20.《转基因植物及其产品成分检测　耐除草剂大豆 FG72 及其衍生品种定性 PCR 方法》（农业部 2259 号公告 -8-2015）

农业部于 2015 年 5 月 21 日发布了《转基因植物及其产品成分检测　耐除草剂大豆 FG72 及其衍生品种定性 PCR 方法》（农业部 2259 号公告 -8-2015）。农业部 2259 号公告 -8-2015 规定了转基因耐除草剂大豆 FG72 转化体特异性定性 PCR 检测方法，适用于转基因耐除草剂大豆 FG72 及其衍生品种，以及制品中 FG72 转化体成分的定性 PCR 检测。

FG72 转化体特异性序列是指外源插入片段 3' 端与大豆基因组的连接区序列，包括转化载体部分序列和大豆基因组序列。FG72 转化体特异性序列引物信息如下：

FG72-F：5′-TCGGGCTGCAGGAATTAATGT-3′，FG72-R：5′-TTTGGAGCAATA AACATGTGATAGC-3′，预期扩增片段大小为 150 bp。该标准的原理是根据转基因耐除草剂大豆 FG72 转化体特异性序列设计特异性引物，对试样进行 PCR 扩增。依据是否扩增获得预期的特异性 DNA 片段，判断样品中是否含有 FG72 转化体成分。结果分析和表述如下：*Lectin* 内标准基因和 FG72 转化体特异性序列均得到扩增，且扩增片段大小与预期片段大小一致，表明样品中检测出 FG72 转化体成分，检测结果为阳性；*Lectin* 内标准基因片段得到扩增，且扩增片段大小与预期片段大小一致，而 FG72 转化体特异性序列未得到扩增，或扩增片段大小与预期片段大小不一致，表明样品中未检测出 FG72 转化体成分，检测结果为阴性；*Lectin* 内标准基因片段未得到扩增，或扩增片段大小与预期片段大小不一致，表明样品中未检测出大豆成分，检测结果为阴性。该标准方法的检出限为 0.1%（含靶序列样品 DNA/ 总样品 DNA）。

21.《转基因植物及其产品成分检测　耐除草剂大豆 DAS-68416-4 及其衍生品种定性 PCR 方法》（农业部 2630 号公告 -5-2017）

农业部于 2017 年 12 月 25 日发布了《转基因植物及其产品成分检测　耐除草剂大豆 DAS-68416-4 及其衍生品种定性 PCR 方法》（农业部 2630 号公告 -5-2017）。农业部 2630 号公告 -5-2017 规定了转基因耐除草剂大豆 DAS-68416-4 转化体特异性普通 PCR 检测方法，适用于转基因耐除草剂大豆 DAS-68416-4 及其衍生品种，以及制品中 DAS-68416-4 转化体成分的定性 PCR 检测。

DAS-68416-4 转化体特异性序列是指外源插入片段 5′ 端与大豆基因组的连接区序列，包括大豆基因组部分序列和转化载体 T-DNA 部分序列。DAS-68416-4 转化体特异性序列引物信息如下：DAS-68416-4-F：5′-CCGCTACTTGCTCTTGTCGT-3′，DAS-68416-4-R：5′-CGGTTAGGATCCGGTGAGTA-3′，预期扩增片段大小为 221bp。该标准的原理是根据转基因耐除草剂大豆 DAS-68416-4 转化体特异性序列设计特异性引物，对试样进行 PCR 扩增。依据是否扩增获得预期的特异性 DNA 片段，判断样品中是否含有 DAS-68416-4 转化体成分。结果分析和表述如下：*Lectin* 内标准基因和转基因耐除草剂大豆 DAS-68416-4 转化体特异性序列均得到扩增，表明样品中检测出转基因耐除草剂大豆 DAS-68416-4 转化体成分，检测结果为阳性；*Lectin* 内标准基因片段得到扩增，而转基因耐除草剂大豆 DAS-68416-4 转化体特异性序列未得到扩增，表明样品中未检测出转基因耐除草剂大豆 DAS-68416-4 转化体成分，检测结果为阴性；*Lectin* 内标准基因片段未得到扩增，表明样品中未检测出大豆 DNA 成分，检测结果为阴性。该标准方法的检出限为 0.1%（含靶序列样品 DNA/ 总样品 DNA）。

22.《转基因植物及其产品成分检测 耐除草剂大豆 SHZD32-1 及其衍生品种定性 PCR 方法》（农业部 2630 号公告 -15-2017）

农业部于 2017 年 12 月 25 日发布了《转基因植物及其产品成分检测 耐除草剂大豆 SHZD32-1 及其衍生品种定性 PCR 方法》（农业部 2630 号公告 -15-2017）。农业部 2630 号公告 -15-2017 规定了转基因耐除草剂大豆 SHZD32-1 转化体特异性普通 PCR 和实时荧光 PCR 两种检测方法，适用于转基因耐除草剂大豆 SHZD32-1 及其衍生品种，以及制品中 SHZD32-1 转化体成分的定性 PCR 检测。

SHZD32-1 转化体特异性序列是指外源插入片段 5′ 端与大豆基因组的连接区序列，包括大豆基因组部分序列和转化载体 T-DNA 部分序列。该标准的原理是根据转基因耐除草剂大豆 SHZD32-1 转化体特异性序列设计特异性引物及探针，对试样进行 PCR 扩增。依据是否扩增获得预期的特异性 DNA 片段或典型扩增曲线，判断样品中是否含有 SHZD32-1 转化体成分。该标准对普通 PCR 方法和实时荧光 PCR 方法进行了描述。当用普通 PCR 方法时，*Lectin* 基因普通 PCR 引物信息如下：lec-1672F：5′-GGGTGAGGATAGGGTTCTCTG-3′，lec-1881R：5′-GCGATCGAGTAGTGAGAGTCG-3′，预期扩增片段大小为 210 bp。SHZD32-1 转化体特异性序列引物信息如下：SHZD32-1F：5′-GAGCAGCTTGAGCTTGGA-3′，SHZD32-1R：5′-CGAATTTCACCAAAACACTAA-3′，预期扩增片段大小为 234 bp。结果分析和表述如下：*Lectin* 内标准基因和转基因耐除草剂大豆 SHZD32-1 转化体特异性序列均得到扩增，表明样品中检测出转基因耐除草剂大豆 SHZD32-1 转化体成分，检测结果为阳性；*Lectin* 内标准基因片段得到扩增，而转基因耐除草剂大豆 SHZD32-1 转化体特异性序列未得到扩增，表明样品中未检测出转基因耐除草剂大豆 SHZD32-1 转化体成分，检测结果为阴性；*Lectin* 内标准基因片段未得到扩增，表明样品中未检测出大豆成分，检测结果为阴性。检出限为 0.1%（含靶序列样品 DNA/ 总样品 DNA）。当用实时荧光 PCR 方法时，*Lectin* 基因实时荧光 PCR 引物和探针信息如下：lec-1215F：5′-GCCCTCTACTCCACCCCCA-3′，lec-1332R：5′-GCCCATCTGCAAGCCTTTTT-3′，lec-1269P：5′-AGCTTCGCCGCTTCCTTCAACTTCAC-3′，预期扩增片段大小为 118 bp。SHZD32-1 转化体特异性序列引物和探针信息如下：SHZD32-1QF：5′-TCGTTTCCCGCCATAAGG-3′，SHZD32-1QR：5′-CATCAACCAAGAGCAACAGCAT-3′，SHZD32-1P：5′-TCCGACCACCACGAGACCGTAGTACA-3′，预期扩增片段大小为 120 bp。结果分析和表述如下：*Lectin* 内标准基因和转基因耐除草剂大豆 SHZD32-1 转化体特异性序列均出现典型扩增曲线且 Ct 值小于或等于 36，表明样品中检测出转基因耐除草剂大豆 SHZD32-1 转化体成分，检测结果为阳性；*Lectin* 内标准基因出现典型扩增曲线且 Ct 值小于或等于 36，而转基因耐除草剂大豆 SHZD32-1 转化体特异性序列无典型扩增曲线或 Ct 值大于 36，表明样品中未检测出转基因耐除草剂大豆 SHZD32-1 转化体成分，检测结果为阴性；*Lectin* 内标准基因未出现典型扩增曲线或 Ct 值大于 36，表明样品中未检测出大豆成分，检测结果为阴性。检出限为 0.05%（含靶序列样品 DNA/ 总样品 DNA）。

23.《转基因植物及其产品成分检测　抗虫大豆 DAS-81419-2 及其衍生品种定性 PCR 方法》（农业农村部公告第 111 号 -9-2018）

农业农村部于 2018 年 12 月 19 日发布了《转基因植物及其产品成分检测　抗虫大豆 DAS-81419-2 及其衍生品种定性 PCR 方法》（农业农村部公告第 111 号 -9-2018）。该标准规定了转基因抗虫大豆 DAS-81419-2 转化体特异性普通 PCR 检测方法，适用于转基因抗虫大豆 DAS-81419-2 及其衍生品种，以及制品中 DAS-81419-2 转化体成分的定性 PCR 检测。

抗虫大豆 DAS-81419-2 是陶氏益农公司开发的转 *cry1Ac*（*synpro*）基因、*cry1Fv3* 基因和 *pat* 基因的抗虫大豆品种，OECD 标识符 DAS-81419-2。DAS-81419-2 转化体特异性序列是指外源插入片段 5′ 端的连接区序列，包括大豆基因组的部分序列和转化载体 T-DNA 部分序列。DAS-81419-2 转化体特异性序列引物信息如下：DAS-81419-2-F：5′-CCCATGTGAAGAAAATCCAACCAT-3′，DAS-81419-2-R：5′-CCGAGAAGGTCAAACATGCTAA-3′，预期扩增片段大小为 252 bp。该标准的原理是根据转基因抗虫大豆 DAS-81419-2 转化体特异性序列设计特异性引物，对试样进行 PCR 扩增。依据是否扩增获得预期的特异性 DNA 片段，判断样品中是否含有 DAS-81419-2 转化体成分。结果分析和表述如下：*Lectin* 内标准基因和转基因抗虫大豆 DAS-81419-2 转化体特异性序列均得到扩增，表明样品中检测出转基因抗虫大豆 DAS-81419-2 转化体成分，检测结果为阳性；*Lectin* 内标准基因片段得到扩增，而转基因抗虫大豆 DAS-81419-2 转化体特异性序列未得到扩增，表明样品中未检测出转基因抗虫大豆 DAS-81419-2 转化体成分，检测结果为阴性；*Lectin* 内标准基因片段未得到扩增，表明样品中未检测出大豆成分，检测结果为阴性。该标准方法的检出限为 0.1%（含靶序列样品 DNA/ 总样品 DNA），且注意检出限是在 PCR 检测反应体系中加入 50ng DNA 模板确定的。

24.《转基因植物及其产品成分检测　耐除草剂大豆 SYHT0H2 及其衍生品种定性 PCR 方法》（农业农村部公告第 111 号 -10-2018）

农业农村部于 2018 年 12 月 19 日发布了《转基因植物及其产品成分检测　耐除

草剂大豆 SYHT0H2 及其衍生品种定性 PCR 方法》（农业农村部公告第 111 号 -10-2018）。农业农村部公告第 111 号 -10-2018 规定了转基因耐除草剂大豆 SYHT0H2 转化体特异性普通 PCR 和实时荧光 PCR 两种检测方法，适用于转基因耐除草剂大豆 SYHT0H2 及其衍生品种，以及制品中 SYHT0H2 转化体成分的定性 PCR 检测。

耐除草剂大豆 SYHT0H2 是先正达和拜耳公司共同研发的转 *avhppd*-03 基因和 *pat* 基因的耐除草剂大豆品种，OECD 标识符 SYN-ΦΦΦH2-5。SYHT0H2 转化体 5′ 特异性序列是指外源插入片段 5′ 端的连接区序列，包括大豆基因组的部分序列和转化载体 T-DNA 部分序列。SYHT0H2 转化体 3′ 特异性序列是指外源插入片段 3′ 端与大豆基因组的连接区序列，包括转化载体 T-DNA 部分序列和大豆基因组的部分序列。该标准的原理是根据转基因耐除草剂大豆 SYHT0H2 转化体特异性序列设计特异性引物及探针，对试样进行 PCR 扩增。依据是否扩增获得预期的特异性 DNA 片段或典型扩增曲线，判断样品中是否含有 SYHT0H2 转化体成分。该标准对普通 PCR 方法和实时荧光 PCR 方法进行了描述。当用普通 PCR 方法时，*Lectin* 基因普通 PCR 引物信息如下：lec-1672F：5′-GGGTGAGGATAGGGTTCTCTG-3′，lec-1881R：5′-GCGATCGAGTAGTGAGAGTCG-3′，预期扩增片段大小为 210bp。SYHT0H2 转化体特异性序列引物信息如下：SYHT0H2-F：5′-GAGGCACCAACATTCTT-3′，SYHT0H2-R：5′-TATCCGCAATGTGTTATTAA-3′，预期扩增片段大小为 234bp。结果分析和表述如下：*Lectin* 内标准基因和转基因耐除草剂大豆 SYHT0H2 转化体特异性序列均得到扩增，表明样品中检测出转基因耐除草剂大豆 SYHT0H2 转化体成分，检测结果为阳性；*Lectin* 内标准基因片段得到扩增，而转基因耐除草剂大豆 SYHT0H2 转化体特异性序列未得到扩增，表明样品中未检测出转基因耐除草剂大豆 SYHT0H2 转化体成分，检测结果为阴性；*Lectin* 内标准基因片段未得到扩增，表明样品中未检测出大豆成分，检测结果为阴性。检出限为 0.1%（含靶序列样品 DNA/ 总样品 DNA）。当用实时荧光 PCR 方法时，*Lectin* 基因实时荧光 PCR 引物和探针信息如下：lec-1215F：5′-GCCCTCTACTCCACCCCCA-3′，lec-1332R：5′-GCCCATCTGCAAGCCTTTTT-3′，lec-1269P：5′-AGCTTCGCCGCTTCCTTCAACTTCAC-3′，预期扩增片段大小为 118bp。SYHT0H2 转化体特异性序列引物和探针信息如下：SYHT0H2-QF：5′-GTTACTAGATCGGGAATTGG-3′，SYHT0H2-QR：5′-GTGCCATTGGTTTAGGGTTT-3′，SYHT0H2-P：5′-CCAGCATGGCCGTATCCGCAA-3′，预期扩增片段大小为 96bp。结果分析和表述如下：*Lectin* 内标准基因和转基因耐除草剂大豆 SYHT0H2 转化体特异性序列均出现典型扩增曲线且 Ct 值小于或等于 36，表明样品中检测出转基因耐除草剂大豆 SYHT0H2 转化体成分，检测结果为阳性；*Lectin* 内标准基因出现典型扩增曲线且 Ct 值小于或等于 36，但转基因耐除草剂大豆 SYHT0H2 转化体特异性序列无典型扩增曲线或 Ct 值大于 36，表明样品中未检测出转基因耐除草剂大豆 SHZD32-1 转化体成分，检测结果为阴性；*Lectin* 内标准基因未出现典型扩增曲线或 Ct 值大于 36，表明样品中未检测出大豆成分，检测结果为阴性。检出限为 0.05%（含靶序列样品 DNA/ 总样品 DNA）。

25.《转基因植物及其产品成分检测　耐除草剂大豆 DAS-444Ø6-6 及其衍生品种定性 PCR 方法》（农业农村部公告第 111 号 -11-2018）

农业农村部于 2018 年 12 月 19 日发布了《转基因植物及其产品成分检测　耐除草剂大豆 DAS-444Ø6-6 及其衍生品种定性 PCR 方法》（农业农村部公告第 111 号 -11-2018）。农业农村部公告第 111 号 -11-2018 规定了转基因耐除草剂大豆 DAS-444Ø6-6 转化体特异性定性 PCR 检测方法，适用于转基因耐除草剂大豆 DAS-444Ø6-6 及其衍生品种，以及制品中 DAS-444Ø6-6 转化体成分的定性 PCR 检测。

耐除草剂大豆 DAS-444Ø6-6 是陶氏益农公司开发的转 2*mepsps* 基因、*aad-12* 基因和 *pat* 基因的耐除草剂大豆品种，OECD 标识符 DAS-444Ø6-6。DAS-444Ø6-6 转化体特异性序列是指外源插入片段 5′ 端与大豆基因组的连接区序列，包括大豆基因组的部分序列与转化载体 T-DNA 部分序列。DAS-444Ø6-6 转化体特异性序列引物信息如下：DAS-444Ø6-6-F：5′-GGGGCCTGACATAGTAGCT-3′，DAS-444Ø6-6-R：5′-TAATATTGTACGGCTAAGAGCGAA-3′，预期扩增片段大小为 259 bp。该标准的原理是根据转基因耐除草剂大豆 DAS-444Ø6-6 转化体特异性序列设计特异性引物，对试样进行 PCR 扩增。依据是否扩增获得预期的特异性 DNA 片段，判断样品中是否含有 DAS-444Ø6-6 转化体成分。结果分析和表述如下：*Lectin* 内标准基因和转基因耐除草剂大豆 DAS-444Ø6-6 转化体特异性序列均得到扩增，表明样品中检测出转基因耐除草剂大豆 DAS-444Ø6-6 转化体成分，检测结果为阳性。*Lectin* 内标准基因片段得到扩增，而转基因耐除草剂大豆 DAS-444Ø6-6 转化体特异性序列未得到扩增，表明样品中未检测出转基因耐除草剂大豆 DAS-444Ø6-6 转化体成分，检测结果为阴性。*Lectin* 内标准基因片段未得到扩增，表明样品中未检测出大豆成分，检测结果为阴性。该标准方法的检出限为 0.1%（含靶序列样品 DNA/ 总样品 DNA）。

26.《转基因植物及其产品成分检测　抗虫大豆 MON87751 及其衍生品种定性 PCR 方法》（农业农村部公告第 323 号 -5-2020）

农业农村部于 2020 年 8 月 4 日发布了《转基因植物及其产品成分检测　抗虫大豆 MON87751 及其衍生品种定性 PCR 方法》（农业农村部公告第 323 号 -5-2020）。该标准规定了转基因抗虫大豆 MON87751 转化体特异性定性 PCR 检测方法，适用于转基因抗虫大豆 MON87751 及其衍生品种，以及制品中 MON87751 转化体成分的定性 PCR 检测。

MON87751 转化体特异性序列是指外源插入片段 5′ 端与大豆基因组的连接区序列，包括大豆基因组序列和转化载体 T-DNA 部分序列。MON87751 转化体特异性序列引物信息如下：MON87751-F：5′-TAGAGGAATAGTTAGCGAATGTGAC-3′，MON87751-R：5′-GACAGACCTCAATTGCGAGC-3′，预期扩增片段大小为 268bp。该标准的原理是根据转基因抗虫大豆 MON87751 转化体特异性序列设计特异性引物，对试样进行 PCR 扩增。依据是否扩增获得预期的特异性 DNA 片段，判断样品中是否含有抗虫大豆 MON87751 转化体成分。结果分析和表述如下：*Lectin* 内标准基因和转基因抗虫大豆 MON87751 转化体特异性序列均得到扩增，表明样品中检测出转基因抗虫大豆 MON87751 转化体成分，检测结果为阳性；*Lectin* 内标准基因片段得到扩增，而转基因抗虫大豆 MON87751 转化体特异性序列未得到扩增，表明样品中未检测出转基因抗虫大豆 MON87751 转化体成分，检测结果为阴性；*Lectin* 内标准基因片段未得到扩增，表明样品中未检测出大豆成分，检测结果为阴性。该标准方法的检出限为 0.1%（含靶序列样品 DNA/ 总样品 DNA），且注意检出限是在 PCR 检测反应体系中加入 50ng DNA 模板测算的。

27.《转基因植物及其产品成分检测　耐除草剂大豆 GTS40-3-2 及其衍生品种定量 PCR 方法》（农业农村部公告第 323 号 -10-2020）

农业农村部于 2020 年 8 月 4 日发布了《转基因植物及其产品成分检测　耐除草剂大豆 GTS40-3-2 及其衍生品种定量 PCR 方法》（农业农村部公告第 323 号 -10-2020）。农业农村部公告第 323 号 -10-2020 规定了转基因耐除草剂大豆 GTS40-3-2 转化体特异性定量 PCR 检测方法，适用于转基因耐除草剂大豆 GTS40-3-2 及其衍生品种，以及制品中 GTS40-3-2 转化体的定量 PCR 检测。

GTS40-3-2 转化体特异性序列是指外源插入片段 5′ 端与大豆基因组的连接区序列，包括大豆基因组的部分序列与转化载体 T-DNA 部分序列。GTS40-3-2 转化体特异性序列引物信息如下：GTS40-3-2-F：5′-TTCATTCAAAATAAGATCATACATACAGGTT-3′，GTS40-3-2-R：5′-GGCATTTGTAGGAGCCACCTT-3′，GTS40-3-2-P：5′-CCTTTTCCATTTGGG-3′，预期扩增片段大小为 84bp。该标准的原理是根据转基因耐除草剂大豆 GTS40-3-2 转化体特异性序列和 *Lectin* 内标准基因特异性序列设计引物和 *Taq*Man 荧光探针，对标准样品和试样同时进行实时荧光定量 PCR 扩增。根据标准样品模板拷贝数与 Ct 值间的线性关系，分别绘制外源基因和内标准基因的标准曲线。计算试样中 GTS40-3-2 转化体和 *Lectin* 内标准基因的拷贝数及其比值。结果分析和表述如下：*Lectin* 内标准基因和 GTS40-3-2 转化体均出现典型扩增曲线，且 Ct 值均小于或等于定量极限对照样品的 Ct 值，表明样品中检测出耐除草剂大豆 GTS40-3-2 转化体，GTS40-3-2 转化体含量为 C±U；*Lectin* 内标基因和 GTS40-3-2 转化体出现典型扩增曲线，*Lectin* 内标基因 Ct 值小于或等于定量极限对照样品的 Ct 值，GTS40-3-2 转化体 Ct 值大于定量极限对照样品的 Ct 且小于或等于检测极限对照样品的 Ct 值，表明样品中检测出耐除草剂大豆 GTS40-3-2 转化体，GTS40-3-2 转化体含量低于定量极限；GTS40-3-2 转化体未出现典型扩增曲线，或 Ct 值大于检测极限对照样品的 Ct 值，表明样品中耐除草剂大豆 GTS40-3-2 转化体含量低于检测极限，检测结果为阴性。该标准方法的检测极限（LOD）为 6 个拷贝，定量极限（LOQ）为 40 个拷贝。

28.《转基因植物及其产品成分检测　耐除草剂大豆 ZH10-6 及其衍生品种定性 PCR 方法》（农业农村部公告第 323 号 -20-2020）

农业农村部于 2020 年 8 月 4 日发布了《转基因植物及其产品成分检测　耐除草剂大豆 ZH10-6 及其衍生品种定性 PCR 方法》（农业农村部公告第 323 号 -20-2020）。农业农村部公告第 323 号 -20-2020 规定了转基因耐除草剂大豆 ZH10-6 转化体特异性定性 PCR 检测方法，适用于转基因耐除草剂大豆 ZH10-6 及其衍生品种，以及制品中 ZH10-6 转化体成分的定性 PCR 检测。

ZH10-6 转化体特异性序列是指外源插入片段 3' 端与大豆基因组的连接区序列，包括转化载体 T-DNA 部分序列及大豆基因组序列。ZH10-6 转化体特异性序列引物信息如下：ZH10-6-F: 5'-ATCGCCCTTCCCAACAGTT-3'，ZH10-6-R: 5'-TGTGAAATGTGAACGAACGCCGC-3'，预期扩增片段大小为 246bp。该标准的原理是根据转基因耐除草剂大豆 ZH10-6 转化体特异性序列设计特异性引物，对试样进行 PCR 扩增。依据是否扩增获得预期的 DNA 片段，判断样品中是否含有 ZH10-6 转化体成分。结果分析和表述如下：*Lectin* 内标准基因和耐除草剂大豆 ZH10-6 转化体特异性序列均得到扩增，表明样品中检测出耐除草剂大豆 ZH10-6 转化体成分，检测结果为阳性；*Lectin* 内标准基因片段得到扩增，而耐除草剂大豆 ZH10-6 转化体特异性序列未得到扩增，表明样品中未检测出耐除草剂大豆 ZH10-6 转化体成分，检测结果为阴性；*Lectin* 内标准基因片段未得到扩增，表明样品中未检测出大豆成分，检测结果为阴性。该标准方法的检出限为 0.1%（含靶序列样品 DNA/ 总样品 DNA）。

（二）转基因大豆及其产品环境安全检测相关标准

转基因植物的环境安全检测，主要从六个方面进行检测及评估：功能效率检测、生存竞争能力检测、外源基因漂移检测、对非靶标生物（如二斑叶螨、家蚕、蚯蚓、蜜蜂等生物）影响检测、对生物多样性的影响检测、靶标生物抗性风险的检测。我国目前只有农业农村部制定了转基因环境安全检测标准，其中转基因大豆环境安全检测标准有 7 项。

1.《转基因大豆环境安全检测技术规范　第 1 部分：生存竞争能力检测》（NY/T 719.1—2003）

农业部于 2003 年 12 月 1 日发布了《转基因大豆环境安全检测技术规范　第 1 部分：生存竞争能力检测》（NY/T 719.1—2003）。NY/T 719.1 规定了转基因大豆生存竞争能力的检测方法，适用于转基因大豆变为杂草的可能性、转基因大豆与非转基因大豆及杂草在农田中竞争能力的检测。

该标准对试验材料、资料记录和试验安全控制措施进行了要求，从试验设计、播种、管理、调查与记录、结果分析几方面对竞争性、转基因大豆对常规除草剂的耐性（适用于抗除草剂转基因大豆）、自生苗生产率、繁育系数、种子自然延续能力、种子落粒性进行了试验方法的描述。

2.《转基因大豆环境安全检测技术规范　第 2 部分：外源基因流散的生态风险检测》（NY/T 719.2—2003）

农业部于 2003 年 12 月 1 日发布了《转基因大豆环境安全检测技术规范　第 2 部分：外源基因流散的生态风险检测》（NY/T 719.2—2003）。NY/T 719.2 规定了转基因大豆基因流散的生态风险检测方法，NY/T 719.2 适用于转基因大豆与野生大豆、普通栽培大豆的流散率以及基因流散距离和频率的检测。

基因流散是指转基因大豆中的外源基因向普通栽培大豆或相关野生种自然转移的行为。流散率是指转基因大豆与普通栽培大豆或相关野生种发生自然杂交的比率。该标准制定了转基因大豆与野生及栽培大豆不同基因型流散率、基因流散距离和频率的检测两种实验方法。

3.《转基因大豆环境安全检测技术规范　第 3 部分：对生物多样性影响的检测》（NY/T 719.3—2003）

农业部于 2003 年 12 月 1 日发布了《转基因大豆环境安全检测技术规范　第 3 部分：对生物多样性影响的检测》（NY/T 719.3—2003）。NY/T 719.3 规定了转基因大豆对生物多样性影响的检测方法，适用于转基因大豆对大豆田节肢动物多样性、大豆病害及大豆根瘤菌影响的检测。

该标准按照 NY/T 719.1—2003 中第 3 章的要求执行，包括对试验材料、资料记录和试验安全控制措施的要求。该标准从试验设计、播种、管理、调查和记录、结果分析几方面进行了试验方法的描述。

4.《转基因植物及其产品环境安全检测　耐除草剂大豆　第 1 部分：除草剂耐受性》（农业部 2031 号公告 -1-2013 ）

农业部于 2013 年 12 月 4 日发布了《转基因植物及其产品环境安全检测　耐除草剂大豆　第 1 部分：除草剂耐受性》（农业部 2031 号公告 -1-2013 ）。农业部 2031 号公告 -1-2013 规定了转基因耐除草剂大豆对除草剂耐受性的检测方法，适用于转基因耐除草剂大豆对除草剂的耐受性水平的检测。

转基因耐除草剂大豆是指通过基因工程技术将耐除草剂基因导入大豆基因组而培育出的耐除草剂大豆品种（品系）。目标除草剂是指转基因耐除草剂大豆中的目的蛋白所耐受的除草剂。该标准对试验材料、资料记录、隔离措施、试验过程的安全管理、试验后的材料处理和试验结束后试验地的监管进行了要求。试验方法涵盖试验设计、播种、管理、调查和记录、结果分析与表达五个方面。其中，调查和记录按 GB/T 19780.125 的要求，分别在用药后 1 周、2 周和 4 周调查和记录大豆成活率，用药后 2 周和 4 周调查和记录大豆株高和药害症状。除草剂受害率按标准中列出的公式计算。采用方差分析方法对试验数据进行统计，比较不同处理的转基因耐除草剂大豆和对应的受体大豆在成活率和除草剂受害率方面的差异，并对差异程度进行描述。

5.《转基因植物及其产品环境安全检测　耐除草剂大豆　第 2 部分：生存竞争能力》（农业部 2031 号公告 -2-2013 ）

农业部于 2013 年 12 月 4 日发布了《转基因植物及其产品环境安全检测　耐除草剂大豆　第 2 部分：生存竞争能力》（农业部 2031 号公告 -2-2013 ）。农业部 2031 号公告 -2-2013 规定了转基因耐除草剂大豆生存竞争能力的检测方法，适用于转基因耐除草剂大豆变为杂草的可能性、转基因耐除草剂大豆与非转基因大豆及杂草在荒地和农田中竞争能力的检测。

该标准对荒地生存竞争能力、栽培地生存竞争能力、种子自然延续能力的试验方法进行了描述。其中，荒地生存竞争能力中的大豆繁育系数、落粒率、自生苗产生率以及自生苗检出率可按标准中列出的相应公式计算。杂草的株数、株高、相对覆盖度计算各取样点平均数。采用方差分析方法对试验数据进行统计，比较荒地条件下转基因耐除草剂大豆、受体大豆和普通栽培大豆与杂草竞争、繁育系数、种子落粒性、自生苗生产率方面的差异。根据检测结果，就荒地条件下，检测样品与受体大豆品种及当地推广的非转基因大豆品种，与杂草的竞争性、繁育系数、种子落粒率及自生苗生产率等指标是否有差异及差异程度进行评价，并对相应参数的变化做具体描述。栽培地生存竞争能力中的落粒率及自生苗产生率可按标准中列出的相应公式计算，大豆株高、复叶数、相对覆盖度、繁育系数计算各取样点平均数。采用方差分析方法对试验数据进行统计，比较栽培地转基因耐除草剂大豆、受体大豆和普通栽培大豆在竞争性及繁育系数、种子落粒性、自生苗生产率方面的差异。根据检测结果，就栽培地条件下，检测样品与受体大豆品种及当地推广的非转基因大豆品种，与杂草的竞争性、繁育系数、种子落粒率及自生苗生产率等指标是否有差异及差异程度进行评价，并对相应参数的变化做具体描述。种子自然延续能力按 GB/T 3543.4 规定的方法检测发芽率。采用方差分析方法对试验数据进行统计，比较转基因耐除草剂大豆、受体大豆和普通栽培大豆在不同时期发芽率的差异，并对差异程度进行描述。

6.《转基因植物及其产品环境安全检测　耐除草剂大豆　第 3 部分：外源基因漂移》（农业部 2031 号公告 -3-2013）

农业部于 2013 年 12 月 4 日发布了《转基因植物及其产品环境安全检测　耐除草剂大豆　第 3 部分：外源基因漂移》（农业部 2031 号公告 -3-2013）。农业部 2031 号公告 -3-2013 规定了转基因耐除草剂大豆外源基因漂移的检测方法，适用于转基因耐除草剂大豆与野生大豆及普通栽培大豆的异交率和基因漂移距离及频率的检测。

异交率指转基因耐除草剂大豆和普通栽培大豆或野生大豆发生自然杂交的比率。基因漂移指转基因耐除草剂大豆中的目的基因向其他品种或物种自然转移的行为。该标准制定了转基因耐除草剂大豆与栽培大豆及野生大豆之间的基因漂移、基因漂移距离和频率的检测两种实验方法。

7.《转基因植物及其产品环境安全检测　耐除草剂大豆　第 4 部分：生物多样性影响》（农业部 2031 号公告 -4-2013）

农业部于 2013 年 12 月 4 日发布了《转基因植物及其产品环境安全检测　耐除草剂大豆　第 4 部分：生物多样性影响》（农业部 2031 号公告 -4-2013）。农业部 2031 号公告 -4-2013 规定了转基因耐除草剂大豆对生物多样性影响的检测方法，适用于转基因耐除草剂大豆对大豆田节肢动物多样性、大豆病害、大豆根瘤菌及大豆田植物多样性影响的检测。

非靶标生物是指转基因耐除草剂大豆中的目的基因及耐受的除草剂所针对的目标生物以外的其他生物。该标准对大豆田节肢动物多样性的影响、对大豆主要病害的影响、对大豆根瘤菌的影响、对大豆田主要杂草发生的影响的调查和记录进行了描述。

（三）转基因大豆及其产品食用安全检测相关标准

我国对转基因植物的食用安全性检测，以实质等同性原则为基础，主要包括 4 个部分：1）评估转基因植物及其产品的基本信息，包括受体与供体的食用安全情况、实际外源插入信息及目的基因及载体构建图谱等；2）营养学评估，包括关键营养成分和抗营养因子等；3）毒理学评估，包括对外源基因评估、对新表达蛋白的毒性分析和转基因全食品毒理学分析；4）过敏性评估，主要包括新蛋白与已知致敏源氨基酸序列的同源性评价、新蛋白的抗消化作用和热稳定性、血清筛选试验以及动物致敏性检测；5）其他包括抗生素标记基因安全性、非预期效应及其在加工过程中的安全性等。可用于转基因大豆及其产品的食用安全检测标准有 9 项。

1.《转基因植物及其产品食用安全性评价导则》（NY/T 1101—2006）

农业部于 2006 年 7 月 10 日发布了《转基因植物及其产品食用安全性评价导则》（NY/T 1101—2006）。NY/T 1101—2006 规定了基因受体植物、基因供体生物、基因操作的安全性评价和转基因植物及其产品的毒理学评价、关键成分分析和营养学评价、外源化学物蓄积性评价、耐药性评价，适用于转基因大豆等植物及其产品的食用安全性评价。

该标准列出的转基因植物及其产品食用安全性评价原则有：（1）转基因植物及其产品的食用安全性评价应与传统对照物比较，其安全性可接受水平应与传统对照物一致；（2）转基因植物及其产品的食用安全性评价采用危险性分析、实质等同和个案处理原则。（3）随着科学技术发展和对转基因植物及其产品食用安全性认识的不断提高，应不断对转基因植物及其产品食用安全性进行重新评价和审核。

2.《转基因植物及其产品食用安全检测　抗营养素　第 2 部分：胰蛋白酶抑制剂的测定》（NY/T 1103.2—2006）

农业部于 2006 年 7 月 10 日发布了《转基因植物及其产品食用安全检测　抗营养素　第 2 部分：胰蛋白酶抑制剂的测定》（NY/T 1103.2—2006）。NY/T 1103.2—2006 规定了转基因植物及其产品中胰蛋白酶抑制剂的测定方法，适用于转基因大豆及其产品、转基因谷物及其产品中胰蛋白酶抑制剂的测定。其他的转基因植物，如花生、马铃薯等也可用该方法进行测定。

转基因植物是指利用基因工程技术改变基因组构成，用于农业生产或者农产品加工的植物。转基因植物产品是指转基因植物的直接加工产品和含有转基因植物的产品。该标准运用的原理是胰蛋白酶可作用于苯甲酰 -DL- 精氨酸对硝基苯胺（BAPA），释放出黄色的对硝基苯胺，该物质在 410nm 下有最大吸收值。转基因植物及其产品中的胰蛋白酶抑制剂可抑制这一反应，使吸光度值下降，其下降程度与胰蛋白酶抑制剂活性成正比。用分光光度计在 410nm 处测定吸光度值的变化，可对胰蛋白酶抑制剂活性进行定量分析。其允许差是重复条件下，两次独立测定结果的绝对差值不超过其算术平均值的 10%。

3.《转基因生物及其产品食用安全检测 外源基因异源表达蛋白质等同性分析导则》（农业部 1485 号公告 -17-2010）

农业部于 2010 年 11 月 15 日发布了《转基因生物及其产品食用安全检测 外源基因异源表达蛋白质等同性分析导则》（农业部 1485 号公告 -17-2010）。农业部 1485 号公告 -17-2010 规定了同一个基因在不同转基因生物中表达的蛋白质的等同性分析导则，适用于分析比较同一个基因在不同转基因生物中表达的蛋白质的等同性。

该标准对蛋白质等同性、免疫原则、翻译后修饰、一级结构、生物活性、耐除草剂活性和抗虫活性进行了定义，其分析原则是对外源基因在不同生物中表达的蛋白质进行等同性分析时，从结构、理化特性和生物活性等多方面对两种来源的蛋白质的等同性进行分析。

4.《转基因生物及其产品食用安全检测 外源蛋白质过敏性生物信息学分析方法》（农业部 1485 号公告 -18-2010）

农业部于 2010 年 11 月 15 日发布了《转基因生物及其产品食用安全检测 外源蛋白质过敏性生物信息学分析方法》（农业部 1485 号公告 -18-2010）。农业部 1485 号公告 -18-2010 规定了利用生物信息学工具对外源蛋白质进行过敏性分析的方法，适用于利用生物信息学工具对转基因生物及其产品中外源蛋白质进行过敏性分析。

该标准对外源蛋白质、过敏性、过敏性生物信息学分析和 E 值进行了定义，检测原理是利用生物信息学工具将待测蛋白质的氨基酸序列与过敏原数据库中的已知过敏原进行序列相似性比对，判断该蛋白质是否具有潜在的过敏性。如待测蛋白质的 80 个氨基酸序列与已知过敏原存在 35% 以上的同源性或待测蛋白质与已知过敏原序列存在至少 8 个连续相同的氨基酸，则该蛋白质具有潜在过敏性的可能性较高。分析方法可参见标准附录 A 中列出的外源蛋白质过敏性生物信息学分析方法示例。

5.《转基因生物及其产品食用安全检测 蛋白质氨基酸序列飞行时间质谱分析方法》（农业部 1782 号公告 -12-2012）

农业部于 2012 年 6 月 6 日发布了《转基因生物及其产品食用安全检测 蛋白质氨基酸序列飞行时间质谱分析方法》（农业部 1782 号公告 -12-2012）。农业部 1782 号公告 -12-2012 规定了转基因生物中表达的蛋白质氨基酸序列分析方法，适用于转基因生物表达蛋白质与目的蛋白质氨基酸序列的相似性分析。

该标准对飞行时间质谱、蛋白质一级结构、肽质量指纹图谱、胰蛋白酶、溴化氰和内肽酶进行了定义，检测原理是通过基质辅助激光解吸电离飞行时间质谱仪（matrix-assisted laser desorption ionization-time of flight mass spectrometer，MALDI-TOF-MS）检测蛋白质裂解后的肽段，得到肽质量指纹图谱。对转基因生物表达的蛋白质的肽质量指纹图谱与该蛋白质的理论氨基酸序列进行比对，分析其序列覆盖率与匹配肽段，推断重组表达的蛋白质与目的蛋白质序列的相似性。

6.《转基因生物及其产品食用安全检测　蛋白质 7d 经口毒性试验》（农业部 2406 号公告 -4-2016）

农业部于 2016 年 5 月 23 日发布了《转基因生物及其产品食用安全检测　蛋白质 7d 经口毒性试验》（农业部 2406 号公告 -4-2016）。农业部 2406 号公告 -4-2016 规定了转基因生物表达的外源目的蛋白质 7d 经口毒性试验的试验方法和技术要求，适用于人每日最大摄入量大于 1mg/（kg·BW）的转基因生物表达的外源目的蛋白质的毒性试验。

该标准对转基因生物、目的蛋白质和外源目的蛋白质进行了定义，检测原理是通过每日 1 次、连续 7d 经口给予外源目的蛋白质，观察动物致死的和非致死的毒性效应，评价该外源目的蛋白质的毒性。

7.《转基因生物及其产品食用安全检测　外源蛋白质与毒性蛋白质和抗营养因子的氨基酸序列相似性生物信息学分析方法》（农业部 2630 号公告 -16-2017）

农业部于 2017 年 12 月 25 日发布了《转基因生物及其产品食用安全检测　外源蛋白质与毒性蛋白质和抗营养因子的氨基酸序列相似性生物信息学分析方法》（农业部 2630 号公告 -16-2017）。农业部 2630 号公告 -16-2017 规定了利用生物信息学工具对转基因生物中外源蛋白质与数据库中已知毒性蛋白质和抗营养因子的氨基酸序列相似性进行搜索比对的方法，适用于转基因生物中外源蛋白质与已知毒性蛋白质和抗营养因子的氨基酸序列相似性比较。

该标准对外源蛋白质、生物信息学工具、局部相似性基本查询工具和 E 值进行了定义，检测原理是利用生物信息学分析软件，将待测外源蛋白质的氨基酸序列与蛋白质数据库中的毒性蛋白质和抗营养因子的氨基酸序列进行序列相似性比较，E 值越小，表明序列相似性越高。但是，生物信息学分析仅是毒性分析的第一步，如出现相似性较高的结果，应结合后续的毒理学试验进行进一步的验证。标准中附录 A 和附录 B 分别列出了 NCBI 数据库和 UniProt 数据库对外源蛋白质与毒性蛋白质和抗营养因子的氨基酸序列相似性生物信息学分析方法举例。

8.《转基因生物及其产品食用安全检测　外源蛋白质大鼠 28d 经口毒性试验》（农业农村部公告第 323 号 -26-2020）

农业农村部于 2020 年 8 月 4 日发布了《转基因生物及其产品食用安全检测　外源蛋白质大鼠 28d 经口毒性试验》（农业农村部公告第 323 号 -26-2020）。农业农村部公告第 323 号 -26-2020 规定了转基因生物外源蛋白质 28d 经口毒性试验的基本试验方法、数据处理和结果判定，适用于评价转基因生物外源蛋白质的重复经口暴露毒性作用。

该标准对 28d 经口毒性、未观察到有害作用剂量、最小观察到有害作用剂量、靶器官、外源蛋白质和对照蛋白质进行了定义，检测原理是确定在 28d 内连续经口给予外源蛋白质后引起的毒性效应，了解外源蛋白质毒性效应的剂量反应关系和靶器官，确定 28d 经口最小观察到有害作用剂量（LOAEL）或未观察到有害作用剂量（NOAEL）初步判断受试蛋白质经口暴露的毒性及作用特点。

9.《转基因植物及其产品食用安全检测　大鼠 90d 喂养试验》（农业农村部公告第 323 号 -27-2020）

农业农村部于 2020 年 8 月 4 日发布了《转基因植物及其产品食用安全检测　大鼠 90d 喂养试验》（农业农村部公告第 323 号 -27-2020）。农业农村部公告第 323 号 -27-2020 规定了大鼠 90d 喂养试验的基本试验方法和技术要求，适用于评价转基因植物及其产品的亚慢性毒性作用。

该标准对转基因植物、转基因植物产品和非转基因对照物进行了定义，检测原理是确定在 90d 内连续经口给予大鼠转基因植物及其产品，了解转基因植物及其产品与非转基因对照组的安全性是否一致。

该标准代替 NY/T 1102—2006《转基因植物及其产品食用安全检测　大鼠 90d 喂养试验》。与 NY/T 1102—2006 相比，除编辑性修改外主要技术变化有：修改了范围；修改并增加了规范性引用文件；修改了术语和定义，删除 3.3 "传统对照物"术语，增加了"非转基因对照物"术语；增加了原理、试剂、仪器；修改了实验动物选择，将"出生后 6 周～8 周的大鼠"修改为"大鼠周龄推荐不超过 6 周，体重推荐 50g～100g"，另外，增加了动物数的要求；增加了动物饲养，增加了常规基础饲料选择；修改了动物分组，将转基因植物和非转基因对照物的低、中、高 3 个剂量组改为低、高 2 个剂量组；明确了给予受试物的时间；增加了对低剂量组的要求；修改"一般指标"为"一般临床观察"，删除 30d 动物生长曲线，并对一般临床观察内容进行细化；增加了眼部检查；对血液学指标和血液生化学指标检测内容进行调整，删除中期血液学指标和血液生化学指标检测；增加了尿液检查；增加了病理学检查中脏器称重和组织病理学检查内容，并明确先对转基因高剂量组、非转基因对照物高剂量组及常规基础饲料对照组进行组织病理学检查，若发现可能与受试物相关的病变，在对低剂量组相应器官及组织进行检查；数据处理：对数据处理进行了详细描述，并明确了以常规基础饲料对照组数据作为参考数据，对转基因植物组和非转基因对照组数据进行统计分析；修改了结果判定。

三、出入境检验检疫行业标准

出入境检验检疫行业标准制定的目的是规范出入境产品，服务于商检口岸进出口产品的检验检疫。出入境检验检疫行业标准，首先按检测对象的类别分别用于加工品、食品、饲料、调味品等，在此基础上按检测方法分为定性 PCR 方法、实时荧光 PCR 法、数字 PCR 法、环介导等温扩增（LAMP）检测方法等。适用于转基因大豆及其产品的出入境检验检疫行业标准有 14 项。

1.《大豆中转基因成分的定性 PCR 检测方法》（SN/T 1195—2003）

国家质量监督检验检疫总局于 2003 年 3 月 17 日发布了《大豆中转基因成分的定性 PCR 检测方法》（SN/T 1195—2003）。SN/T 1195—2003 规定了大豆中转基因成分的定性聚合酶链式反应（PCR）检测方法，适用于抗草甘膦转基因大豆的转基因成分检测。

标准中详细阐述了使用范围、规范性引物文件、术语/定义/缩略语（转基因成分、聚合酶链式反应、*Lectin* 内标准基因、*CaMV* 35S 启动子、*NOS* 终止子、*CP4-epsps* 基因和 RRS 抗除草剂草甘膦转基因大豆）、防污染措施、抽样制样和测定方法（原理、试剂材料、主要仪器和检测方法）等内容，为开展大豆转基因成分的检测提供了操作指导规程。转基因大豆的内源基因和外源基因检测时所用的引物序列见表 5-3。结果分析与判定如下：根据内源基因 *Lectin* 扩增情况，来判断所提取的 DNA 的质量，必要时进行样品 DNA 的纯化或者重新提取，防止出现检测中产生的假阴性。样品的内源基因 *Lectin* 扩增为阳性，样品的外源基因 *CaMV* 35S 和外源基因 *NOS* 扩增为阳性，其相应的阳性对照、阴性对照和空白对照正确，可根据结果判定被检样品中含有 *CaMV* 35S 和 *NOS* 转基因成分；外源基因 *CP4-epsps* 的扩增结果同时也为阳性，其相应的阴性对照和空白对照均正确，可以判定此样品为 RRS；样品的内源基因 *Lectin* 扩增为阳性，样品的外源基因 *CaMV* 35S、*NOS* 或 *CP4-epsps* 中仅有一个为阳性，判定被检样品的检测结果可疑，应按照 SN/T 1204 中规定的方法进行确证实验。

表 5-3 转基因大豆的内源基因和外源基因的引物序列

检测基因	引物序列		扩增片段长度	基因性质
Lectin	正：5′-GCCCTCTACTCCACCCCCATCC-3′		118bp	内源基因
	反：5′-GCCCATCTGCAAGCCTTTTTGTG-3′			
	正：5′-TGCCGAAGCAACCAAACATGATCCT-3′		438bp	
	反：5′-TGATGGATCTGATAGAATTGACGTT-3′			
CaMV 35S	正：5′-GATAGTGGGATTGTGCGTCA-3′		195bp	外源基因
	反：5′-GCTCCTACAAATGCCATCA-3′			
NOS	正：5′-GAATCCTGTTGCCGGTCTTG-3′		180bp	外源基因
	反：5′-TTATCCTAGTTTGCGCGCTA-3′			
CP4-epsps	正：5′-CTTCTGTGCTGTAGCCACTGATGC-3′		320bp	外源基因
	反：5′-CCACTATCCTTCGCAAGACCCTTCC-3′			
	正：5′-CCTTCGCAAGACCCTTCCTCTATA-3′		513bp	
	反：5′-ATCCTGGCGCCCATGGCCTGCATG-3′			

2.《食品中转基因植物成分定性 PCR 检测方法》（SN/T 1202—2010）

国家质量监督检验检疫总局于 2010 年 11 月 1 日发布了《食品中转基因植物成分定性 PCR 检测方法》（SN/T 1202—2010），代替了 SN/T 1202—2003《食品中转基因植物成分定性 PCR 检测方法》。SN/T 1202—2010 规定了食品中转基因植物成分的定性 PCR 检测方法，能够检测出以大豆、玉米、番茄、马铃薯、水稻、小麦为主要原料生产的食品中 0.1% 转基因成分。

3.《转基因植物品系特异性检测方法》（SN/T 2668—2010）

国家质量监督检验检疫总局于 2010 年 11 月 1 日发布了《转基因植物品系特异性检测方法》（SN/T 2668—2010）。SN/T 2668—2010 规定了几种重要的转基因植物品系特异性（转化事件特异性）检测方法，适用于转基因玉米（Bt10，Bt11，GA21，Mon810，Mon863，NK603，T25，TC1507）、转基因大豆（GTS40-3-2，A2704-12）、转基因油菜（RT73，T45，Ms8，Rf3）、转基因番茄（华番 1 号）和转基因马铃薯（EH92-527-1）的品系特异性检测。

使用的原理是品系特异性检测，也称作转化事件特异性检测，是在品系特异性序列上设计一对特异性引物，两条引物分别位于外源 DNA 和植物基因组，通过 PCR 扩增即可判定样品中是否含有特定的转基因植物品系，在反应体系中加入荧光探针即可完成实时荧光 PCR 检测。*Taq*Man 荧光探针技术，指在 PCR 反应体系中加入一对引物的同时再加入一条特异性的荧光探针，该探针为一寡核苷酸，两端分别标记一个报告荧光基团和一个淬灭荧光基团。探针完整时，报告基团发射的荧光信号被淬灭基团吸收；PCR扩增时，*Taq* 酶的 5′-3′ 外切酶活性将探针酶切降解，使报告荧光基团和淬灭荧光基团分离，从而荧光监测系统可接收到荧光信号，即每扩增一条DNA链，就有一个荧光分子形成，实现了荧光信号的累积与PCR产物形成完全同步。该标准附录中列出了Monsanto公司研发的商品化GTS40-3-2转基因大豆和Aventis公司研发的商品化A2704-12转基因大豆的转入外源基因、特异性序列检测引物/探针和内源基因序列检测引物/探针等信息。该标准规定存查样品应视样品的状态采用相应的保存方式，妥善保存6个月。如检测为含有转基因成分，则样品保存期为1年，以备复验、谈判和仲裁。

4.《调味品中转基因植物成分实时荧光PCR定性检测方法》（SN/T 2705—2010）

国家质量监督检验检疫总局于2010年11月1日发布了《调味品中转基因植物成分实时荧光PCR定性检测方法》（SN/T 2705—2010）。SN/T 2705—2010规定了调味品中转基因植物成分实时荧光PCR定性检测方法，适用于以玉米、大豆、油菜籽、马铃薯、大米、番茄等农产品及其加工产品为原料生产的调味品中转基因植物成分的实时荧光PCR定性检测。

调味品多属于深加工食品，一方面DNA在食品加工过程中受到破坏，另一方面调味品可能富含盐、糖、蛋白质、发酵产生的有色物质等，这些因素均会影响DNA提取纯化和PCR检测效果。该标准适用的调味品按照GB/T 20903，分为酱类、豆豉、腐乳、蚝油、香辛料、香辛料调味粉、鸡精调味料、鸡粉调味料、牛肉粉调味料、海鲜调味料、风味酱、沙拉酱、蛋黄酱、火锅底料、火锅蘸料等。其他调味品参照使用。该标准应用CTAB-LA协同沉淀和低温差速离心等试验技术，对调味品中的植物基因组DNA进行分离、纯化、浓缩，使之适用于*Taq*Man实时荧光PCR检测技术，通过检测其中是否含有各种外源基因，达到对大豆及其加工产品为原料生产的豆酱、豆豉、腐乳等调味品中转基因植物成分进行定性PCR检测的目的。使用该标准检测方法虽然未确定绝对检测低限和相对检测低限，但实验证明本方法能检测出含量为0.01%的转基因大豆成分。

5.《转基因成分检测大豆PCR-DHPLC检测方法》（SN/T 3576—2013）

国家质量监督检验检疫总局于2010年11月1日发布了《转基因成分检测大豆PCR-DHPLC检测方法》（SN/T 3576—2013）。SN/T 3576—2013规定了大豆中转基因成分的PCR-DHPLC检测方法，适用于转基因大豆中的转基因成分的检测。

变性高效液相色谱技术（DHPLC）是一种简单、快速、非凝胶的核酸分析方法，在 50℃条件分析样品，由碱基对的数量决定样品峰的洗脱顺序，当过柱的乙腈浓度提高，核酸片段会根据相对分子质量从小到大的顺序被洗脱出来。

该标准采用多重 PCR 方法针对抗草甘磷转基因大豆含有的转基因成分同时进行扩增，扩增产物用 DHPLC 进行分析，通过 DHPLC 得到的洗脱峰与 marker 比较确定相对分子质量大小，判定是否带有外源基因成分及是否为转基因大豆。

6.《饲料中转基因植物成分 PCR 检测方法》（SN/T 1201—2014）

国家质量监督检验检疫总局于 2014 年 11 月 19 日发布了《饲料中转基因植物成分 PCR 检测方法》（SN/T 1201—2014），代替了 SN/T 1201—2003《植物性饲料中转基因植物成分定性 PCR 检测方法》。SN/T 1201—2014 规定了饲料中转基因植物成分的定性实时荧光 PCR 检测方法，适用于饲料中大豆、玉米、水稻、油菜、棉花、苜蓿和小麦等转基因植物成分的定性检测和相关品系的鉴定，同样适用于玉米酒糟粕转基因成分的定性检测和相关品系的鉴定。

与 SN/T 1201—2003 的主要技术差异如下：增加了植物的品种，由原标准的大豆、玉米和油菜扩展到水稻、苜蓿、棉花和小麦等；增加了基因特异性筛查的范围，由原标准的 6 个外源基因扩展到 12 个外源基因；增加了转基因品系鉴定的种类，由原标准的 1 个品系（抗农达转基因大豆 RRS）增加到 56 个品系；原标准采用普通 PCR 方法，本标准全部采用实时荧光 PCR 方法，方法更灵敏，检测更快速。

实时荧光定量 PCR 技术，是指在 PCR 反应体系中加入荧光基因，利用荧光信号积累实时监测整个 PCR 进程，最后通过标准曲线对未知模板进行定量分析的方法。PCR 扩增时在加入一对引物的同时加入一个特异性的荧光探针，该探针为一寡核苷酸，两端分别标记一个报告荧光基团和一个淬灭荧光基团。探针完整时，报告基因发射的荧光信号被淬灭基团吸收；PCR 扩增时，*Taq* 酶的 5′ 端和 3′ 端外切酶活性将探针酶切降解，使报告荧光基团和淬灭荧光基团分离，从而荧光监测系统可接收到荧光信号，即每扩增一条 DNA 链，就有一个荧光分子形成，实现了荧光信号的积累与 PCR 产物形成完全同步。该标准规定存查样品应视样品的状态采用相应的保存方式，妥善保存 6 个月。如检测为含有转基因成分，则样品保存期为 1 年，以备复验、谈判和仲裁。

7.《植物及其加工产品中转基因成分实时荧光 PCR 定性检验方法》（SN/T 1204—2016）

国家质量监督检验检疫总局于 2016 年 6 月 28 日发布了《植物及其加工产品中转基因成分实时荧光 PCR 定性检验方法》（SN/T 1204—2016）。SN/T 1204—2016 规定了植物及其加工产品中转基因成分筛选和品系鉴定实时荧光 PCR 检测方法，适用于大豆等植物的转基因筛选检测及品系特异性实时荧光 PCR 检验。

该标准代替了 SN/T 1204—2003《植物及其加工产品中转基因成分实时荧光 PCR 定性检验方法》，与 SN/T 1204—2003 的主要技术差异如下：增加了植物内源基因的检测方法；增加了转基因植物筛选基因的检测方法；增加了大豆等作物的品系特异性检测方法。该标准规定了大豆在内的植物及其加工产品中转基因成分筛选和品系鉴定实时荧光 PCR 检测方法，适用于大豆等转基因筛选检测和大豆等作物的品系特异性实时荧光 PCR 检测。该标准方法主要是提取样品 DNA 后，采用实时荧光 PCR 技术对样品 DNA 筛选基因或品系特异性片段扩增，根据实时荧光扩增曲线，判断该样品中是否含有转基因成分。对外源基因检测阳性的样品，或已知为转基因阳性的样品，如需进一步进行品系鉴定，则采用品系特异性实时荧光 PCR 扩增品系特异性片段，根据 PCR 扩增结果（实时荧光扩增曲线），判定该样品中含有哪（些）种转基因品系成分。标准附录中还列出了大豆转基因成分检测实时荧光 PCR 检测引物和探针、转基因大豆 GTS 40-3-2、MON89788、A2704-12、A5547-127、DP305423、DP356043、MON87701、CV127、MON87705、MON87769、FG72、MON87708、DAS-81419-2、DAS-68416-4 和 DAS-44406-6 品系特异性检测方法等内容。该标准可以作为出入境检验检疫行业标准重要的规范性引用文件。

8. 转基因大豆及其产品成分环介导等温扩增（LAMP）检测相关标准

PCR 技术核酸检测的标准，在检测应用中最为广泛，但由于需要使用变温仪器、对污染物和抑制剂敏感、实验程序繁琐等限制因素，使得 PCR 技术难以满足非实验室环境下现场检测的需求。等温扩增（isothermal amplification）技术可在恒定温度条件下对靶标核酸进行扩增，摆脱了对热循环仪器的需求，具有耗时短、反应灵敏的优点，在特异性及对模板质量要求等方面可比肩甚至优于 PCR 技术，近年来在现场检测场景下应用逐渐扩大。目前常用的等温核酸扩增技术有环介导等温扩增技术（Loop-mediated Isothermal Amplification，LAMP）、依赖解旋酶等温扩增技术（Helicase Dependent Amplification，HDA）、链置换等温扩增技术（Strand Displacement Amplification，SDA）、依赖核酸序列等温扩增技术（Nucleic Acid Sequence-Based Amplification，NASBA）、重组酶介导等温扩增技术（Recombinase Polymerase Amplification，RPA）及滚环式等温扩增技术（Rolling Circle Amplification，RCA）等。

目前我国等温扩增检测转基因成分的标准仅有环介导等温扩增技术（LAMP）检测标准可以运用。《出口食品中转基因成分环介导等温扩增（LAMP）检测方法》（SN/T 3767—2014）共分为 30 个部分，其中涉及转基因大豆及其产品成分环介导等温扩增检测的标准有 6 项，分别为第 2 部分：筛选方法、第 15 部分：大豆 A2704-12 品系、第 16 部分：大豆 A5547-127 品系、第 17 部分：大豆 DP356043 品系、第 18 部分：大豆 GTS40-3-2 品系、第 19 部分：大豆 MON89788 品系。

（1）《出口食品中转基因成分环介导等温扩增（LAMP）检测方法　第 2 部分：筛选方法》（SN/T 3767.2—2014）

国家质量监督检验检疫总局于 2014 年 1 月 13 日发布了《出口食品中转基因成分环介导等温扩增（LAMP）检测方法　第 2 部分：筛选方法》（SN/T 3767.2—2014）。SN/T3767.2 规定了植物源性食品中转基因成分的环介导等温扩增（LAMP）筛选检测方法，适用于进出口水稻、玉米、大豆、马铃薯及小麦其加工产品的定性检测。本方法的定性检测低限为 0.5%（质量分数）。

该标准可以作为 SN/T 3767—2014 系列标准的基础标准，为该系列其他标准的建立提供了基础性指导。

（2）《出口食品中转基因成分环介导等温扩增（LAMP）检测方法　第 15 部分：大豆 A2704-12 品系》（SN/T 3767.15—2014）

国家质量监督检验检疫总局于 2014 年 1 月 13 日发布了《出口食品中转基因成分环介导等温扩增（LAMP）检测方法　第 15 部分：大豆 A2704-12 品系》（SN/T 3767.15—2014）。SN/T 3767.15—2014 规定了大豆及其制品中转基因大豆 A2704-12 品系特异性的环介导等温扩增（LAMP）初筛检测方法，适用于大豆及其制品中转基因大豆 A2701-12 品系特异性的定性检测。本方法的定性检测低限为 0.5%（质量分数）。

该标准涉及的一般原理为根据转基因大豆 A2704-12 品系外源基因和大豆边界序列设计特异性内引物、外引物和环引物各一对，特异性目标序列和引物碱基序列可参见标准附录 A。引物特异性识别目标序列上的六个独立区域，利用 *Bst* DNA 聚合酶启动循环链置换反应，在大豆 A2704-12 品系特异目标序列启动互补链合成，在同一链上互补序列周而复始形成有很多环的花椰菜结构的茎 - 环 DNA 混合物；从 dNTP 析出的焦磷酸根离子与反应溶液中的 Mg^{2+} 结合，产生副产物（焦磷酸镁）形成乳白色沉淀，加入显色液，即可通过颜色变化观察判定结果。

（3）《出口食品中转基因成分环介导等温扩增（LAMP）检测方法　第 16 部分：大豆 A5547-127 品系》（SN/T 3767.16—2014）

国家质量监督检验检疫总局于 2014 年 1 月 13 日发布了《出口食品中转基因成分环介导等温扩增（LAMP）检测方法　第 16 部分：大豆 A5547-127 品系》（SN/T 3767.16—2014）。SN/T3767.16 规定了食品中转基因大豆 A5547-127 品系特异性的环介导等温扩增（LAMP）初筛检测方法，适用于大豆及其加工产品中转基因大豆 A5547-127 品系特异性成分的定性检测。本方法的定性检测低限为 0.5%（质量分数）。

该标准一般原理与第 15 部分：大豆 A2704-12 品系的大致相同，区别是不用根据转基因大豆 A5547-127 品系外源基因和大豆边界序列设计环引物。

（4）《出口食品中转基因成分环介导等温扩增（LAMP）检测方法　第 17 部分：大豆 DP356043 品系》（SN/T 3767.17—2014）

国家质量监督检验检疫总局于 2014 年 1 月 13 日发布了《出口食品中转基因成分环介导等温扩增（LAMP）检测方法　第 17 部分：大豆 DP356043 品系》（SN/T 3767.17—2014）。SN/T 3767.17 规定了大豆及其加工产品中转基因大豆 DP356043 品系特异性的环介导等温扩增（LAMP）筛选检测方法，适用于大豆及其制品中转基因大豆 DP356043 品系特异性的定性检测，本方法的定性检测低限为 0.5%（质量分数）。

该标准一般原理是根据转基因大豆 DP356043 品系外源基因和大豆边界序列设计特异性内引物和外引物各一对或者添加一条或一对环引物，特异性目标序列和引物碱基序列可参见标准附录 A。引物特异性识别目标序列上的六个独立区域，在反应缓冲液中脱氧核糖核酸三磷酸、寡核苷酸引物在 Bst DNA 聚合酶作用下启动循环链置换反应，在特异目标序列启动互补链合成，在同一链上互补序列周而复始形成有很多环的花椰菜结构的茎 - 环 DNA 混合物；从 dNTP 析出的焦磷酸根离子与反应溶液中的 Mg^{2+} 结合，产生副产物（焦磷酸镁）形成乳白色沉淀，加入显色液，即可通过颜色变化观察判定结果。在反应混合体系中不应存在 DNA 聚合酶的抑制剂。在设置合适对照和在检测下限的情况下，定性检测结果可清楚判断样品是否为转基因产品。

（5）《出口食品中转基因成分环介导等温扩增（LAMP）检测方法　第 18 部分：大豆 GTS40-3-2 品系》（SN/T 3767.18—2014）

国家质量监督检验检疫总局于 2014 年 1 月 13 日发布了《出口食品中转基因成分环介导等温扩增（LAMP）检测方法　第 18 部分：大豆 GTS40-3-2 品系》（SN/T 3767.18—2014）。SN/T 3767.18—2014 规定了食品中转基因大豆 GTS40-3-2 品系特异性的环介导等温扩增（LAMP）初筛检测方法，适用于食品中转基因大豆 GTS40-3-2 品系特异性的定性检测，该方法的定性检测低限为 0.5%（质量分数）。该标准一般原理可参照 SN/T 3767.16—2014 标准《出口食品中转基因成分环介导等温扩增（LAMP）检测方法　第 16 部分：大豆 A5547-127 品系》涉及的内容。

（6）《出口食品中转基因成分环介导等温扩增（LAMP）检测方法　第 19 部分：大豆 MON89788 品系》（SN/T 3767.19—2014）

国家质量监督检验检疫总局于 2014 年 1 月 13 日发布了《出口食品中转基因成分环介导等温扩增（LAMP）检测方法　第 19 部分：大豆 MON89788 品系》（SN/T 3767.19—2014）。SN/T 3767.19 规定了食品中转基因大豆 MON89788 品系特异性的环介导等温扩增（LAMP）初筛检测方法，适用于大豆及其加工产品转基因大豆 MON89788 品系特异性成分的定性检测，本方法的定性检测低限为 0.5%%（质量分数）。

该标准一般原理可参照 SN/T 3767.17—2014 标准《出口食品中转基因成分环介导等温扩增（LAMP）检测方法　第 17 部分：大豆 DP356043 品系》相关信息。

SN/T 3767 系列标准的第 15 部分：大豆 A2704-12 品系、第 16 部分：大豆 A5547-127 品系、第 17 部分：大豆 DP356043 品系、第 18 部分：大豆 GTS40-3-2 品系、第 19 部分：大豆 MON89788 品系，这 5 项标准都对 LAMP 初筛检测方法进行了细致的描述，并且所用的显色液显色原理也相同，即 SYBR Green I 是一种高灵敏的 DNA 荧光料染，可以嵌入方式结合到双链 DNA 的小沟内。当它与双链 DNA 结合时，荧光信号是游离状态的 800～1000 倍。在不发生扩增反应时，SYBR 染料分子的荧光信号不发生改变，颜色显现为橙色；当发生扩增反应时，随着双链 DNA 的增加，SYBR 染料的荧光信号也随之大幅度增强，其信号强度可代表双链 DNA 分子的数量，同时颜色由橙色变为绿色。

9.《转基因植物产品的数字 PCR 检测方法　第 2 部分：转基因大豆》（ SN/T 5334.2—2020 ）

海关总署于 2020 年 12 月 30 日发布了《转基因植物产品的数字 PCR 检测方法　第 2 部分：转基因大豆》（ SN/T 5334.2—2020 ）。SN/T 5334.2—2020 规定了进出口大豆中转基因品系特异性的数字 PCR（dPCR）定量检测方法，适用于大豆种子、叶片中转基因成分定量检测。

该标准列出了大豆的内源基因和外源基因：内源基因为大豆植物凝集素基因（*Lectin*）；外源序列为 FG72、MON87769、MON87708、MON87705、DAS-44406-6、DAS-81419-2、356043、4305423、CV127、GTS 40-3-2、A5547-127、MON89788、A2704-12 品系外源基因插入位点 5′ 端跨边界序列，以及 DAS68416-4 品系外源基因插入位点 3′ 端跨边界序列。该标准还详细描述了数字 PCR 检测方法的反应体系、反应程序和不同转基因大豆品系对应的变性时间及循环数。不同品系的引物探针序列、反应程序以及检测限可参见标准中附录 A。

四、地方标准

1.《大豆转基因成分筛查方法》（ DB12/T 506—2014 ）

天津市质量技术监督局于 2014 年 4 月 22 日发布了《大豆转基因成分筛查方法》（ DB12/T 506—2014 ）。DB12/T 506—2014 规定了大豆中转基因成分定性 PCR 筛查的术语和定义、检测方法、结果分析与表述，适用于大豆及其制品中 *Lectin* 内标准基因、

CaMV 35S 启动子、*NOS* 终止子、*CP4-epsps* 基因、*Bt* 基因和 *bar/pat* 基因的定性 PCR 筛查检测。

标准中规定了 *Lectin* 内标准基因、*CaMV* 35S 启动子、*NOS* 终止子、*CP4-epsps* 基因、*Bt* 基因和 *bar/pat* 基因的术语和定义、检测方法、结果分析与表达等内容。

2.《转基因植物及其产品成分筛查 Cry1Ab/Cry1Ac 试纸条法》（DB12/T 650—2016）

天津市市场和质量监督管理委员会于 2016 年 9 月 27 日发布了《转基因植物及其产品成分筛查 Cry1Ab/Cry1Ac 试纸条法》（DB12/T 650—2016）。DB12/T 650—2016 规定了转基因植物及其产品成分 Cry1Ab/Cry1Ac 试纸条法的术语和定义、检测方法和结果判断等内容，适用于表达 Cry1Ab/Cry1Ac 蛋白的转基因大豆 MON87701，转基因玉米 MON810、Bt11、Bt176，转基因水稻 TT51-1、克螟稻、稻丰六号，转基因棉花 MON531、MON5985 等主要植物及其初级加工产品中 Cry1Ab/Cry1Ac 蛋白的试纸条筛查。

3.《转基因耐除草剂大豆 GTS40-3-2 及其衍生品种定量检测 实时荧光 PCR 方法》（DB12/T 651—2016）

天津市市场和质量监督管理委员会于 2016 年 9 月 27 日发布了《转基因耐除草剂大豆 GTS40-3-2 及其衍生品种定量检测 实时荧光 PCR 方法》（DB12/T 651—2016）。DB12/T 651—2016 规定了转基因耐除草剂大豆 GTS 40-3-2 转化体特异性定量 PCR 检测方法的术语和定义、检测方法、结果计算，适用于转基因耐除草剂大豆 GTS 40-3-2 及其衍生品种，以及制品中 GTS 40-3-2 转化体的定量 PCR 检测。

GTS40-3-2 转化体特异性序列引物信息如下：GTS40-3-2F：5′-CCTTTAGGATTTCAGCATCAGTGG-3′，GTS40-3-2R：5′-GACTTGTCGCCGGGAATG-3′，GTS40-3-2P：5′-CGCAACCGCCCGCAAATCC-3′，预期扩增片段大小为 121 bp。该标准的原理是根据大豆外源基因和内标基因特异性序列设计引物和 TaqMan 荧光探针，对标准样品和试样同时进行实时荧光 PCR 扩增。根据标准样品模板拷贝数与 Ct 值间的线性关系，分别绘制外源基因和内标基因的标准曲线。计算试样中外源基因和内标基因的拷贝数及其比值。该标准中详细列出了 *Lectin* 基因和 GTS40-3-2 转化体特异性序列的引物和探针、PCR 反应、标准曲线公式、计算试样模板拷贝数公式、计算试样中 GTS40-3-2 转化体百分含量的公式和结果分析与表述等内容。结果分析和表述如下：*Lectin* 内标准基因和 GTS40-3-2 转化体均出现典型扩增曲线，且 *Lectin* 内标准基因和 GTS40-3-2 转化体的 Ct 值小于 36，表明样品中检测出耐除草剂大豆 GTS40-3-2 转化体，含量为 GTS40-3-2 转化体拷贝数与 *Lectin* 内标基因拷贝数的比值；*Lectin* 内标准基因出现典型扩增曲线，且 Ct 值小于 36，GTS40-3-2 转化体 Ct 值大于等于 38 或未出现典型扩增曲线，表明样品中未检测出耐除草剂大豆 GTS40-3-2 转化体，检测结果为阴性；*Lectin* 内标基因和 GTS40-3-2 转化体出现典型扩增曲线，*Lectin* 内标基因 Ct 值小于 36，GTS40-3-2 转化体 Ct 值在 36～38 之间，应进行重复实验。如重复实验结果符合上述两种情况，依照以上两种情况进行判断。如重复实验 GTS40-3-2 转化体出现典型扩增曲线，但 Ct 值仍在 36～38 之间，则判定样品检出 GTS40-3-2 转化体；*Lectin* 内标基因和 GTS40-3-2 转化体未出现典型扩增曲线，或 Ct 值大于等于 38，表明样品中未检出大豆成分；*Lectin* 内标基因和 GTS40-3-2 转化体出现典型扩增曲线，但 Ct 值均在 36～38 之间，应进行重复实验。如重复实验结果符合上述四种情况，依照以上四种情况进行判断。如重复实验 *Lectin* 内标基因和 GTS40-3-2 转化体出现典型扩增曲线，但 Ct 值仍在 36～38 之间，则判定样品检出 GTS40-3-2 转化体。

4.《转基因耐除草剂大豆 DAS-68416-4 及其衍生品种定性检测 实时荧光 PCR 法》（DB12/T 652—2016）

天津市市场和质量监督管理委员会于 2016 年 9 月 27 日发布了《转基因耐除草剂大豆 DAS-68416-4 及其衍生品种定性检测 实时荧光 PCR 法》（DB12/T 652—2016）。DB12/T 652—2016 规定了转基因耐除草剂大豆 DAS-68416-4 转化体特异性的定性 PCR 检测方法的术语和定义、检测方法、结果分析与表述，适用于转基因耐除草剂大豆 DAS-68416-4 及其衍生品种，以及制品中 DAS-68416-4 转化体成分的定性 PCR 检测。

DAS-68416-4 转化体特异性序列引物信息如下：DAS-68416-4-F：5′-GGGCCTAACTTTTGGTGTGATG-3′，DAS-68416-4-R：5′-TACTTGCTCTTGTCGTAAGTCAATAAATT-3′，DAS-68416-4-P：5′-HEX-TTCAAGCACCAGTCAGCAT-MGB-3′，预期扩增片段大小为 128 bp。该标准的原理是根据转基因大豆 DAS-68416-4 转化体特异性序列设计特异性引物，对试样 DNA 进行 PCR 扩增。依据是否扩增获得典型的实时荧光扩增曲线，判断样品中是否含有 DAS-68416-4 转化体成分。结果分析和表述如下：*Lectin* 内标准基因无典型扩增曲线，表明样品中未检出大豆成分，检测结果为阴性；*Lectin* 内标准基因出现典型扩增曲线，且 Ct 值小于等于 38；同时 DAS-68416-4 转化体特异性序列出现典型扩增曲线，且 Ct 值小于等于 38，表明样品中检测出 DAS-68416-4 转化体成分，检测结果为阳性；*Lectin* 内标准基因出现典型扩增曲线，且 Ct 值小于等于 38；但 DAS-68416-4 转化体特异性序列未出现典型扩增曲线，表明样品中未检测出 DAS-68416-4 转化体成分，检测结果为阴性；*Lectin* 内标准基因和 / 或 DAS-

68416-4 转化体特异性序列出现典型扩增曲线，但 Ct 值在 38～40 之间，进行重复实验。如重复实验结果符合上述三种的情形，依照以上三种情况进行判断。如重复实验检测参数出现典型扩增曲线，但检测 Ct 值仍在 38～40 之间，则判定样品检出 *Lectin* 内标准基因和 / 或转化体特异性序列，根据检出参数情况，参照以上三种对样品进行判定。

5.《转基因植物及其产品成分筛查 *CP4-epsps* 试纸条法》（DB12/T 842—2018）

天津市市场和质量监督管理委员会于 2018 年 11 月 7 日发布了《转基因植物及其产品成分筛查 *CP4-epsps* 试纸条法》（DB12/T 842—2018）。DB12/T 842—2018 规定了转基因植物及其产品成分 *CP4-epsps* 试纸条法的检测方法、结果判断，适用于表达 *CP4-epsps* 蛋白的转基因大豆 GTS 40-3-2、MON89788 等主要植物及其初级加工产品中 *CP4-epsps* 蛋白的试纸条筛查。

该标准运用转基因快速检测试纸，应用双抗体夹心免疫层析的原理，样本中的抗原在侧向移动的过程中与标记的特异性单克隆抗体 1 结合，形成抗原 - 抗体复合物，继续向前方流动和 NC 膜检测线上特异性单克隆抗体 2 结合形成双抗体夹心复合物，并显色。如果样本中转基因作物含量大于 5%，控制线（Control Line，简称 C）和检测线（Test Line，简称 T）显色，结果为阳性；反之控制线（C）显色，检测线（T）不显色，结果为阴性。试纸条法采用的仪器设备、试剂方便携带，按照样品的采集和预处理、样品研磨、漩涡振荡、试纸条检测、读取结果和结果判断进行检测时操作简单，显色快速，因此该方法适合田间等移动场地的最初筛选检测。

第三节　国外转基因大豆及其制品相关标准

国际组织及世界各国都相继建立了专门的机构或部门负责转基因检测技术标准的制定，其中主要有国际标准化组织（ISO）、国际食品法典委员会（CAC）、欧洲标准化委员会（CEN）和欧盟参考实验室（EURL）等，主要负责检测技术研究、检测方法验证、检测技术标准制定及审核发布等。目前，这些国际机构发布的现行有效的转基因大豆相关标准及导则性文件约 30 项。

一、国际标准化组织（ISO）相关标准

国际标准化组织（International Organization for Standardization，ISO）是由各国标准化团体（ISO 成员团体）组成的世界性的非政府组织，ISO 的主要功能是为人们制订

国际标准达成一致意见提供一种机制，在国际标准化领域发挥重要作用。

ISO 制定的涉及转基因的检测标准包括几个方面：转基因产品检测的一般原则和基本要求，以及必须遵循的技术原则；从核酸检测和蛋白检测两个层面制定了相应的技术标准；核酸检测各个环节的技术标准，如抽样、核酸提取、定性 PCR 检测和定量 PCR 检测标准；规定了关于新建立转基因产品检测方法的增补原则和要求。

ISO 现有涉及转基因大豆及其制品的标准主要集中在规范转基因大豆及其制品的检验检测方法。由于 ISO 标准在国际上得到广泛的认可，采用 ISO 标准成为转基因大豆及其制品国际贸易和市场流通的依据。

ISO 24276：2006（E）《食品　转基因生物及其衍生产品的检测方法通用要求和定义》规范了转基因生物及其产品检测中的一般要求和定义；ISO/DIS 21568.2：2005 规定了取样的方法；ISO 21571：2005（E）规定了核酸提取的方法；ISO 21569：2005（E）是基于核酸的定性方法；ISO 21570：2005（E）是基于核酸的定量方法；ISO/TS 21098：2005（E）技术规范对 ISO 21569：2005（E）、ISO 21570：2005（E）和 ISO 21571：2005（E）中的信息和步骤作了进一步的补充说明。ISO 21570：2005/Cor.1：2006（E）对 ISO 21570：2005（E）其中的少量内容作了技术更正；ISO 21572：2013（E）是基于蛋白质的方法。

ISO 21569：2005/Amd.1：2013（E）是 ISO 21569：2005（E）的修订版；ISO/TS 21569-3：2015（E）是用于基因筛选检测的 *P35S-pat* 序列构建特异性实时荧光 PCR 方法；ISO/TS 21569-4：2016（E）是检测 *P-nos* 和 *P-nos-nptII* DNA 序列的实时 PCR 筛选法；ISO/TS 21569-5：2016（E）是检测 *FMV* 启动子（*P-FMV*）DNA 序列的实时 PCR 筛选法；ISO/TS 21569-6：2016（E）是检测 *cry1Ab/Ac* 和 *Pubi-cry* DNA 序列的实时 PCR 筛选法。

抗除草剂转基因大豆 GTS 40-3-2 是孟山都远东公司生产的、种植面积最广的转基因大豆品种，是通过基因枪转化法，把 *CP4-epsps* 基因转入大豆栽培种 A5403 而获得的。ISO/CD 24274：2004 规定了转基因大豆 GTS 40-3-2 及其衍生品种的实时定量 PCR 检测方法。

二、欧盟相关标准、法规及条例

欧盟针对转基因植物检测，从抽样、DNA 提取、核酸检测、蛋白检测等方面开展了一系列的研究，制定了相对比较完善的检测方法，并对建立的检测方法开展系列验证。

1. 欧洲标准化委员会（CEN）相关标准

欧洲标准化委员会（European Committee for Standardization，CEN）是以西欧国

家为主体、由国家标准化机构组成的非营利性国际标准化科学技术机构。欧洲标准化委员会（CEN）发布了4项可用于转基因大豆及其制品检测的方法标准，包括《食品　检测转基因生物体和衍生产品的分析方法　取样方式》（CEN/TS 15568—2006）、《食品　转基因生物及其产品检测分析方法　核酸提取》[ISO 21571—2005（EN ISO 21571—2005）]、《食品　转基因生物和衍生产品的检测分析方法　聚合酶链反应（PCR）为基础的筛选策略》（CEN/TS 16707—2014）、《食品　转基因有机物和衍生产品的检测方法　基于蛋白质的方法》（EN ISO 21572—2004）。

2. 欧盟参考实验室（EURL）相关标准

申请在欧盟地区释放转基因材料的研发机构，需向欧盟参考实验室（EURL）提交检测方法和材料，由欧盟联合研究中心（Joint Research Centre，JRC）联合欧盟转基因检测网络实验室（European Network of GMO Laboratories，ENGL），对提交的方法进行验证，或者开发新的检测方法。

欧盟联合研究中心（JRC）开发的转基因大豆检测方法有2项，分别为QL-CON-00-006（用于检测转基因大豆GTS 40-3-2 *CaMV* 35S启动子与叶绿体转运肽 *CTP* 序列连接区的定性PCR方法）和QL-ELE-00-006（用于检测转基因大豆GTS 40-3-2 *T-nos* 终止子的定性PCR方法）。

欧盟转基因检测网络实验室（ENGL）于2012年和2015年组织了转基因大豆FG72、DAS-81419-2和DAS-44406-6的定量PCR检测方法的验证工作，现有涉及转基因大豆及其制品的检验检测方法标准共6项，包括《实时荧光定量PCR法测定转基因大豆DAS-44406-6的验证方案》（EURL-VL-01/12 VP）、《实时荧光定量PCR法测定转基因大豆DAS-44406-6的验证报告》（EURL-VL-01/12 VR）、《实时荧光定量PCR法测定转基因大豆FG72的验证方案》（EURL-VL-04/10VP）、《实时荧光定量PCR法测定转基因大豆FG72的验证报告》（EURL-VL-04/10VR）、《实时荧光定量PCR法测定转基因大豆DAS-81419-2的验证方案》（EURL-VL-03/13VP）、《实时荧光定量PCR法测定转基因大豆DAS-81419-2的验证报告》（EURL-VL-03/13 VR）。

3. 欧洲议会和欧盟理事会相关法规／条例

欧洲议会和欧盟理事会有关转基因食品和饲料的法规有5项，包括欧洲议会和欧盟理事会第1829/2003号法规（EC），针对转基因食品和饲料的授权与监督建立欧洲共同体程序，在进入欧洲共同体市场之前根据程序对其进行安全评估，同时规定了转基因食品和饲料的标识制度；欧洲议会和欧盟理事会第1830/2003号法规（EC），关于转基因生物的可溯源性和标识，以及由转基因生物生产的食品和饲料产品的可溯源性，并对 2001/18/EC 进行了修订；第 641/2004 号委员会法规（EC），规定了欧洲议会和理事会第 1829/2003 号法规（EC）的实施细则，以及新的转基因食品和饲料的审批程序；第 1981/2006 号委员会法规（EC），规定了欧洲议会和理事会第 1829/2003 号法规（EC）第 32 条的实施细则；欧洲议会和理事会第 298/2008 号条例（EC）对第 1829/2003 号条例（EC）进行了修订。

三、国际食品法典委员会（CAC）相关导则性文件

国际食品法典委员会（Codex Alimentarius Commission，CAC）是由世界卫生组织（WHO）和联合国粮农组织（FAO）共同建立的一个制定国际食品标准的政府间组织，以保障消费者健康和确保食品贸易公平为宗旨。

国际食品法典委员会（CAC）与转基因大豆及其制品直接相关的导则性文件有《现代生物技术食品风险分析原则》（CAC/GL 44—2003）；《转基因植物食品安全性评估指南》（CAC/GL 45—2003），指南描述了对转基因植物食品进行安全性评估的推荐方法，并确定了通常适用于进行此类评估的数据和信息；以及与现代生物技术食品标签相关的《食品法典文本汇编》（CAC/GL 76—2011）等导则性文件。

第四节　国内外转基因大豆及其制品重点标准比较

一、CaMV 35S 启动子、NOS 终止子等筛选元件的检测方法比较

CaMV 35S 启动子、NOS 终止子是转基因植物检测中最常用的筛选元件，也是世界各国进行转基因检测的最主要检测对象。GB/T 19495.6—2004、GB/T 19495.9—2017、GB/T 33526—2017、GB/T 19495.4—2018、GB/T 19495.5—2018，SN/T 1195—2003、SN/T 1202—2010、SN/T 2705—2010、SN/T 1201—2014、SN/T 3767.2—2014、SN/T 1204—2016，NY/T 675—2003、农业部 1782 号公告 -3—2012，以及 DB12/T 506—2014，均包含了 CaMV 35S 启动子和 NOS 终止子等筛选元件的检测，检测采用的方法有琼脂糖凝胶为基础的定性 PCR、实时荧光为基础的定性 PCR、定量 PCR、数字 PCR、基因芯片、液相芯片及环介导等温扩增（LAMP）等技术，这些标准的发布对转基因大豆的检测提供了多样的技术支持，有利于转基因大豆的监督管理。

在国际上，ISO 曾于 2005 年发布了以核酸定性和定量为基础的方法——ISO 21569：2005、ISO 21570：2005，用于检测转基因生物及其产品，并于 2013 年对 ISO 21569：2005 进行了修订。这两项标准在内容上分为范围、规范性引用文件、术语和定

义、方法原理、试剂、仪器设备、步骤、说明、结果表述与质量保证、检测报告、附录等 10 个部分。附录部分根据检测的目的片段的不同，检测策略分为四种，即基因特异性检测：*NOS* 终止子（ISO/TS 21569：2005）、*Lectin* 基因（ISO/FDIS 21569：2005）、*NOS* 启动子（ISO/TS 21569-4：2016）以及 *cry1Ab/Ac* 基因（ISO/TS 21569-6：2016）的检测；筛选检测；构建特异性检测：*CaMV* 35S 启动子与叶绿体转运肽序列连接区检测（ISO/FDIS 21569：2005）；转化事件特异性检测。其中 ISO 21569：2005 标准中筛选检测均对 *CaMV* 35S 启动子和 *NOS* 终止子进行检测。ISO 21569：2005 除了对原有内容进行修订，还增加了四种检测策略所涉及的基因的种类。其中针对 *CaMV* 35S 启动子、*NOS* 终止子采用的方法是双重实时荧光 PCR 法，并且进行了方法的稳定性测试，通过实验室内部及实验室间比对来验证检测方法的灵敏度和精密度、特异性等。ISO 21570：2005 通过对内源基因 *Lectin* 和 *CaMV* 35S 启动子的定量检测来实现转基因大豆 GTS-40-3-2 含量的测定。

二、耐除草剂大豆 DAS-44406-6 的检测方法比较

农业农村部于 2018 年发布了《转基因植物及其产品成分检测 耐除草剂大豆 DAS-44406-6 及其衍生品种定性 PCR 方法》（农业农村部公告第 111 号 -11—2018），该方法为转化体特异性定性检测方法，目的是对转基因大豆 DAS-44406-6 进行有效的检测和监管，促进转基因标识制度的实施。该标准对使用范围进行了规定；对标准制定过程中引用的文件进行描述；对检测术语进行了定义；对原理进行了介绍；对试剂和材料进行了详细的描述，检测使用的内标准基因及转化体特异性引物也在该部分进行了说明；分析步骤详细介绍了整个检测的细节，包括抽样、试样制备、DNA 模板制备、PCR 扩增及核酸检测等细节，方便检测人员操作；对结果分析和表述进行了描述，用于指导检测人员对结果进行判定；最后对方法的检出限进行了说明，用于避免假阴性结果的出现。

欧洲转基因检测网络实验室（ENGL）于 2015 年组织了转基因大豆 DAS-44406-6 定量 PCR 检测方法的验证工作（EURL-VL-01/12VP、EURL-VL-01/12VR）。验证内容主要有以下几个方面：（1）方法的通用信息和总结：主要对使用的检测引物进行描述，包括转化体特异性片段和内标准基因片段；建议对 DNA 模板的质量应提前进行测试；对定量方法的关键参数 "Ct" 值进行了介绍；（2）验证和表现特征：该部分介绍了 DNA 模板质量的重要性，参与实验室的数量，检测极限、定量极限以及该转化体的分子特征；（3）过程：详细介绍了定量 PCR 的实验步骤，包括标准曲线的绘制，PCR 反应体系、程序、操作细节、数据分析、结果计算等，并对实验中可能出现的问题给出了一般说明和注意事项；（4）材料：该部分介绍了仪器设备、试剂、引物和探

针信息；（5）参考资料：验证方案所参考的资料。

农业农村部和欧洲转基因检测网络实验室均制定了转基因大豆 DAS-444Ø6-6 的检测标准，从标准内容上分析存在明显的不同：（1）农业农村部公告第 111 号 -11-2018 标准是定性检测，采用琼脂糖凝胶电泳的方式对结果进行判定，用于判定样品中是否含有 DAS-444Ø6-6 转化体；EURL GMFF 2015 标准是定量检测，采用实时荧光的检测方法进行检测，不仅可以判定样品中是否含有 DAS-444Ø6-6 转化体，而且可以检测出该转化体在样品中的准确含量，较农业农村部公告第 111 号 -11-2018 检测方法更具优势。（2）农业农村部公告第 111 号 -11-2018 标准的检出限为 0.1%，而 EURL GMFF 2015 标准的检出限为 0.04%，检测灵敏度明显高于前者，分析原因主要是由于实时荧光检测方法的灵敏度明显高于琼脂糖凝胶电泳。（3）EURL GMFF 2015 规定了定量限为 0.1%，而农业农村部公告第 111 号 -11-2018 标准无该部分内容。

第五节　建议及展望

目前，我国已制定了针对或适用于转基因大豆成分检测、环境安全检测及食用安全检测相关的标准，基本满足了当前对转基因大豆及其产品的安全评价及监管的需要。目前国内有关转基因大豆的检测标准绝大部分为定性检测标准，仅能判定样品中是否含有转基因成分，不能进行精确定量。

定量检测的现实意义主要体现在两方面，一是转基因产品标识的需要。我国对列入农业转基因生物标识目录的农业转基因生物的进口和销售实行强制性标识管理，目前尚未设定标识阈值。转基因大豆列入了我国农业转基因生物标识目录，要求标识的大豆产品包括大豆种子、大豆、大豆粉、大豆油和豆粕。

定量检测的另一个现实意义是在国际贸易中对转基因产品低水平混杂（Low Level Presence，LLP）管理的需要。根据国际食品法典委员会（CAC）的定义，转基因产品低水平混杂是指对于一个给定的转基因作物，其在一个或多个国家得到批准而在进口国尚未获得批准，但在进口国进口的农产品中出现了该种未批准转基因作物成分的微量混杂。我国目前对转基因产品进口的低水平混杂采取"零容忍"的政策。由于转基因产品种植和应用越来越广泛，在品种选育、种子生产、田间种植、谷物收获、运输储存及生产加工等各阶段都有可能混入微量的转基因成分，转基因产品低水平混杂在客观上难以完全避免，在实际生产应用及检测中零阈值的精度也根本无法实现，因此采用零阈值会导致进出口国间更多的贸易摩擦，采用零阈值相当于贸易禁令。目前我国将逐渐进行转基因大豆的产业化，使我国从主要进口国变为既有进口、也有出口，需要认真考虑转基因产品低水平混杂问题。

目前我国可用于转基因大豆定量检测的标准分别为《转基因产品检测 实时荧光定量聚合酶链式反应（PCR）检测方法》（GB/T 19495.5—2018）（代替 GB/T 19495.5—2004）、《转基因植物品系定量检测数字 PCR 法》（GB/T 38132—2019）、《转基因植物及其产品成分检测耐除草剂大豆 GTS40-3-2 及其衍生品种定量 PCR 方法》（农业农村部公告第 323 号 -10-2020）和《转基因耐除草剂大豆 GTS40-3-2 及其衍生品种定量检测实时荧光 PCR 方法》（DB12/T 651—2016），远不能满足不断发展的国际贸易的需求。因此，我国在未来几年应大力推进转基因大豆产品定量检测标准的研制。

并且，随着全球转基因产业化的突飞猛进，新型转基因产品不断涌现，在未批准大豆转化体、复合性状、基因编辑产品等的检测标准研制方面也应加大力度，以满足我国转基因生物安全监管及国际贸易的需求。

参考文献

［1］国际农业生物技术应用服务组织 . 2018 年全球生物技术 / 转基因作物商业化发展态势［J］. 中国生物工程杂志, 2019, 39（8）: 1-6.

［2］韩天富 . 转基因大豆及其安全管理办法［J］. 粮食与油脂, 2001（2）: 10-12.

［3］Van Hoef A M A, Kok E J, Bouw E, et al. Development and application of a selective detection method for genetically modified soy and soy-derived products［J］. Food Additives & Contaminants, 1998, 15（7）: 767-774.

［4］崔宁波, 张正岩 . 转基因大豆研究及应用进展［J］. 西北农业学报, 2016, 025（008）: 1111-1124.

［5］王邵宇 . 转基因大豆的发展及其风险探究［J］. 粮食科技与经济, 2018（7）.

［6］王志坤, 李文滨 . 转基因科普系列——转基因大豆［J］. 大豆科技, 2017（2）: 52-53.

［7］陆玲鸿, 韩强, 李林等 . 以草甘膦为筛选标记的大豆转基因体系的建立及抗除草剂转基因大豆的培育［J］. 中国科学: 生命科学, 2014, 44（4）: 406-415.

［8］武小霞, 李静, 王志坤等 . *cry1Ia1* 基因转化大豆及抗虫性的初步评价［J］. 上海交通大学学报（农业科学版）, 2010, 28（5）: 413-419.

［9］张彬彬, 刘淼, 高冬梅等 . 转 TaDREB3 基因大豆的农艺性状研究［J］. 东北农业大学学报, 2010（12）: 12-16.

［10］Shikui S, Wensheng H, Itamar G, et al. Soybean seeds expressing feedback-insensitive cystathionine γ -synthase exhibit a higher content of methionine［J］. Journal Of Experimental Botany, 2013（07）: 1917.

［11］白韵旗, 程鹏, 武小霞等 . 我国转基因大豆现状与相关法规［J］. 大豆科技, 2019（06）:

21-26.

［12］林祥明，王东．转基因产业在各国的发展和监管［J］．团结，2018（4）：61-65.

［13］王立平，王东，龚熠欣等．国内外转基因农产品食用安全性研究进展与生产现状［J］．中国农业科技导报，2018（3）：94-103.

［14］王国义，贺晓云，许文涛等．转基因植物食用安全性评估与监管研究进展［J］．食品科学，2019（11）：343-350.

［15］蒋亦武，黄明，王保战等．转基因大豆及制品中转基因成分检测技术研究进展［J］．江苏农业科学，2011（01）：357-360.

［16］罗阿东，焦彦朝，曹云恒等．转基因大豆检测技术研究进展［J］．南方农业学报，2012，043（003）：290-293.

［17］张宇辰，周晴，郑智等．转基因大豆安全检测技术探讨［J］．食品安全导刊，2019（03）：87.

［18］李春娟，李施扬．我国转基因产品实验室检测标准体系［J］．现代测量与实验室管理，2013（06）：41-43+57.

［19］宋磊，柳艳．赵毓郎．对当前检验检疫行业标准存在问题及发展对策的思考［J］．机械管理开发，2009（06）：121-122.

［20］刘信，宋贵文，沈平等．国外转基因植物检测技术及其标准化研究综述［J］．农业科技管理，2007（04）：3-7.

［21］吴刚，金芜军，谢家建等．欧盟转基因生物安全检测技术现状及启示［J］．生物技术通报，2015，31（012）：1-7.

［22］兰青阔，李文龙，孙卓婧等．国内外转基因检测标准体系现状与启示［J］．农业科技管理，2020，39（03）：27-32.

［23］张晓磊，章秋艳，熊炜等．转基因植物检测方法及标准化概述［J］．中国农业大学学报，2020，25（09）：1-12.

第六章　豆制品安全控制相关标准

　　豆制品是以大豆为主要原料，经加工而成的食品，包括发酵豆制品、非发酵豆制品和大豆蛋白类制品。豆制品是我们日常饮食中必不可缺的一部分。大多数豆制品是由豆浆凝固而成的豆腐及其再制品。

　　发酵豆制品是以大豆为主要原料，经微生物发酵而成的豆制品，如酱油、豆酱、腐乳、豆豉、酸豆浆等。

　　非发酵豆制品是指大豆或其他杂豆为原料制成的豆腐，或豆腐再经卤制、炸卤、熏制、干燥等加工工艺制成的豆制品，如豆腐丝、豆腐干、豆腐皮、腐竹、素火腿等。

　　近几年，国家市场监督管理部门通过对北京、上海等大城市流通领域的豆制品进行了产品质量抽查，结果表明，我国豆制品的食品安全现状不容乐观，主要问题表现在：（1）细菌总数及大肠菌群超标。由于豆制品含有丰富的蛋白质，且水分适宜，极易被微生物污染，因此在生产、储存、运输、销售过程中都可能导致菌落总数超标。若采用的灭菌方式和储存方式不当，很容易造成微生物污染引起食物中毒。（2）防腐剂、明矾等添加剂超标。苯甲酸是一种防腐剂，添加至食品中用于抑制微生物的生长。国家标准规定豆制品中不允许添加苯甲酸。抽查发现，部分产品中检出苯甲酸。明矾学名硫酸铝钾，含铝，长期超量食用会降低智力、记忆力。（3）非法添加化学物质。一些厂家在腐竹等豆制品中非法添加吊白块，以增加产量，改善腐竹的外观和口感。甲醛次硫酸氢钠俗称"吊白块"，为原生质毒物，影响人体代谢机能，食用后会引起胃痛、呕吐、呼吸困难等症状，对肾脏有损害，为国家明令禁止在食品中使用的化工原料。（4）豆制品中的有毒重金属元素，一部分来自于农作物对重金属元素的富集，另一部分则来自于食品生产加工、贮藏运输过程中出现的污染。重金属元素可通过食物链经生物浓缩，最后进入人体造成危害。进入人体的重金属经过一段时间的积累才显示出毒性，往往不易被人们所察觉，具有很大的潜在危害性。（5）农药残留超标的项目主要是毒死蜱、氧乐果、氯氟氰菊酯和高效氯氟氰菊酯等，长期食用农药残留超标的食品会对身体造成一定程度的伤害。

　　事实上，中国的豆制品加工产业，一直是大中型企业、小型加工企业和家庭式作坊并存，且家庭式作坊、小型加工企业严重挤占大中型企业市场。大企业产品的销售渠道主要是大卖场和大超市，对于社区和小型菜市场往往很难涉足，而豆腐、豆制品从目前来看还属于生鲜食品，保质期短，老百姓的消费习惯是在买菜时同时买豆腐，这样的市场状况和消费习惯给小型豆制品企业留出了市场空间，与大企业并存。手工作坊将在一定时期内存在。目前，我国豆制品90%左右的市场份额被传统的手工作坊、设备简陋的小型企业占领，虽然目前全国各地加大了对豆制品市场的整治力度，豆制品的品牌企业增多，生产环境和机械化水平有了很大改善，但是我国豆制品生产的完全工业化还需要相当长的一段时间。2006年有关部门对豆制品实行市场准入，但是对于城乡结合部、小城镇和广大农村，豆制品手工作坊还将继续存在。这种状况短期内难以解决。因此，加强豆制品行业市场监管力度的任务十分艰巨。

对豆制品原料、加工过程及其加工制品展开质量监管，建立标准体系可以从生产源头控制豆制品食品安全，让消费者吃上放心。本章将对豆制品加工原料、生产过程及其分离提取产品、非发酵豆制品及发酵豆制品相关的质量与安全标准做一解读，以期为完善中国大豆产业相关产品的质量与安全标准体系奠定理论基础。

第一节　豆制品安全相关标准概述

一、豆制品安全相关标准

豆制品安全相关标准主要有：《食品安全国家标准　食品中农药最大残留限量》（GB 2763—2021）、《食品卫生微生物学检验　冷食菜、豆制品检验》（GB/T 4789.23—2003）、《食品安全国家标准　豆制品》（GB 2712—2014）、《粮食（含谷物、豆类、薯类）及制品中铅、铬、镉、汞、硒、砷、铜、锌等八种元素限量》（NY 861—2004）、《食品安全国家标准　食品中铅的测定》（GB 5009.12—2017）、《食品安全国家标准　食品中镉的测定》（GB 5009.15—2014）、《食品安全国家标准　食品中铬的测定》（GB 5009.123—2014）、《食品安全国家标准　食品中总汞及有机汞的测定》（GB 5009.17—2014）、《食品安全国家标准　食品中总砷及无机砷的测定》（GB 5009.11—2014）、《食品安全国家标准　食品中硒的测定》（GB 5009.93—2017）、《食品安全国家标准　食品中铜的测定》（GB 5009.13—2017）、《食品安全国家标准　食品中锌的测定》（GB 5009.14—2017）、《食品安全国家标准　食品中黄曲霉毒素B族和G族的测定》（GB 5009.22—2016）、《食品安全国家标准　食品中赭曲霉毒素A的测定》（GB 5009.96—2016）、《食品安全国家标准　食品添加剂使用标准》（GB 2760—2014）、《食品安全国家标准　食品中致病菌限量》（GB 29921—2013）等。

二、豆制品相关推荐性标准

（一）推荐性国家标准

主要有：《非发酵豆制品》（GB/T 22106—2008）、《速溶豆粉和豆奶粉》（GB/T 18738—2006）、《豆制品生产 HACCP 应用规范》（GB/T 31115—2014）。

（二）推荐性行业标准

主要有：《大豆食品中异黄酮含量的测定》（QB 5397—2019）、《豆浆类》（SB/T 10633—2011）、《卤制豆腐干》（SB/T 10632—2011）、《纳豆》（SB/T 10528—2009）、《臭豆腐（臭干）》（SB/T 10527—2009）、《膨化豆制品》（SB/T 10453—2007）、《大豆蛋白制品》（SB/T 10649—2012）、《豆制品企业良好操作规范》（SB/T 10829—2012）、《豆制品良好流通规范》（SB/T 10828—2012）、《大豆食品分类》（SB/T 10687—2012）、《大豆食品工业术语》（SB/T 10686—2012）、《豆制品现场加工经营技术规范》（SB/T 10630—2011）。

（三）团体标准

主要有：《千页豆腐》（T/CNFIA 108—2018）、《豆制品业用大豆》（T/CNFIA 109—2018）。

三、豆制品企业的采标情况

豆制品企业对标准的采用情况较为复杂，归纳起来主要有以下几点。

（1）大部分企业直接采用《食品安全国家标准　豆制品》（GB 2712—2014）。自2015年5月实施以来，GB 2712—2014受到了豆制品企业的广泛好评。很多豆制品企业认为该标准的制定体现了公平、科学、可操作性强的原则。根据中国食品工业协会豆制品专业委员会对 GB 2712—2014 的跟踪调查，直接采用 GB 2712—2014 作为产品执行标准的企业数量逐年增加。

（2）产品执行标准采用相关推荐性国家或者行业标准，这些推荐性标准中的安全性指标均引用 GB 2712—2014 中的指标。推荐性标准企业可以参照执行，一旦执行了，对企业来讲就是强制性标准。推进豆制品行业企业可持续高质量稳定发展发展，不仅要注重食品安全还要提升产品质量。在保证产品安全的情况下，鼓励企业采用质量标准，引导企业做更好的产品为消费者服务。

（3）有一部分豆浆粉企业采用《速溶豆粉和豆奶粉》（GB/T 18738—2006）作为执行标准，该标准中规定了微生物等安全性指标，且严于 GB 2712—2014。

（4）有一部分豆制品企业采用《肉与肉制品感官评定规范》（GB/T 2210—2008）作为执行标准，但该标准中的相关质量指标有待进一步完善。

（5）个别品类产品比如千叶豆腐（百页豆腐），有些企业采用推荐性标准《速冻调制食品》（SB/T 10379—2012），该标准中的安全性指标引用《食品安全国家标准　速冻面米制品》（GB 19295—2011）。

四、标准执行过程中的问题收集

企业在标准执行过程中遇到的问题主要有以下几种情况：

（1）GB 2760—2014、GB 2761—2017、GB 2762—2017 中食品分类不一致或者分类模糊，导致企业在执行标准时产生困扰。

（2）GB 7718—2011 中产品名称真实属性问题、日期标注问题（后发酵产品、同批次跨午夜 0 点产品）。

（3）标准的适用问题：GB 29921—2013、GB 2712—2014、GB 2711—2014 等标准适用于预包装产品，让企业及监管部门误认为把市场上大量的散装产品排除在外，削弱了食品安全标准本应具备的公平原则和普遍适用性原则。

（4）GB 2712—2014 豆制品定义问题。随着分工的细化，以采购豆制品作为原料进行加工生产的产品也是豆制品，原标准中对豆制品定义的表述给企业和监管部门对豆制品安全标准的涵盖范围产生争议，因此建议进一步完善豆制品的定义。

（5）GB/T 22106—2008 中对产品的质量指标设定有待科学完善，比如有些产品的蛋白质和水分指标规定过高，企业很难达到要求。蛋白质和水分是质量指标，不是安全指标。如果产品的质量指标达不到要求，还是建议采用 GB 2712—2014。

（6）GB/T 18738—2006 十几年未更新，有很多指标已经不符合目前的行业现状，需要更新或指定替代标准。根据中豆委《关于豆浆粉企业询问的相关问题回答》中的解释，豆浆粉属于豆制品，可以采用执行 GB 2712—2014。根据《食品生产许可管理办法》，豆浆粉企业可以按照《豆制品食品生产许可证审查细则》申请食品生产许可证。

（7）没有食品安全指标方面的内容。SB/T 10453—2007、SB/T 10527—2009、SB/T 10528—2009、SB/T 10632—2011、SB/T 10633—2011、SB/T 10649—2012 等标准因没有食品安全指标方面的内容，需要修订。

第二节　豆制品安全控制相关标准

食品中的农药残留一般可来自 3 个方面：一是施药后对作物的直接污染，这一因素不仅取决于农药的性质、剂型，还与施药方法和作物的品种特性有关；二是作物从污染的环境中对农药的吸收；三是食物链与生物富集效应，生物富集是指生物从环境中能不断吸收低剂量的残留农药并逐渐在其体内积累的过程。

豆制品中农药残留限量应符合《食品安全国家标准　食品中农药最大残留限量》（GB 2763—2021）的规定，污染物限量应符合《食品安全国家标准　食品中污染物限量》（GB 2762—2017）的规定，真菌毒素限量应符合 GB 2761—2017 的规定，致病菌限量应符合 GB 29921—2013 的规定，食品添加剂的使用应符合 GB 2760—2014 的规定。

一、农药残留限量相关标准

1.《食品安全国家标准　食品中农药最大残留限量》（GB 2763—2021）

国家卫生健康委员会、农业农村部和国家市场监督管理总局于 2021 年 3 月 3 日发布了《食品安全国家标准　食品中农药最大残留限量》（GB 2763—2021）。GB 2763—2021 规定了食品中 2,4- 滴丁酸等 564 种农药 10092 项最大残留限量，适用于与限量相关的食品。食品类别及测定部位用于界定农药最大残留限量应用范围，仅适用于本文件。如某种农药的最大残留限量应用于某一食品类别时，在该食品类别下的所有食品均适用，有特别规定的除外。豁免制定食品中最大残留限量标准的农药名单用于界定不需要制定食品中农药最大残留限量的范围。

二、污染物限量相关标准

1.《食品安全国家标准　食品污染物限量》（GB 2762—2017）

国家卫生和计划生育委员会和国家食品药品监督管理总局于 2017 年 3 月 17 日发布《食品安全国家标准　食品中污染物限量》（GB 2762—217）。GB 2762—217 规定了食品中铅、镉、汞、砷、锡、镍、铬、亚硝酸盐、硝酸盐、苯并芘、N- 二甲基亚硝胺、多氯联苯、3- 氯 -1,2- 丙二醇的限量指标。豆制品中部分重金属污染物限量指标详见表 6-1。

表 6-1　豆制品中部分重金属污染物限量指标

指标	食品类别	限量	检验方法
铅（以 Pb 计）/ （mg/kg）	豆类	0.2	《食品安全国家标准　食品中铅的测定》 （GB 5009.12—2017）
	豆类制品（豆浆除外）	0.5	
	豆浆	0.05	

（续）表 6-1

指标	食品类别	限量	检验方法
镉（以 Cd 计）/（mg/kg）	豆类	0.2	《食品安全国家标准　食品中镉的测定》（GB 5009.15—2014）
铬（以 Cr 计）/（mg/kg）	豆类	1.0	《食品安全国家标准　食品中铬的测定》（GB 5009.123—2014）

此外，除表中的三种重金属污染以外，我国还对豆类及其制品中汞、砷、硒、铜、锌五种元素的限量要求及其检验方法也做了相关规定：汞按照《食品安全国家标准　食品中总汞及有机汞的测定》（GB 5009.17—2014）规定的方法检测，≤0.02mg/kg（以 Hg 计）；砷按照《食品安全国家标准　食品中总砷及无机砷的测定》（GB 5009.11—2014）规定的方法检测，≤0.5mg/kg（以 As 计）；硒按照《食品安全国家标准　食品中硒的测定》（GB/T 5009.93—2017）规定的方法检测，≤0.3mg/kg（以 Se 计）；铜按照《食品安全国家标准　食品中铜的测定》（GB 5009.13—2017）的方法检测，≤20mg/kg；锌按照《食品安全国家标准　食品中锌的测定》（GB/T 5009.14—2017）的方法检测规定的方法检测，≤100mg/kg（以 Zn 计）。

三、真菌毒素限量相关标准

1.《食品安全国家标准　食品中真菌毒素限量》（GB 2761—2017）

国家卫生和计划生育委员会和国家食品药品监督管理总局于 2017 年 3 月 17 日发布《食品安全国家标准　食品中真菌毒素限量》（GB 2761—2017）。GB 2761—2017 规定了食品中黄曲霉毒素 B_1、黄曲霉毒素 M_1、脱氧雪腐镰刀菌烯醇、展青霉素、赭曲霉毒素 A 及玉米赤霉烯酮的限量指标。

真菌毒素是指真菌在生长繁殖过程中产生的次生有毒代谢产物。粮食产后系统包括收获、脱粒、干燥、贮藏、加工等环节，真菌是造成粮食产后损失的重要的生物因素。真菌广泛分布在空气、土壤、水中粘附在器具、杂物上，并在产后处理过程中感染粮食，它们是一个复杂的群体。能够分解纤维素、半纤维素、木质素、锭粉、蛋白质等多种物质，能够在各种环境条件下生存，因此，真菌能够适应产后系统流动过程中不断变化的粮食状态及其所处条件。真菌在粮食上生长繁殖，不仅消耗了粮口食的干物质，造成粮食的重量损失，而且真菌及其代谢物还使粮食的商品品质和使用价格下降，真菌毒素对人畜的健康造成严重危害。

豆制品中真菌毒素限量指标见表 6-2。

表 6-2　豆制品中真菌毒素限量指标

指标	食品类别	限量 /（µg/kg）	检验方法
黄曲霉毒素 B₁	发酵豆制品	5.0	《食品安全国家标准　食品中黄曲霉毒素 B 族和 G 族的测定》（GB 5009.22—2016）
赭曲霉毒素 A	豆类	5.0	《食品安全国家标准　食品中赭曲霉毒素 A 的测定》（GB 5009.96—2016）

2.《食品安全国家标准　食品中黄曲霉毒素 B 族和 G 族的测定》（GB 5009.22—2016）

国家卫生和计划生育委员会和国家食品药品监督管理总局于 2016 年 12 月 23 日发布《食品安全国家标准　食品中黄曲霉毒素 B 族和 G 族的测定》（GB 5009.22—2016）。GB 5009.22—2016 规定了食品中黄曲霉毒素 B_1、黄曲霉毒素 B_2、黄曲霉毒素 G_1、黄曲霉毒素 G_2（以下简称 $AFTB_1$、$AFTB_2$、$AFTG_1$ 和 $AFTG_2$）的测定方法。

本标准第一法为同位素稀释液相色谱－串联质谱法，适用于谷物及其制品、豆类及其制品、坚果及籽类、油脂及其制品、调味品、婴幼儿配方食品和婴幼儿辅助食品中 $AFTB_1$、$AFTB_2$、$AFTG_1$ 和 $AFTG_2$ 的测定。本标准第二法为高效液相色谱－柱前衍生法，适用于谷物及其制品、豆类及其制品、坚果及籽类、油脂及其制品、调味品、婴幼儿配方食品和婴幼儿辅助食品中 $AFTB_1$、$AFTB_2$、$AFTG_1$ 和 $AFTG_2$ 的测定。本标准第三法为高效液相色谱－柱后衍生法，适用于谷物及其制品、豆类及其制品、坚果及籽类、油脂及其制品、调味品、婴幼儿配方食品和婴幼儿辅助食品中 $AFTB_1$、$AFTB_2$、$AFTG_1$ 和 $AFTG_2$ 的测定。本标准第四法为酶联免疫吸附筛查法，适用于谷物及其制品、豆类及其制品、坚果及籽类、油脂及其制品、调味品、婴幼儿配方食品和婴幼儿辅助食品中 $AFTB_1$ 的测定。本标准第五法为薄层色谱法，适用于谷物及其制品、豆类及其制品、坚果及籽类、油脂及其制品、调味品中 $AFTB_1$ 的测定。

3.《食品安全国家标准　食品中赭曲霉毒素 A 的测定》（GB 5009.96—2016）

国家卫生和计划生育委员会和国家食品药品监督管理总局于 2016 年 12 月 23 日发布《食品安全国家标准　食品中赭曲霉毒素 A 的测定》（GB 5009.96—2016）。GB 5009.96—2016 规定了食品中赭曲霉毒素 A 的测定方法。

本标准第一法适用于谷物、油料及其制品、酒类、酱油、醋、酱及酱制品、葡萄干、胡椒粒 / 粉中赭曲霉毒素 A 的测定，第二法适用于玉米、稻谷（糙米）、小麦、小麦粉、大豆、咖啡、葡萄酒中赭曲霉毒素 A 的测定，第三法适用于玉米、小麦等粮食产品、辣椒及其制品等、啤酒等酒类、酱油等产品、生咖啡、熟咖啡中赭曲霉毒素 A

的测定，第四法适用于玉米、小麦、大麦、大米、大豆及其制品中赭曲霉毒素 A 的测定，第五法适用于小麦、玉米、大豆中赭曲霉毒素 A 的测定。

四、食品添加剂限量相关标准

食品添加剂是为改善食品色、香、味等品质，以及为防腐和加工工艺的需要而加入食品中的人工合成或者天然物质。目前我国食品添加剂有 23 个类别，2000 多个品种，包括酸度调节剂、抗结剂、消泡剂、抗氧化剂、漂白剂、膨松剂、着色剂、护色剂、酶制剂、增味剂、营养强化剂、防腐剂、甜味剂、增稠剂、香料等。根据《中华人民共和国食品安全法》的要求，食品生产者采购食品添加剂应当查验供货者的许可证和产品合格证明文件，严格按照食品添加剂的品种、使用范围和用量来正确使用。

1.《食品安全国家标准　食品添加剂使用标准》（GB 2760—2014）

国家卫生和计划生育委员会于 2015 年 5 月 24 日发布了《食品安全国家标准　食品添加剂使用标准》（GB 2760—2014）。GB 2760—2014 规定了食品添加剂的使用原则、允许使用的食品添加剂品种、使用范围及最大使用量或残留量。

豆制品中食品添加剂的使用应符合《食品安全国家标准 食品添加剂使用标准》（GB 2760—2014）的要求，详见表 6-3。

表 6-3　我国豆制品中的食品添加剂限量

食品名称	项目	最大使用量 /（g/kg）	备注
豆类制品	山梨醇酐单月桂酸酯、单棕榈酸酯、单硬脂酸酯、三硬脂酸酯、单油酸酯	1.6	以每千克黄豆的使用量计
	丙酸及其钠盐、钙盐	2.5	以丙酸计
	谷氨酰胺转氨酶	0.25	
	聚氧乙烯（20）山梨醇酐单月桂酸酯、单棕榈酸酯、单硬脂酸酯、单油酸酯	0.05	以每千克黄豆的使用量计
	亮蓝及其铝色淀	0.025	以亮蓝计
	硫酸钙	按生产需要适量使用	
	硫酸铝钾、硫酸铝铵	按生产需要适量使用	铝的残留量≤100mg/kg（干样品，以 Al 计）
	氯化钙	按生产需要适量使用	
	氯化镁	按生产需要适量使用	

（续）表 6-3

食品名称	项目	最大使用量 /（g/kg）	备注
熟制豆类	柠檬黄及其铝色淀	0.1	以柠檬黄计
	日落黄及其铝色淀	0.1	以日落黄计
	双乙酰酒石酸单双甘油酯	2.5	
	糖精钠	1.0	以糖精计
	叶绿素铜钠盐、钾盐	0.5	
	诱惑红及其铝色淀	0.1	以诱惑红计
	环己基氨基磺酸钠、钙	1.0	以环己基氨基磺酸计
	麦芽糖醇和麦芽糖醇液	按生产需要适量使用	
豆腐类	可得然胶	按生产需要适量使用	
腐竹类	二氧化硫，焦亚硫酸钾、钠，亚硫酸钠、亚硫酸氢钠、低亚硫酸钠	0.2	以二氧化硫残留量计

五、腐败微生物与致病菌限量相关标准

1.《食品安全国家标准　食品中致病菌限量》（GB 29921—2013）

国家卫生和计划生育委员会于 2013 年 12 月 26 日发布了《食品安全国家标准　食品中致病菌限量》（GB 29921—2013）。GB 29921—2013 规定了食品中致病菌指标、限量要求和检验方法，适用于预包装食品，不适用于罐头类食品。

致病菌限量应符合《食品安全国家标准　食品中致病菌限量》（GB 29921—2013）中的相关规定，见表 6-4。

表 6-4　致病菌限量

食品类别	致病菌指标	采样方案及限量（若非指定，均以 /25g 或 /25mL 表示）				检验方法
		n	c	m	M	
非发酵及发酵豆制品	沙门氏菌	5	0	0	—	GB 4789.4
	金黄色葡萄球菌	5	1	10^2 CFU/g	10^3 CFU/g	GB 4789.10 第二法

2.《食品安全国家标准　食品微生物学检验　总则》（GB 4789.1—2016）

国家卫生和计划生育委员会和国家食品药品监督管理总局于 2016 年 12 月 23 日

发布了《食品安全国家标准 食品微生物学检验 总则》（GB 4789.1—2016）。GB 4789.1—2016 规定了食品微生物学检验基本原则和要求，适用于食品微生物学检验。

我国豆制品中的微生物限量应符合表 6-5 中的要求。

表 6-5 我国豆制品中的微生物限量

项 目	采样方案及限量				检验方法
	n	c	m	M	
大肠菌群 /（CFU/g 或 CFU/mL）	5	2	10^2	10^3	GB 4789.3 平板计数法

注：样品的采样及处理按《食品安全国家标准 食品微生物学检验》（GB 4789.1—2016）执行。

第三节 豆制品安全性指标检测方法相关标准

一、豆制品理化检验方法相关标准

对豆制品理化检验的目的在于根据测得的分析数据对被检豆制品的品质做出正确的评定。理化检验的主要内容是豆制品的营养成分及化学性污染问题。

理化检验的目的是对豆制品进行卫生检验和质量监督，使之符合营养需要和卫生标准，保证食品的质量，防止食物中毒和食源性疾病，确保食品的食用安全。

1.《豆制品理化检验方法》（SB/T 10229—1994）

国内贸易部于 1995 年 1 月 26 日发布了《豆制品理化检验方法》（SB/T 10229—1994）。SB/T 10229—1994 规定了豆制品中水分、蛋白质、氯化钠、无盐固形物、总酸、氨基酸态氮以及豆类淀粉制品中淀粉含量的检验方法，适用于以大豆为原料生产的豆制品以及以豆类淀粉为原料生产的豆类淀粉产品。

二、发酵性豆制品卫生检验方法相关标准

发酵性豆制品是以大豆为主要原料，经微生物发酵而成的豆制品，如腐乳、豆豉等。因其为发酵性食品，在加工制作过程中容易造成产品的污染，所以其卫生检验尤其重要。

1.《发酵性豆制品卫生标准的分析方法》（GB/T 5009.52—2003）

国家质量监督检验检疫总局于 2003 年 8 月 11 日发布了《发酵性豆制品卫生标准

的分析方法》（GB/T 5009.52—2003）。GB/T 5009.52—2003 规定了发酵豆制品的各项卫生指标的分析方法，适用于以大豆或其他杂豆为原料经发酵制成的腐乳、豆豉等制品中各项卫生指标的分析，详见表 6-6。

表 6-6 发酵型豆制品各项卫生指标的理化检验方法

编号	卫生指标	理化检验方法
1	砷	按 GB/T 5009.11—2014 操作
2	铅	按 GB/T 5009.12—2017 操作
3	防腐剂	按 GB 5009.28—2016 操作
4	黄曲霉毒素 B_1	按 GB/T 5009.22—2016 操作
5	水分	按 GB/T 5009.3—2016 中直接干燥法操作
6	总酸	按 GB/T 5009.51—2003 中 4.6 操作
7	蛋白质	按 GB/T 5009.5—2016 操作
8	氨基酸态氮	按 GB/T 5009.39—2003 操作

三、豆制品微生物学检验方法相关标准

食品微生物学是衡量食品卫生质量的重要指标之一，也是判定被检食品能否食用的科学依据之一。通过食品微生物检验，可以判断加工环境及食品卫生环境，能够对食品被细菌污染的程度做出正确的评价，为各项卫生管理工作提供科学依据，提供传染病和人、动物和食物中毒的防治措施。食品微生物检验是以贯彻"预防为主"的卫生方针，可以有效地防止或者减少食物中毒、人畜共患病的发生，保障人民的身体健康。

1.《食品安全国家标准 食品微生物学检验 菌落总数测定》（GB 4789.2—2016）

国家卫生和计划生育委员会和国家食品药品监督管理总局于 2016 年 12 月 23 日发布了《食品安全国家标准 食品微生物学检验菌落总数测定》（GB 4789.2—2016）。GB 4789.2—2016 规定了食品中菌落总数（Aerobicplatecount）的测定方法，适用于食品中菌落总数的测定。

2.《食品安全国家标准 食品微生物学检验大肠菌群计数》（GB 4789.3—2016）

国家卫生和计划生育委员会和国家食品药品监督管理总局于 2016 年 12 月 23 日发布了《食品安全国家标准 食品微生物学检验大肠菌群计数》（GB 4789.3—2016）。GB 4789.3—2016 规定了食品中大肠菌群（Coliforms）计数的方法，第一法适用于大肠菌群含量较低的食品中大肠菌群的计数；第二法适用于大肠菌群含量较高的食品中大

肠菌群的计数。

3.《食品安全国家标准　食品微生物学检验　沙门氏菌检验》（GB 4789.4—2016）

国家卫生和计划生育委员会和国家食品药品监督管理总局于2016年12月23日发布了《食品安全国家标准　食品微生物学检验沙门氏菌计数》（GB 4789.4—2016）。GB 4789.4—2016规定了食品中沙门氏菌（Salmonella）的检验方法，适用于食品中沙门氏菌的检验。

4.《食品安全国家标准　食品微生物学检验　志贺氏菌检验》（GB 4789.5—2012）

国家卫生和计划生育委员会于2012年5月17日发布了《食品安全国家标准　食品微生物学检验　志贺氏菌检验》（GB 4789.5—2012）。GB 4789.5—2012规定了食品中志贺氏菌（Shigella）的检验方法，适用于食品中志贺氏菌的检验。

5.《食品安全国家标准　食品微生物学检验　金黄色葡萄球菌检验》（GB 4789.10—2016）

国家卫生和计划生育委员会和国家食品药品监督管理总局于2016年12月23日发布了《食品安全国家标准　食品微生物学检验　金黄色葡萄球菌检验》（GB 4789.10—2016）。GB 4789.10—2016规定了食品中金黄色葡萄球菌（Staphylococcusaureus）的检验方法，第一法适用于食品中金黄色葡萄球菌的定性检验；第二法适用于金黄色葡萄球菌含量较高的食品中金黄色葡萄球菌的计数；第三法适用于金黄色葡萄球菌含量较低的食品中金黄色葡萄球菌的计数。

6.《食品卫生微生物学检验　冷食菜、豆制品检验》（GB 4789.23—2003）

国家质量监督检验检疫总局于2003年8月11日发布了《食品卫生微生物学检验　冷食菜、豆制品检验》（GB 4789.23—2003）。GB 4789.23—2003规定了冷食菜、非发酵豆制品及面筋、要酵豆制品的检验方法，适用于冷食菜、非发酵豆制品及面筋、发酵豆制品的检验。

四、转基因大豆及其产品定性PCR检测方法相关标准

1.《转基因植物及其产品检测　大豆定性PCR方法》（NY/T 675—2003）

农业部于2003年4月1日发布了《转基因植物及其产品检测　大豆定性PCR方法》（NY/T 675—2003）。NY/T 675—2003规定了转其因大豆及其产品的定性PCR检测方法，适用于转基因抗草甘膦大豆及其产品，转基因抗草丁膦大豆及其产品、转基因高

油酸大豆及其产品，包括大豆种子、大豆、豆粕、大豆粉、大豆油及其他大豆制品中转基因成分的定性 PCR 检测。

五、大豆制品中胰蛋白酶抑制剂活性测定方法相关标准

1.《食品安全国家标准 大豆制品中胰蛋白酶抑制剂活性的测定》（GB 5009.224—2016）

国家卫生和计划生育委员会于 2016 年 8 月 31 日发布了《食品安全国家标准 大豆制品中胰蛋白酶抑制剂活性的测定》（GB 5009.224—2016）。GB 5009.224—2016 规定了大豆制品中胰蛋白酶抑制剂活性（TIA）的测定方法，适用于大豆制品中胰蛋白酶抑制剂活性的测定。

参考文献

［1］《食品卫生微生物学检验冷食菜、豆制品检验》（GB/T 4789.23—2003）

［2］《发酵性豆制品卫生标准的分析方法》（GB/T 5009.52—2003）

［3］《转基因植物及其产品检测大豆定性 PCR 方法》（NY/T 675—2003）

［4］《黄豆酱检验方法》（SB/T 10310—1999）

［5］《豆制品理化检验方法》（SB/T 10229—1994）

［6］《大豆》（GB 1352—2009）

［7］《中国好粮油大豆》（LS/T 3111-2017）

［8］《绿色食品豆类》（NY/T 285—2012）

［9］《豆制品业用大豆》（T/CNFIA 109—2018）

［10］《食品安全国家标准豆制品》（GB 2712—2014）

［11］《食品安全国家标准大豆制品中胰蛋白酶抑制剂活性的测定》（GB 5009.224—2016）

［12］《非发酵豆制品》（GB/T 22106—2008）

［13］《植物蛋白饮料豆奶和豆奶饮料》（GB/T 30885—2014）

［14］《豆腐干》（GB/T 23494—2009）

［15］《大豆蛋白制品》（SB/T 10649—2012）

［16］《膨化豆制品》（SB/T 10453—2007）

［17］《粮食（含谷物、豆类、薯类）及制品中铅、镉、铬、汞、硒、砷、铜、锌等八种元素限量》（NY 861—2004）

［18］《黄豆复合调味酱》（SB/T 10612—2011）

［19］《绿色食品豆制品》（NY/T 1052—2014）

［20］《黄豆酱》（SB/T 10309—1999）

［21］《豆浆类》（SB/T 10633—2011）

［22］《纳豆》（SB/T 10528—2009）

［23］《熟制豆类》（SB/T 10948—2012）

［24］《绿色食品大豆油》（NY/T 286—1995）

［25］《绿色食品高级大豆烹调油》（NY/T 287—1995）

［26］《卤制豆腐干》（SB/T 10632—2011）

［27］《大豆异黄酮》（NY/T 1252—2006）

［28］《臭豆腐（臭干）》（SB/T 10527—2009）

［29］《豆粉》（T/CGCC 27—2018）

［30］《千页豆腐》（T/CNFIA 108—2018）

［31］陈宗道，刘金福，陈绍军.食品质量与安全管理：中国农业大学出版社，2011.

［32］赵镭，刘文，汪厚银.食品感官评价指标体系建立的一般原则与方法［J］.中国食品学报，2008，8（3）：121-124.

［33］邵春凤.食品感官评价的影响因素［J］.肉类研究，2006（05）：44-45.

［34］白韵旗，程鹏，武小霞，李文滨.我国转基因大豆现状与相关法规［J］.大豆科技，2019（06）：21-26.

［35］陈洁.豆制品安全现状不容乐观［J］.食品安全导刊，2013（16）：35-37.

［36］卫祥云.豆制品行业现状及其安全问题的思考［J］.大豆科技，2011（1）：39-41.

［37］韩丹，孙立斌，王俊国，胡立志，孙树坤.大豆中农药残留的研究［J］.农业机械，2013（20）：60-63.

［38］徐玉环.我国豆制品行业2019年新产品开发及添加剂使用状况分析［J］.中国豆制品产业，2020.